재미있고 쓸모있는
화학 이야기

재미있고 쓸모있는

화학
이야기

이광렬 지음

KOREA.COM

복잡하고 어지러운 세상,
화학 창문으로 바라보기

──────────── 세상은 이야기로 가득 차 있습니다. 이야기가 신기할수록, 충격적일수록 더 전파가 잘 되지요.

"믹서기로 과일을 갈아서 먹으면 비타민 C가 다 파괴된대."

"선풍기가 돌면서 산소 분자를 파괴하기 때문에 선풍기를 틀고 자면 죽어."

"저번에 오배우 씨가 TV에서 그러던데, 자기는 해독 주스로 다이어트했대."

"음이온 테라피가 몸에 그렇게 좋다더라."

"코로나 백신을 맞으면 바이러스의 유전자가 심어져서 세뇌가 돼. 절대로 맞으면 안 돼."

"GMO 식품은 다 독이야. GMO 콩으로 만든 두부를 먹으면 암에 걸려."

예전과 달리 요즘은 인스타그램이나 틱톡, 유튜브 쇼츠, 트위터와 같은 다양한 소셜미디어를 통해서 '이야기'가 더욱 빠르게 확산됩니다. 좋은 의도든 개인의 금전적인 이득을 위한 것이든 소셜미디

어에서 활동하는 인플루언서들은 이러한 이야기를 강력하게 퍼트립니다.

특히 '이런 음식은 먹으면 안 되고', '이런 화장품은 쓰면 안 되고' 등 먹는 것과 몸에 바르는 것에 대한 이야기가 잘 퍼진다는 것을 아실 것입니다. 대체 왜 그럴까요? 그 이유는 어쩌면 우리가 전적으로 화학적인 존재이기 때문인지도 모릅니다. 우리의 몸을 구성하는 모든 것은 화합물이고, 먹고 마시고 바르는 모든 것들이 화합물이기 때문에 우리는 매 순간 세상과 화학적으로 소통하고 있거든요. 그 속에 들어 있는 과학적인 내용을 알건 모르건 간에 그러합니다.

그런데 세상에 이야기는 너무나 많고, 무엇이 진짜이고 가짜인지 헷갈립니다. 전에 세상을 떠들썩하게 만들었던 가습기 살균제 사건을 모두 기억하고 계실 것입니다. 가습기에서 자라는 세균과 곰팡이에 대한 공포 때문에 아이에게 좋은 것만 주고 싶은 우리 어머니들은 가습기 살균제를 썼습니다. 그리고 너무나 가슴 아픈 일들이 벌어졌지요. 지금도 우리는 같은 일을 반복하고 있는지 모릅니다. 예를 들어 화학을 조금만 알면 절대 하지 않을 일을 서슴지 않고 하기도 합니다. 강력한 세척력을 얻겠다고 락스와 산을 섞어 강력한 독극물인 염소 기체를 만들어 그 매캐한 냄새를 맡으면서 청소 잘된다고 즐거워합니다.

코로나 백신이 아이의 유전자를 바꾼다 혹은 세뇌시킨다는 근거 없는 이야기도 있습니다. GMO가 병을 유발한다는 이야기가 퍼지고 있고, 농약에 대한 공포로 모든 채소나 과일을 기피하는 현상이 벌어지기도 합니다. 음식이나 화장품에 있는 방부제 성분 표시만 보면 가슴이 뛰고 두려움에 바들바들 떱니다.

가족의 건강과 행복을 위해 늘 고민하는 부모님들은 이 순간에도 진짜와 가짜를 가리기 위해, 안전의 적정선에 대해 고민하고 있을 것입니다. '이거 아이에게 먹여도 될까?' '집에 넘치는 세균, 어떻게 다 없애지?' 이렇게요. 저는 여러분에게 화학이라는 창문으로 세상을 보면서, 어지럽고 복잡한 세상을 헤쳐 나갈 힘을 드리고 싶습니다. 이 책을 화학 창문으로 사용해 보세요. 세상이 참으로 화학으로 가득 차 있다는 사실을 알게 되어 물질 세상과 인간사를 화학적인 현상으로 바라보며 여유를 가질 수 있을 것입니다. 또한 어느 순간 괴담에 흔들리지 않고 지식과 화학 원리로 무장하여 복잡하고 어지러운 세상을 잘 헤쳐 나가는 굳건한 자신을 발견하게 될 것입니다.

—저자 이광렬

C O N T E N T S

2장. 뇌가 만드는 감정과 심리의 화학 작용

3장. 모르면 독, 약과 식품 속의 화학 이야기

4장. 생활의 달인 만드는 살림 속 실용 화학

5장. 뷰티와 다이어트에 쓸모 있는 화학의 능력

6장. 자녀 양육에 써먹는 화학의 원리

1장

내 몸 안에서 일어나는 화학 반응

화가 잔뜩 난 활성산소 다루기

──────────── 활성산소종은 산소에 짝을 이루지 않은 홀로된 전자가 있는 물질을 말합니다. 이 물질들의 성질을 한마디로 말하자면 '우리 몸속에 있는 양날의 검'입니다. 우리가 건강하게 살아가도록 도와줄 수도 있고 우리의 건강을 해칠 수도 있습니다.

원자가 다른 원자와 결합할 때, 마치 내가 한 손을 내밀고 상대방이 한 손을 내밀어 악수를 하는 것처럼 한 원자가 전자를 내놓으면 다른 원자도 전자를 내놓습니다. 그런데 악수를 하겠다고 손을 내밀었는데 상대편이 쓱 무시해 버리고 지나가면 기분이 어때요? 아주 무안하거나 불쾌하지요?

우리 몸속에서는 다음과 같은 과정을 통해, 손을 내밀고 있으나 아무도 손을 잡아 주지 않는(한 개의 전자가 짝을 이루지 못한 상태) 무안한 산소가 있는 물질들이 만들어집니다.

$$O_2 + e^- \rightarrow \cdot O_2^-$$
$$2H^+ + \cdot O_2^- + \cdot O_2^- \rightarrow H_2O_2 + O_2$$
$$H_2O_2 + e^- \rightarrow HO^- + \cdot OH$$

이 물질들을 활성산소종이라고 부릅니다. 이 활성산소종들은 아주 화가 많이 나 있지요. 다른 분자들과 만나면 그들을 파괴할 수도 있습니다. 그 파괴의 대상이 박테리아라면 우리 몸을 건강하게 유지해 줄 수 있지만, 파괴의 대상이 우리 세포 자체라면 건강이 크게 위협받을 수 있겠지요? 몸이 붓거나, 유전자가 파괴되거나, 심지어 암에 걸릴 수도 있습니다. 그래서 우리 몸속의 활성산소종의 농도가 적정하게 유지되는 것이 아주 아주 중요합니다.

스트레스를 많이 받거나 인스턴트식품, 가공식품을 너무 자주 먹으면 우리 몸속 활성산소종의 농도가 많이 높아질 수 있습니다. 하지만 과일, 베리류, 채소 등 활성산소종의 농도를 낮추어 주는 식품을 섭취하고, 적절한 운동을 통해 비만을 예방하고, 스트레스를 관리하여 평온한 마음을 가지면, 활성산소종은 적정한 농도로 유지되어 우리의 건강 도우미가 될 것입니다.

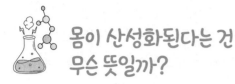

몸이 산성화된다는 건 무슨 뜻일까?

─────────────── 산(acid)은 물에 녹게 되면 H⁺(수소이온)을 만듭니다. 만약 우리 몸의 H⁺ 양이온의 농도가 너무 높아진다면 산성화(acidification)가 되는 거지요.

pH척도: 산성과 염기성

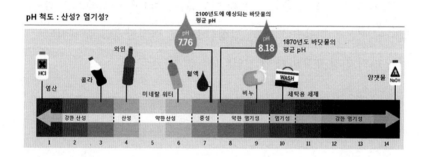

우리 몸의 pH(산성 및 염기성의 척도)가 일정하게 유지되어야 건강하게 살 수 있습니다. 만약 피의 pH가 정상 범위에서 벗어나면 짧은 시간 내에 사망에 이를 수도 있습니다. 우리 몸의 폐(허파)나 신장(콩팥) 같은 기관은 체내 pH의 항상성을 유지하기 위해 많은 일을 합니다. 만약 신장이 제구실을 못 해서 노폐물을 배출하지 못한다든지 하는 일이 생기면 어떻게 될까요? 몸의 pH가 잘 조절되지 않아 몸이 산성화되겠지요?

암 조직의 경우에는 젖산이 많이 쌓여요. 마치 근육운동을 많이 한 근육 조직처럼 암 덩어리가 산성화되어 있는 상태라고 할 수 있죠. 또한 폐나 신장에 병이 생기게 되면 몸이 산성화될 수 있지요. 이렇게 말하니까 '몸이 산성화가 되면 큰일 나겠다. 무서워'와 같은 생각이 들지도 모르겠네요.

하지만 건강하면 몸은 산성화가 되지 않는답니다. 예를 들어 무거운 중량을 드는 무산소 운동을 하게 되면 근육에 젖산(즉 '산'입니다)이 쌓이는데, 건강한 사람은 이렇게 산이 쌓여도 금방 원래 pH 상태로 돌아갈 수 있습니다. 여러분이 어떤 음식을 먹든(알칼리성이건 산성이건) 몸은 금방 원래의 pH를 맞출 수 있습니다.

그러니 '산성화'에 대해 너무 겁먹지는 마시고, 몸이 건강할 수 있도록 좋은 음식을 먹고 적정 체중을 유지하며 심폐 기능 및 근력을 건강하게 유지하는 것이 참 중요하겠지요?

우리 몸에서 2kg이나 차지하는 균,
내 편만 키워야 한다

─────────── 우리 몸을 극단적으로 간단하게 그린다면, 빨대처럼 표현할 수 있을 것입니다. 빨대의 윗부분은 입이고 아랫부분은 응가가 나오는 곳입니다. 빨대의 겉이나 안이나 둘 다 '표면'이라고 할 수 있겠지요? 이 표면에는 우리 눈에 보이지는 않지만 수많은 균이 살고 있어요. 특히 유산균이라고 부르는 녀석들이 많이 살면 우리 몸은 건강해집니다.

겉 표면인 피부에 유산균이 잘 산다는 것은 피부가 pH 5 미만의 건강한 산성이라는 것을 의미합니다. 만약 pH 값이 이보다 커지게 되면, 즉 조금 더 알칼리성으로 변하면 온갖 피부 트러블이 발생합니다. 따라서 약산성 클렌징폼을 쓰거나 알로에 스프레이를 뿌리는 방법 등을 통해 피부의 산성도를 잘 유지시켜 유산균이 잘 살 수 있도록 해 주는 것이 필요합니다. 그래야 나쁜 균이 못 살고 피부가 건강해지거든요.

코로나 시대를 지나오면서 우리는 손의 균을 알코올로 열심히 죽이고 있습니다. 잘하는 행동일까요? 전혀 그렇지 않습니다. 물론 유해한 균은 비누로 잘 씻어 내야겠지만, 지나치게 손을 자주 씻거나 알코올로 소독하는 것은 피부 건강에는 좋지 않지요.

이번에는 몸 안으로 들어가 봅시다. 장에서는 유산균이 장 안에 있는 산소를 아주 빨리 소진시킵니다. 그렇게 하여 혐기성 세균, 즉 산소를 사용하지 않고 살아가는 세균이 장에 남아 있는 음식을 빨리 분해하도록 만들어 줍니다. 장에서 음식 찌꺼기가 다른 경로를 통하여 분해되어 유독성 화합물이 생성되는 것을 막아 주는 것이지요.

장 건강을 위해서는 장에서 유산균이 잘 살도록 도와주어야겠지요? 유산균 음료를 열심히 마시는 것은 몸에 유산균을 공급한다는 측면에서 건강에 아주 이로운 행동입니다. 연구에 따르면 캡슐로 유산균을 둘러싸지 않아도 유산균이 장까지 살아서 간다고 하는군요. 물론 캡슐 유산균이면 더 잘 가겠지요. 그런데 우리 몸은 유산균이 먹을 당분을 아주 빨리 소화해 버릴 수가 있습니다. 그러면 유산균이 장에서 잘 못 살겠지요? 유산균의 먹이를 줘야 합니다. 이러한 균의 먹이를 프리바이오틱스(prebiotics)라고 불러요. '난소화성 탄수화물'이라고 들어 보셨을 것입니다. 바로 우리 몸은 소화하지 못하지만 장까지 가서 유산균의 먹이가 될 수 있는 탄수화물입니다. 귀리와 같은 곡물에 이러한 탄수화물이 많이 있어요. 유산균 캡슐만 먹는다고 건강이 좋아지는 것이 아닙니다. 반드시 유산균에게 먹이를 줘야 합니다. 유산균 캡슐만 먹으면 건강기능식품 회사 매출만 올려 주는 것입니다.

요약해 볼게요. 건강을 위해서는 유산균을 잘 길러야 합니다. 너무 자주 씻어도 안 되고, 피부의 산성도도 잘 조절해야 하고요. 유산균도 뱃속에 많이 집어넣고 유산균의 먹이, 즉 섬유질 식품도 많이 먹어 줘야겠습니다.

균과의 건강한 공생을 즐기시기 바랍니다.

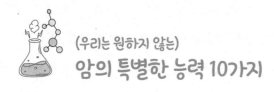

———————————— 반려동물을 오래 길러 본 사람은 압니다. 많은 경우 반려동물들은 암에 걸려서 죽죠. 아파서 고통스러워하는 것을 보면서도 쉽게 떠나보내지 못해요. 사람도 마찬가지입니다. 인간의 수명이 많이 길어졌지만, 그만큼 사망 시까지 암에 걸릴 확률도 높아졌습니다. 암에 걸리면 환자도 너무나 고통스럽고, 가족도 정신적으로 경제적으로 너무 힘든 상황에 처합니다. 암을 정복하기 위해 수많은 과학자들이 평생을 바쳐 연구하고 있고, 예전보다는 치료법이 많이 발전하여, 특정 암의 경우 환자의 생존율이 많이 높아졌습니다. 하지만 전반적으로는 아직 갈 길이 멀다고 할 수 있습니다.

암은 유전자의 염기 서열이 바뀌어서 생기는 돌연변이의 산물입니다. 암에 걸린 환자는 비쩍 마르게 됩니다. 왜 그럴까요? 환자가 섭취하는 영양분을 암이 다 빼앗아 버리기 때문입니다. 그러면 암은 어디에서 영양분을 빼 올까요? 바로 환자의 혈액을 통해 영양분을 공급받습니다. 암은 아주 빨리 자란다는 특징이 있습니다. 빨리 자라는 녀석들의 또 한 가지 특징이 늘 배가 고프다는 것입니다. 암세포 또는 암 조직이 배가 고프면 우리 몸에서 무슨 짓을 할까요? 새로운 혈관을 마구 빨리 만들어서 혈액에서 영양소를 쪽쪽 빨아 먹습니다. 암 덩어리가 커지게 되면 그 속에 있는 암세포들은 서로 더 먹고 싶어서 경쟁하게 됩니다. 그중에는 '에이, 내가 다른 데 가서 살고 말지' 하는 놈들도 생기죠. 이 암세포가 암 조직에서 떨어져 나와 다른 곳으로 가서 다시 암 조직으로 자라나는 것을 '전이'라고 합니다.

자, 이제 암에 대해 대충 알게 되었죠? 그렇다면 다음 그림을 자세히 들여다보도록 합시다. 이 그림은 암이 가지는 대표적 특성과 (가능한) 치료법을 보여 주고 있습니다. 시계 1시에 해당하는 부분부터 시계방향으로, 암의 특성에 대해 하나하나 설명하도록 하겠습니다. 앞에서 암은 유전자의 염기 서열이 바뀌어서 생기는 돌연변이의 산물이라고 했지요? 돌연변이가 대체 어떠한 성질을 가지기에 암을 정복하는 것이 이토록 어려운 것일까요?

암의 대표적 특성과 치료법[1]

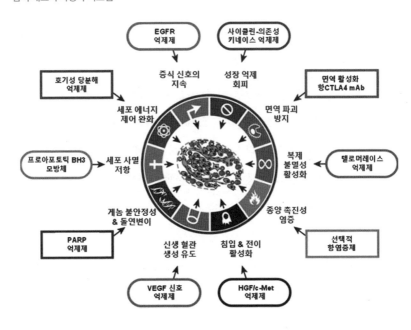

1. 우리 몸에 있는 조직은 무한히 성장하는 것이 아니라 세포 하나가 죽으면 그 수를 유지하는 정도로만 새로 세포를 만들어 냅니다. 그러나 암은 아주 빨리 자랍니다. 성장 촉진 인자가 많이 존재하기 때문이죠. 우리 몸은 이런 이상한 상황을 금방 인식하고 그만 자라라는 시그널을 보냅니다. 그런데 암세포는 이러한 신호를 무시하고 계속 자랄 수 있는 능력을 지녔습니다. 중2병에 걸린 아이처럼 절대 말을 듣지 않습니다.

2. 우리 몸에는 킬러 세포가 있어서 우리 몸에서 이상한 짓을 하는 박테리아나 암세포를 잡아먹을 수 있습니다. 그런데 암세포의 돌연변이가 진화하면 킬러 세포를 회피하는 능력을 획득하게 됩니다.

3. 유전자 끝에 있는 텔로미어는 세포의 수명에 아주 중요한 역할을 하는데, 암세포는 분열할 때마다 이 텔로미어가 길어집니다. 즉 영생을 획득하는 것이죠.

4. 암은 주변에 염증을 일으켜 돌연변이가 더 잘 생기도록 만듭니다.

5. 암 조직이 어느 정도 자라면 전이를 할 수 있습니다. 일반 세포는 자신이 살던 조직을 벗어나 살 수 없습니다. 그러나 암세포는 조직에서 떨어져 나와 림프절이나 혈관을 타고 이동할 수 있습니다.

6. 암은 배가 고프다고 했죠? 따라서 혈관을 만들 수 있는 능력을 획득하여 자신의 주변에 혈관을 만들면서 성장합니다. 그런데 이 혈관을 대충 날림공사로 만들기 때문에 혈액이 줄줄 샙니다.

7. 암의 유전자는 정상 세포의 유전자와 달리 돌연변이가 쉽게 일어납니다. 한번 암이 생기면 걷잡을 수 없이 진행되고 더 악성으로 변하는

이유가 여기에 있습니다.

8. 우리의 세포는 특정 상황이 되면 자살합니다. 그러나 암은 이 자살 회로가 고장 나서 절대 스스로 죽지 않습니다.

9. 정상적인 세포의 에너지 활용 방법과 암의 에너지 활용 방법은 많이 다릅니다. 암 조직의 경우 젖산이 축적되고 정상적인 조직보다 pH가 1 정도 더 작아집니다. 즉 산성을 띠게 된다는 것이죠.

10. 암 조직은 성장 촉진 인자를 많이 만들어 내서 자신의 주변에서 암세포의 분화가 아주 빨리 일어나도록 합니다.

이제 왜 암이 고치기 힘든 병인지 알겠지요? 우리 몸의 세포인데 돌연변이가 일어나서 주변 조직보다 훨씬 빨리 자라고, 죽지도 않고, 영양분도 다 뺏어 버리고, 다른 데로 전이해서 또 암 덩어리를 만들어 냅니다. 항암제를 투입하면 암 덩어리가 줄어들지만 좀 지나면 항암제 내성을 획득하여 죽지도 않습니다. 하지만 최근 표적항암제를 이용한 치료법도 생기고, 미래에는 유전자 가위 기술로 나쁜 유전자 부분을 잘라 내고 정상 유전자로 바꿔치기할 수 있을지도 모르겠습니다. 미래로 갈수록 암의 치료법은 더 발전할 것이고, 언젠가는 암도 정복될 것입니다. 그때까지 다들 암에 걸리지 말고 잘 버티어 보도록 합시다. 술, 담배, 마약 하지 말고, 맵고 짜고 자극적인 음식을 피하고, 운동하여 비만을 벗어나면 암에 걸릴 확률이 줄어듭니다. 다 알고 있는 것이니 실천만 하면 됩니다. 모두 파이팅!

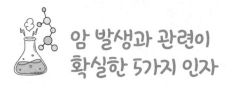

암 발생과 관련이 확실한 5가지 인자

─────────────── 생애 동안 암에 걸릴 확률은 과연 얼마나 될까요? 미국의 통계를 보면 남자는 40.2%, 여자는 38.5%입니다. 암에 걸려서 사망에 이르는 확률은 약 20% 정도 된다는군요. 다섯 명 중에 두 명은 사는 동안 한 번은 암에 걸리고, 암에 걸린 사람 중 반은 사망한다는 것입니다. 즉 다섯 명 중 한 명은 암으로 죽는 셈이죠.

유명 배우 안젤리나 졸리가 유방을 완전히 제거하는 수술을 했습니다. 자신과 유전적으로 가까운 사람들이 모두 유방암으로 사망했기 때문에 자신도 반드시 그렇게 될 것이라는 두려움에 그런 결정을 했다고 합니다. 암은 앞에서 이야기한 대로 유전자의 이상 때문에 생기는 것은 맞습니다. 그러나 암이 단 하나의 인자에 의해 생기는 것은 아니라는 것이 학계의 통설입니다.

암이 대체 무엇 때문에 생기는지에 대해서는 수많은 가설이 있습니다. 나이가 들면 자연스레 암은 생긴다는 이론, 암 유전자는 유전된다는 이론, 담배·석면·화학물질 등 몸을 괴롭히는 물질 때문에 생긴다는 이론 등이 있으나 우리 주변엔 나이 들어도 암에 안 걸리고, 석탄 광산에서 일을 해도 폐암에 안 걸리고, 부모 형제 다 암으로 사망했어도 멀쩡한 사람들이 있기 때문에 대체 무엇이 암을 일으키는지 정확히 짚어 내기는 어렵습니다. 따라서 '이런 경우에 암이 많이 생기더라' 하는 통계적 접근을 쓸 수밖에 없죠.

미국 국립암연구소(National Cancer Institute)에서 꼽은 통계적으로 유의미한 다섯 가지 발암 인자들에 대해 이야기해 보겠습니다.

1. 담배

폐암, 후두암 환자와 흡연 유무는 분명한 상관관계가 있습니다. 담배 연기에는 60가지가 넘는 발암물질이 들어 있거든요. 요즘 '건강을 위해' 전자담배를 많이들 피우는데, 전자담배의 연기가 괜찮다는 근거 없는 확신은 대체 어디서 온 것일까요? 진짜 궁금합니다. 전자담배에는 포름알데하이드, 톨루엔, 중금속(카드뮴, 니켈, 납 등)의 발암물질이 들어 있습니다.

한편 담배 연기의 주성분인 니코틴이 암을 발생시킨다는 연구 결과는 없습니다. 하지만 중독성이 높아서 끊기가 아주 힘들죠. 또한 동맥혈관을 좁혀서 혈압을 높이며 혈관 벽을 딱딱하게 만듭니다. 오랜 기간 니코틴에 노출되면 심혈관계에 지대한 문제가 생기고 심장마비로 사망에 이를 수도 있습니다. 좋은 담배는 세상에 존재하지 않습니다. 암에 걸려서 죽게 하거나 고혈압 및 심근경색으로 죽게 하는 것이 바로 담배입니다.

2. 식습관

고지방 음식과 보존 음식은 대장암, 위암 등과 큰 상관관계가 있다고 합니다. 음식을 보존하기 위해 사용하는 방부제, 착색료 등이 그 범인입니다. 우리가 햄버거, 감자튀김, 햄, 소시지 등을 먹으면서 찜찜했던 것은 다 이유가 있었습니다.

3. 유전인자

실제로 유방암과 같은 암은 유전적인 요소도 크다고 합니다. 그러나 식습관, 생활 환경 등 환경적인 요인도 무시 못 한다는 것을 알고 암을 피하기 위한 개인적인 노력을 많이 해야 할 것입니다.

4. 직업 환경

햇빛에 계속 노출된 채 작업해야 하는 농·어업 종사자들, 석탄·비소·석면 등에 노출될 가능성이 있는 광업·건축업 종사자들, 화학 공장에서 유증기에 계속 노출되는 작업자들은 암의 발병률이 인구 전체의 암 발병률보다 높습니다. 비행기 승무원들도 엑스선(X-ray)과 자외선(UV)에 많이 노출되어 피부암에 걸릴 확률이 상대적으로 높습니다.

다음 표는 암의 종류별로 해당 암을 유발한다고 알려진 물질들을 분류해 놓은 것입니다. 그중 특히 라돈, 타르(담배 피우고 난 다음에 찐득하게 혀에 붙는 물질), 비소, 석면, 크롬, 니켈, 알루미늄, 석탄, 포름알데하이드, 가죽 가루(수제화 공방 같은 곳), 제초제, 벤젠, 클로로페놀, 염화비닐 등이 눈에 띄네요. 광업, 건축업, 화공약품 제조업(농약, 페인트 등), 제철소, 반도체, 플라스틱 생산 및 가공 시설과 같은 곳에서 종사하시는 분들은 분진, 유증기 등을 흡입하지 않도록 각별히 신경 써야 합니다.

앞에서 언급된 염화비닐 (vinyl chloride)의 경우 플라스틱 PVC(하수구로 물을 배출하기 위해 사용하는 그 회색 플라스틱 배관 말입니다)에서 소량 녹아 나오기도 합니다. 아이들 장난감에 혹시 이 물질이 쓰인다면 그 장난감은 절대로 사면 안 됩니다.

5. 감염

B형 간염, 성기에 나는 사마귀 등은 나중에 간암, 자궁암 등을 유발할 수 있습니다.

직업상 노출되기 쉬운 암 종류별 발암물질[2]

암	관련 물질 또는 공정
폐암	비소, 석면, 카드뮴, 코크스 오븐 연기, 크롬 화합물, 석탄 가스화, 니켈 정제, 주조 물질, 라돈, 그을음, 타르, 오일, 실리카
방광암	알루미늄 생산, 고무 산업, 가죽 산업, 4-아미노비페닐, 벤지딘
비강 및 부비동 암	포름알데히드, 이소프로필 알코올 제조, 머스타드 가스, 니켈 정제, 가죽 먼지, 목재 먼지
후두암	석면, 이소프로필 알코올, 머스타드 가스
인두암	포름알데히드, 머스타드 가스
중피종	석면
림프종과 혈액암	벤젠, 에틸렌 옥사이드, 제초제, X-방사선 시스템
피부암	비소, 콜타르, 미네랄 오일, 햇빛
연부조직 육종	클로로페놀, 클로로페녹실 제초제
간암	비소, 염화비닐
구순암	햇빛

위의 발암 유발 요소들에 더해서 음주, 호르몬 이상, 면역 이상, 난잡한 성행위 등도 암 발생을 증가시키는 요인이라고 합니다.

우리는 어떠한 것이 몸에 좋은지 나쁜지 머리로는 이미 알고 있습니다. 그걸 실천에 옮기느냐 마느냐 하는 의지가 우리의 건강한 삶을 좌우합니다. 어쩔 수 없는 부분은 차치하고, 안 좋은 것을 알면서 굳이 할 필요는 없겠죠.

암 발생률을 낮추기 위해 우리가 할 수 있는 것들

1. 담배 안 피우기

2. 건강 체중 유지하기

3. 건강한 식습관(가공식품을 피하는 것과 더불어 찌개 그릇에 여러 명이 숟가락을 담그는 행위는 정말 위험할 수 있습니다. 남이 쓰던 컵도 쓰면 안 돼요. 앞에서 이야기했듯이 감염도 암의 발생과 크게 연관이 있기 때문이죠.)

4. 술 안 마시기

5. 활동적인 생활

6. 직사광선에서는 선블록 바르기

7. 건전한 성생활

8. 곰팡이, 바이러스, 다양한 발암물질로부터 적극적인 회피(작업 시 적절한 보호 장비를 반드시 착용해야 합니다.)

몸짱이 되기 위한 왕도?

먼저 근육이 어떻게 생겼는지 좀 볼까요? 다음 그림에서 '핵(nucleus)'이라고 이름이 붙여진 눈 같은 부분이 보이지요? 그것이 바로 근육세포의 핵입니다. 근육세포 속에는 '피브릴(fibril)'이라고 부르는 섬유질이 여러 가닥 들어 있습니다. 이 피브릴이 길거나 개수가 많으면 근육도 굵어집니다.

체내의 근육량에 가장 큰 영향을 끼치는 것은 유전자입니다. 부모가 근육질이고 달리기도 잘하고 무거운 것을 잘 들고 멀리 잘 던지는 사람이면 자식들도 쉽게 근육질이 될 수 있습니다. 그러나 유전

근육의 구조

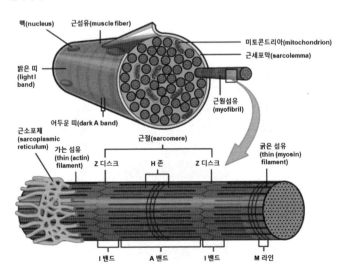

자의 축복을 받지 않은 사람도 충분히 몸짱이 될 수 있습니다. 다음의 두 가지 방법을 통해서 말입니다.

증식(Hyperplasia): 세포의 수가 증가하여 근육량이 증가

비대(Hypertrophy): 세포의 수가 증가하지는 않으나 근육세포 자체가 더 커져서 근육량이 증가

우리는 일반적으로 두 번째 경로를 통해 근육을 키웁니다. 성인이 되고 나면 세포의 수가 증가하기는 힘들지요. 우리가 헬스장에서 PT 선생에게 가장 많이 듣는 말이 근육을 찢어야 한다는 말입니다. 중량 운동을 하여 근육에 부하가 많이 걸리면 근섬유 일부가 찢어지고 상처가 생깁니다. 상처 난 부분이 다시 연결되면 근섬유의 길이가 길어지겠지요? '길어진 섬유의 길이 = 굵어진 근육'입니다.

근육이 증가하는 과정

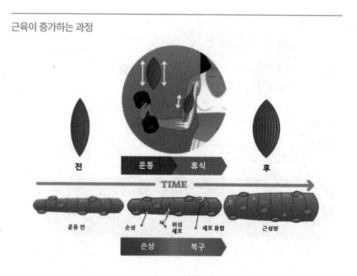

"하루는 상체를 조지고 그다음 날은 하체를 조지고." 많이 듣는 이야기지요? 상처 난 부위가 빨리 낫게 하기 위해서는 근섬유를 이루는 단백질도 충분히 섭취하고 잘 쉬어야겠습니다. 몇 달간 꾸준히 중량 운동을 하면 근육이 많이 커집니다.

처음에는 가벼운 무게로 시작하여 중량을 서서히 올려 보세요. 집에서 맨손 운동도 좋아요. 요즘은 운동 앱도 좋은 것이 많습니다. 스쿼트 챌린지, 푸시업 챌린지, 윗몸일으키기 등 종류를 바꾸어 가면서 해 보면 지루하지 않게 할 수 있을 것입니다. 배우자나 친구와 같이 하면 가장 좋지요. 무엇이든 갑자기 하면 안 되고, 충분히 몸을 만들어 가면서 강도를 서서히 올리면 됩니다. 준비가 충분히 안 된 상태에서 너무 무거운 무게를 들게 되면 근섬유를 미세하게 찢는 것이 아니라 근육과 인대에 큰 부상을 입게 되어 결국 몸만 망가지게 될 수도 있으니까요.

그런데 이런 자연스러운 근육의 증가 속도가 너무 느리다고 도저히 견디지 못하는 분들이 있지요? 이런 분들은 체내 단백질 생성 속도를 높이는 테스토스테론과 같은 아나볼릭 스테로이드 주사를 맞습니다. 이런 스테로이드의 위험성에 대해선 곧이어 다룰 것입니다.

무엇을 원하든 그곳에 빨리 도달하는 왕도(royal road)는 없습니다. 긴 시간이 걸리더라도 꾸준히 한 걸음씩 가면 결국 원하는 목표에 도달할 수 있습니다. 필요한 것은 의지와 끈기입니다. 몸짱이 되고 싶으세요? 술 담배 멀리하고 배달 음식 피하고 운동화 신고 나가세요. 그것만이 유일한 답입니다. 다이어트 약, 스테로이드는 의사 선생님이 처방을 내리지 않는 이상 하지 마시고요.

스테로이드로 근육을 키운
남자가 숨기고 싶은 것

━━━━━━━━ 평균적인 체격의 남성들은 굳이 우람한
근육을 가진 남성의 옆에 서고 싶어 하지 않습니다. 괜히 기죽기 싫
어서 말이죠. "나도 헬스장에 가서 조금만 운동하면 저런 체격은 금
방 가질 수 있어"라며 옆에 있는 여자친구에게 이야기하지만 진심
으로 그 말을 하는 것은 아닙니다. 실은 여름 바캉스에서 멋진 몸매
를 보여 주기 위해 헬스장에 가서 죽어라 운동을 해 보았지만 근육
은 빨리 붙지도 않고 몸매만 그냥 조금 슬림해지고 말았으니까 말입
니다.

헬스 트레이너가 "이 프로틴 드시면서 저하고 같이 열심히 운동하
면 멋진 몸매 금방 만들 수 있습니다!"라고 하길래 맛도 없는 프로틴
드링크를 열심히 마시고 열심히 운동합니다. 하지만 건강검진에서
의사가 "신장 기능이 갑자기 많이 안 좋아지셨네요. 그동안 뭘 드셨
어요? 프로틴 드링크요? 그거 과용하면 큰일 납니다. 신장 다 망가져
요"라고 하면서 혼을 냅니다. 아, 어쩌란 말인가요?

이때 눈에 들어오는 것이 바로 스테로이드입니다. 스테로이드의
도움을 조금만 받으면 자기처럼 멋진 몸매를 가질 수 있다고, 옆에
서 운동하는 '헬창'이 슬쩍 이야기합니다. 아주 귀가 솔깃하죠. 그 소
리를 듣고 나서 주변을 둘러보니 왠지 모든 근육맨들은 다 스테로이

드를 이용해서 저런 몸매를 만든 것 같다는 생각이 들면서 '나도?'라는 마음이 듭니다. 혹시 당신이 제가 이야기하는 대상이라면, 글을 다 읽고 나서 결정을 내리시기 바랍니다.

스테로이드는 크게 두 가지로 나뉩니다. 무엇을 만드는 아나볼릭 스테로이드(anabolic steroid)와, 거꾸로 물질을 분해하는 카타볼릭 스테로이드(catabolic steroid)입니다. 남성호르몬은 대표적인 아나볼릭 스테로이드이고, 코티솔은 대표적인 카타볼릭 스테로이드입니다.

테스토스테론은 세포 내 단백질의 함량을 높이는데, 특히 근육세포의 성장에 중요한 역할을 합니다. 남성이 수염과 체모가 많은 이유도 이 테스토스테론의 양이 많기 때문이죠. 남성이라고 하더라도 나이가 들어서 테스토스테론의 수치가 줄어들면 수염과 체모의 굵기도 가늘어집니다. 또한 테스토스테론은 남성의 생식기의 형성과 기능에 아주 중요한 역할을 하여 성욕(libido)과 정자 생산 능력에도 지대한 영향을 미칩니다. 그러므로 테스토스테론 스테로이드는 남성의 남성성을 결정짓는 중요한 호르몬이죠. 아나볼릭 스테로이드인 테스토스테론은 우리 몸이 스스로 만들어 내는 것입니다. 완전 자연산이죠. 또한 남성호르몬 테스토스테론이 지나치게 부족하여 정자 생산이 원활하지 않은 경우나 유방암 치료와 같은 특수한 경우에 한해 의사가 테스토스테론을 치료제로 처방해 줄 수 있습니다. 골다공증 치료에 쓰이기도 하죠. 스테로이드를 사용하는 것은 의사의 처방이 있어야 가능합니다. 스테로이드를 사용하여 얻는 이득과 위험 정도를 일반인이 자의적으로 판단하면 안 됩니다.

그런데 자연산이라고 무조건 좋기만 할까요? 정자 생산이나 다른 건강에 아무런 문제가 없는 남성이 오로지 멋진 근육을 만들기 위해 테스토스테론을 외부로부터 공급받게 되면 어떤 일이 벌어지는지를 알아야 합니다. 외부에서 테스토스테론이 공급되면 남성의 몸은 굳이 생식기에서 테스토스테론을 더 만들려고 하지 않습니다. 우리 몸은 경제성을 아주 잘 따지기 때문이죠. 테스토스테론을 근육을 키우기 위한 용도로 사용하는 사람이 꼭 기억해야 하는 것은, 외부에서 잉여로 공급된 테스토스테론으로 야기된 높은 테스토스테론 수치는 남성의 정자 생산 능력을 감퇴시키고, 심한 경우 무정자증까지 유발할 수 있다는 것입니다.

시중에 '로이드(roid)', '주스(juice)'라고 불리는 테스토스테론의 역할을 하는 인공 합성 아나볼릭 스테로이드도 암암리에 유통 중입니다. 나이가 들어 운동 능력이 저하된 남성 프로 운동선수들이 사용하기도 하고, 운동 능력을 더 끌어올리려고 여성 운동선수들도 몰래 사용하기도 합니다. 헬스장 PT 선생들의 멋진 바디프로필이 100% 자연적인 것이라고 믿지 않기를 바랍니다. 요즘은 일반인들도 근육을 키우려고 이것을 사용하는 빈도가 훨씬 늘었다고 합니다. 최근에는 유명 연예인의 남성호르몬 수치가 너무 높게 나와서 그게 자연적인 것인지 도핑을 통해 그런 것인지에 대해 논란이 일기도 했죠. 아나볼릭 스테로이드는 그것이 자연산이든 우리 몸에는 없었던 인공 합성 물질이든 다음과 같은 부작용을 일으킬 수 있습니다.

아나볼릭 스테로이드가 남성에게 끼치는 부작용

- 여유증(남성이 여성처럼 유방을 가지게 됨)

- 쪼그라드는 고환

- 정자 생산 능력 감소(심한 경우 무정자증)

- 발기 불능

- 전립선 비대증(소변의 길이 막혀서 시원하게 소변이 나오지 않음)

무엇이든 시간과 노력이라는 투자 없이 너무 빨리 이루려고 하면 부작용이 일어납니다. 기초를 튼튼히 하지 않고 족집게 일타강사에게 문제 푸는 요령만 배워서는 어쩌다 한 번은 시험을 잘 볼 수 있겠지만 나중에 큰 시험에서는 분명 망합니다. 다이어트 약을 먹고 살을 빼면 금방 요요현상이 오고요, 빨리 근육을 만들려고 로이드나 주스로 불리는 아나볼릭 스테로이드를 이용하면 발기 불능에 무정자증이 될 수 있습니다. 약물의 도움 없이 오랜 시간 열심히 운동하면 멋진 근육을 가질 수 있고, 그러면 건강에도 당연히 아주 좋을 것입니다. 멋진 근육은 가졌지만 아빠가 될 수도 없고, 여자친구가 사귀기 시작하자마자 "우리는 성격이 안 맞는 것 같아"라며 떠나 버린다면 무슨 소용인가요? 남녀가 헤어지는 가장 큰 핑계 중 하나가 성격 차이 아니던가요.

아나볼릭 스테로이드 테스토스테론은 골다공증 치료, 유방암 치료, 그리고 남성호르몬 수치가 너무 낮아 일어나는 문제의 해결 등에 아주 유용한 호르몬이자 약물입니다. 하지만 단지 몸을 좀 멋지게 보이기 위해 의사 처방 없이 사용하고 나서 일어나는 문제는 돌이킬 수 없는 심각한 문제일 수 있습니다. 그러므로 건강에 문제가 있다면 병원에 가서 남성호르몬 수치를 검사해 보고 의사와 상의하기를 권합니다. 젊고 건강한 사람이 테스토스테론이나 유사 스테로이드를 임의로 사용하는 것은 절대적으로 피해야 합니다.

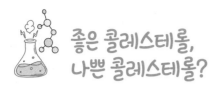

좋은 콜레스테롤,
나쁜 콜레스테롤?

병원에서 혈액검사를 하면 반드시 알려 주는 수치가 HDL과 LDL 수치입니다. HDL 수치가 높으면 좋은 것이고, LDL 수치가 높으면 좋지 않다고 합니다.

대체 HDL(high density lipoprotein, 고밀도 지단백질), LDL(low density lipoprotein, 저밀도 지단백질)은 어떤 구조를 가지고 어떠한 역할을 하기에 HDL은 좋고 LDL은 나쁠까요?

건강한 혈관과 콜레스테롤이 낀 혈관[3]

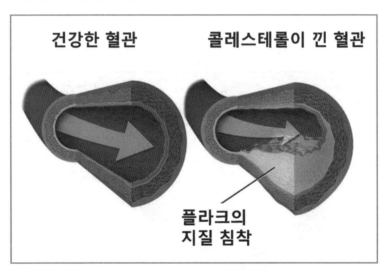

그 이야기를 하기 전에 콜레스테롤 이야기를 좀 해 보지요. 콜레스테롤은 다음과 같이 우리 몸에서 아주 중요한 역할을 하는 분자입니다.

1. 콜레스테롤은 몸속에서 우리 몸에 필요한 호르몬들(테스토스테론, 에스트로겐, 코티솔)로 변합니다.

2. 콜레스테롤은 담즙산(bile acid)으로 변합니다. 담즙산은 지방의 소화를 도와주는 중요한 역할을 하죠.

3. 콜레스테롤은 몸속에서 비타민 D로 변합니다. 비타민 D는 뼈의 건강에 필수적인 요소이죠.

콜레스테롤은 이 외에도 아주 다양하고 중요한 역할을 합니다.
물과 기름은 섞이지 않지만, 비누를 이용하여 손에 있는 기름기를

마이셀의 구조: 바깥의 작은 타원 모양들이 물을 좋아하는 친수성 부분이고, 안쪽이 물을 싫어하는 소수성 부분이다. 이 소수성 부분에 기름 분자나 콜레스테롤 분자를 가둘 수 있다. [4]

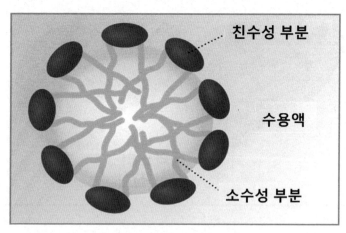

친수성 부분

수용액

소수성 부분

제거할 수 있다는 것을 다 아시죠? 콜레스테롤은 비록 물에 녹지 않는 분자지만 인지질이라는 계면활성제를 사용하여 '마이셀'을 만들어 물에 분산시킬 수 있습니다. 마이셀의 내부에는 콜레스테롤 분자가 갇히게 되는데 마이셀의 외부는 물과 친하기 때문에 마이셀 자체는 물에 분산되는 것이죠.

HDL이나 LDL이나 둘 다 지단백질(lipoprotein)이라고 부릅니다. 'lipo'는 지방을 뜻하고 'protein'은 말 그대로 단백질을 뜻하는데, 이들 지단백질은 지방(콜레스테롤과 중성지방)과 단백질이 섞여 있는 구조로 되어 있습니다. HDL과 LDL은 구조 자체는 크게 다르지 않습니다. 둘 다 마이셀이니까요. 그러나 조성에서 좀 차이가 납니다. HDL은 무게의 50%가 단백질이고 20% 정도가 콜레스테롤인 데 반해, LDL은 무게의 50%가 콜레스테롤이고 25% 정도가 단백질입니다. 단순하게 이야기하면 LDL은 주로 콜레스테롤로 구성되어 있고 HDL은 주로 단백질로 구성되어 있는 것이죠.

LDL과 HDL은 어떤 역할을 할까요? LDL은 콜레스테롤을 우리 세포로 전달해 주는 역할을 합니다. 콜레스테롤은 세포로 가서 아까 이야기한 대로 비타민 D도 만들고 호르몬도 만들고 담즙산도 만듭니다. HDL은 세포에서 쓰고 남은 콜레스테롤을 간으로 보내고 간이 이 콜레스테롤을 배출할 수 있게 해 주죠.

지단백질 마이셀 구조가 영원히 안정하면 콜레스테롤이 LDL에서 빠져나오지 못하겠지만 현실은 그렇지 않습니다. LDL에 콜레스테롤을 실어 세포에 보내고자 하다가 중간에 배달 사고가 나서 LDL이 터지면 콜레스테롤이 빠져나오기도 합니다. 이렇게 빠져나온 콜레스테롤이 혈관에 끼어 혈관을 막게 되는 거죠. 따라서 LDL 수치가 높으면 나쁘다는 말이 나오는 것입니다. HDL은 콜레스테롤 청소를 해주니까 HDL의 수치가 높으면 좋은 것으로 인식이 되고요.

요약한다면, 콜레스테롤은 우리가 살아가는 데 반드시 필요한 분자이고 우리 몸에서 만드는 것입니다. 그러나 너무 많으면 혈관에 끼어서 심장마비를 일으키는 무서운 분자이기도 합니다. 그런데 콜레스테롤은 음식에서 오는 것이 20% 정도이고 우리 몸이 만드는 것이 80%입니다. 고지방(특히 포화지방), 고열량 식단에서 탈피하고 열심히 운동하면 콜레스테롤 수치를 낮추는 효과를 어느 정도는 볼 수 있으나, 콜레스테롤이 들어 있는 음식을 피하기만 해서는 콜레스테롤 수치를 조절하는 효과가 크게 없습니다. 어떤 경우는 운동과 다이어트를 엄청나게 하고 정상 체중을 유지해도 콜레스테롤 수치는 요지부동인 경우도 있습니다. 유전자 자체가 그런 사람도 있으니까 말이죠. 만약 최선을 다해 건강 식단을 꾸리고 열심히 운동해도 콜레스테롤 수치가 계속 높다면 병원에서 의사가 시키는 대로 하시길 바랍니다. 콜레스테롤 수치를 낮추는, 안전성이 검증된 약물들이 많이 있으니 현대 의학의 힘을 빌리는 것도 나쁘지 않은 선택입니다.

나트륨이 노화에 미치는 암울한 영향력

————————— 먼저 필자는 의학 분야의 전문가가 아니라는 것부터 밝힙니다. 그러나 과학자로서 연구 데이터를 수집하고 해석하는 것을 수십 년 동안 해 오면서, 다른 분야의 논문들을 읽고 이해하는 것은 수월하게 할 수 있다고 자신합니다. 통계 연구는 연구 대상의 선택이 중요하며 특히 비교군들 간에는 유의미한 차이가 있어야 합니다. 그렇지 않은 연구를, 특히 연구자들조차 자신의 연구 결과의 한계를 인정하는 의료 연구 결과를, 언론이 섣불리 일반화하고 대서특필하는 것은 일반 국민들의 건강에 아주 위험한 결과를 초래할 수 있습니다.

얼마 전 '짜게 먹는다고 일찍 죽지 않았다'는 연구가 우리나라 대표 일간지 중 한 곳에 대서특필되었습니다. 성인 14만 3,050명을 대상으로 나트륨·칼륨 섭취와 사망률·심혈관계 사망률 간 관련성을 조사한 연구였죠. 해당 연구 대상자들의 일일 평균 섭취 나트륨은 2,500mg, 칼륨은 2,200mg이었습니다. 그런데 식품의약품안전처의 통계자료를 보면 우리 국민 1인 일일 평균 나트륨 섭취는 2015년 3,890mg였고 그 이후로 감소 추세를 보여 2018년 3,274mg까지 줄었습니다. 뭔가 이상한 점 발견하셨나요?

논문에서 다룬 연구 대상의 나트륨 섭취량은 우리 국민 평균의 60% 수준밖에 되지 않으며, 미국 FDA의 일일 허용 한계인 2,300mg에 아주 근접해 있습니다. 즉 이 연구의 가장 큰 약점은 연구 대상이 우리나라 평균을 대표하지 못한다는 것에 있습니다. 애당초 아무 문제가 없는 사람들을 대상으로 연구하였다는 의구심이 생길 수밖에 없습니다. 이미 적정량에 가까운 나트륨 섭취량을 유지하는 사람들에게 고나트륨 식단에 의해 생기는 건강 문제가 왜 있겠습니까? 왜 4,000mg 정도의 나트륨을 섭취하는, 또는 그 이상을 섭취하는 사람들을 연구하지 않았는지 정말 이해가 안 됩니다.

화제의 연구 결과는 잠시 접어 두고 근래에 나온 다른 연구 결과를 소개합니다. 혈장에 들어 있는 나트륨의 농도가 높은 성인의 경우 그렇지 않은 성인의 경우보다 노화가 빨리 일어났다고 합니다. 즉 물을 너무 적게 마시면 늙는다는 연구입니다. 이 연구는 적절한 수분 섭취를 통해 몸속의 나트륨의 농도를 일정 수준 이하로 낮추라고 권고하고 있습니다.

나트륨을 많이 섭취하고 나서 혈중 나트륨 농도를 낮추려면 물을 많이 마셔야겠죠? 라면 먹고 자면 얼굴이 퉁퉁 붓는 것을 생각하면 될 것입니다. 그러고 싶은가요? 물을 지나치게 많이 마셔도 신장에 무리가 가거나 몸속 전해질의 균형이 깨져 몸이 아플 수 있습니다. 그러니 물을 적당하게 마시면서도 혈중 나트륨의 농도를 일정 수준 이하로 낮추려면 나트륨 섭취를 적게 하는 것이 합리적이겠죠.

어떤 연구를 대서특필하는 신문 기사가 나와도 '정말 그런가?' 하는 의구심은 마음 한편에 조금 남겨 두는 것이 현명할 듯합니다.

결론: 노화가 빨리 와서 동년배보다 더 늙어 보이고 신체 나이도 더 들고 싶다면 계속 짜게 먹으면 됩니다. 나트륨 많이 먹고, 고혈압 달고 살고, 신장 기능 떨어지고, 혈중 나트륨 농도를 맞추느라 물을 너무 많이 마셔 퉁퉁 부은 얼굴을 하고 다니든지, 아니면 예쁘고 탄탄하게 다니든지 결정하는 것은 당신의 선택입니다. 이런 신문 기사를 보고 '와! 더 짜게 먹어도 되겠네. 역시 짠맛이 진리지!'라 한다면 참 흥미로운 몸의 변화를 보게 될 것입니다.

혈중 염분의 농도가 높으면 생기는 몸 안의 충격적인 변화

———————————— 소금(NaCl)은 물에 녹으면 Na^+와 Cl^-로 변합니다. 이런 이온들은 물 분자들이 둘러싸게 되는데 물속에서 아주 뚱뚱해집니다. 이온들이 물 분자를 몸속에, 혈관 속에 가득 차 있게 만드는 셈이죠. 이런 물 분자는 이온에 잡혀 있는 상태기 때문에 순수한 물 분자와 다르다고 보는 것이 맞습니다.

라면 국물을 마시고 자면 얼굴이 퉁퉁 붓지요? 세포 속 곳곳에 이온들이 물 분자를 잡고 놓아주지를 않으니 세포들이 퉁퉁 부을 수밖에요. 이런 소금이 녹은 물이 혈관에 가득 차면 어떤 일이 벌어질까요? 당연히 혈관 속에서도 큰 부피를 차지하면서 혈관 벽에 압력을 가하겠죠. 그러면 혈압이 올라가는 것은 당연지사.

계속 혈압이 높은 상태로 있으면 혈관의 상태가 변합니다. 터지지 않기 위해서 더 두꺼워지고요. 이렇게 두꺼워진 혈관 벽은 더 이상 말랑말랑하지 않겠죠. 결국은 언제 터질지 모르는 상태로 변하는 것입니다. 머릿속 혈관이 터지면 중풍이 오는 것이죠.

신장에도 혈관이 있습니다. 신장의 혈관이 망가지면 어떤 일이 생길까요? 당연히 신장이 기능을 못하게 되겠죠. 신장이 기능하지 못하면 우리 몸에서 노폐물이 밖으로 빠져나가기 어렵고 물도 배출하지 못합니다. 그렇게 되면? 몸은 더 퉁퉁 붓고, 노폐물은 가득 차고,

총체적 난국이 되고, 혈압은 더 높아지고, 신장의 혈관은 더 망가지는 지옥의 소용돌이에 휘말리게 되는 것이죠.

그뿐만이 아닙니다. 소금을 많이 섭취하면 단맛을 더 찾게 되어 비만이 될 수도 있습니다. (단짠이 진리라고요? 맛있으니 더 많이 먹게 되는 진리겠지요.) 뼈에서 칼슘이 빠져나와 골다공증까지 생길 수도 있다는 것을 잊지 마세요.

소금이 어떤 방식으로 몸에 폐해를 끼치는지는 이미 수많은 연구를 통해 밝혀졌습니다. 다음은 영국의 'Blood Pressure Organization'이라는 기구에서 만든 그림인데, 일목요연하게 소금의 폐해를 잘 표현하고 있습니다.

소금이 건강에 미치는 악영향

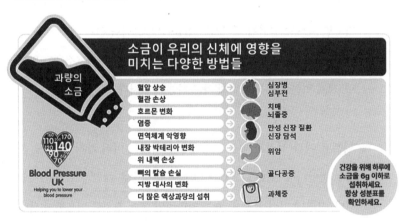

나트륨 과다 섭취는 심장병, 치매, 중풍, 신장병, 신장결석, 위암, 골다공증, 비만 등의 다양한 문제를 야기한다는 것을 알 수 있을 것

입니다. 비만은 암을 발생시키는 중요한 요인이라고 다른 글에서 이미 이야기한 적이 있지요?

이래도 라면 국물을 한 방울도 남기지 않고 다 먹을 것인가요? 싱겁게 먹겠다고 너무 호들갑 떨 필요는 없겠지만, 배달 음식을 많이 먹는, 그리고 밖에서 점심과 저녁을 많이 해결하는 직장인들은 이미 소금을 너무 많이 먹고 있습니다. 이러한 경고를 받아들이고 안 받아들이고는 역시 개인의 자유겠지만, 집에서 여러분을 기다리는 똘망똘망한 눈망울의 자식들을 생각한다면 한 번만 더 생각해 보시기 바랍니다.

※ 짜게 먹는 사람들이라고 해서 모두 나트륨 섭취량이 많은 것은 아닐 수 있습니다. 예를 들어 매운탕의 건더기만 건져 먹거나 라면의 면만 먹으면 나트륨 섭취가 생각보다 적습니다. 그러나 짜게 먹는 것을 좋아하는 사람은 일반적으로 국물까지 후루룩 마셔 버리는 경우가 많으니 '짜게 먹는 것을 경계하자'라고 하는 것입니다.

※ 나트륨 과다 섭취는 혈압의 상승을 불러오는 여러 가지 요인 중 하나일 뿐입니다. 또한 나트륨에 의한 혈압 상승은 개인차가 있을 것입니다. 그러나 이런 글을 쓸 때는 일반적인 통계 수치를 이용할 수밖에 없습니다. 개인차가 있으나 '나트륨의 과다 섭취는 혈압의 상승을 불러온다'는 것이 수많은 연구들의 결론임을 잊지 마시길 바랍니다.

당신의 신장은 안녕하십니까?
: 크레아티닌 검사

─────────────── 콩팥(신장)은 정말 콩, 팥처럼 생겼습니다. 우리 몸은 신진대사를 하면서 많은 노폐물을 만들어 내는데, 그 노폐물이 간으로 가서 대변으로 빠져나가거나, 신장으로 가서 소변으로 빠져나가는 두 가지 방법으로 노폐물이 몸 밖으로 배출됩니다. 간과 신장이 건강하지 않으면 우리 몸은 독소로 가득 차 많이 아프게 됩니다.

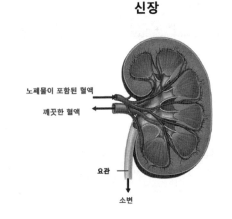

신장의 노폐물 배출 기능

신장

노폐물이 포함된 혈액

깨끗한 혈액

요관

소변

　신장이 잘 작동하지 않아서 몸 밖으로 노폐물을 배출하지 못하면 그 노폐물은 어디에 있을까요? 바로 우리의 혈액입니다. 그러므로 혈액검사를 해서 노폐물의 양을 측정해 보면 우리의 신장 기능이 어느 정도인지 알 수 있습니다. 가장 흔하게 쓰이는 기준 중의 하나가 바로 크레아티닌(creatinine) 검사입니다. 크레아틴이라는 분자가 대사 작용을 마치고 남은 찌꺼기가 크레아티닌입니다.

혈액에 이 크레아티닌의 양이 많다는 것은 신장의 기능이 좋지 않다는 것을 말하는 것이니, 다음에 혈액검사를 할 때 검사지에서 크레아티닌 수치를 확인해 보시기 바랍니다. 정상치의 범위는 남자의 경우 0.74~1.35mg/dL 정도가 되니, 이 수치보다 높은지 유심히 보세요. 여자의 경우 평균 근육의 크기가 작아서 크레아티닌 수치가 좀 더 작습니다. 이 크레아티닌 수치 이외에도 사구체 여

GFR 수치

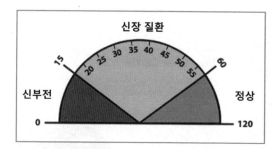

eGFR과 신장의 건강 상태

CKD 단계	eGFR 결과	각 단계의 의미
1단계	90 이상	- 가벼운 정도의 신장 손상 - 정상적인 신장 활동 가능
2단계	60-89	- 가벼운 정도의 신장 손상 - 여전히 정상적인 신장 기능
3a단계	45-59	- 주의가 필요한 정도의 신장 손상 - 신장 기능 약간 저하
3b단계	30-44	- 약간 심한 정도의 신장 손상 - 신장 기능이 다소 저하
4단계	15-29	- 심한 정도의 신장 손상 - 신장 기능이 거의 정지
5단계	15 이하	- 매우 심한 수준의 신장 손상 - 신장 기능이 거의 완전히 정지 (신부전)

과율을 나타내는 'GFR'이라는 수치도 혈액검사지에 함께 보일 것입니다. 신장이 1분 동안 몇 mL의 혈액을 걸러 낼 수 있는지를 보여 주는 수치인데, 어련히 의사 선생님이 잘 알려 주시겠느냐만 수치가 60 이하면 신장에 문제가 있는 것이라는 정도만 알아 두시기 바랍니다.

앞의 표는 eGFR(estimated GFR, GFR 추정값)과 신장의 건강 상태를 나타낸 것입니다. 3단계 정도부터는 문제가 많이 발생하니 혈액검사 결과를 꼭 체크해 보시길 바랍니다.

주변에 신장의 기능이 망가져 투석을 하시는 분들을 보면 알 것입니다. 삶의 질이 얼마나 나빠지는지를요. 그리고 신장이 망가지면 수명도 짧아지게 됩니다.

우리가 평소에 가지는 식습관과 행동의 결과가 신장의 건강으로 이어지는데, 신장은 다음과 같은 이유로 망가집니다.

이부프로펜 등 진통제의 장기 복용, 항생제, 근육세포의 융해(장거리 마라톤과 초고중량 근육운동 등 아주 격렬한 운동으로 인하여 근육세포가 녹아내릴 수 있는데, 이것이 신장으로 가서 신장을 망가트림), 성병으로 인한 감염, 고혈압, 고 콜레스테롤, 독극물(알코올, 중금속, 항정신성 약물 등)

가공되지 않은 음식, 절제된 생활, 운동 습관 등 우리가 건강에 좋다고 생각하는 것들을 신장도 좋아합니다. 악화된 신장 기능은 돌이키기 어려우니 소중한 신장을 조심해서 오래오래 쓰도록 합시다.

사람을 살리는 음이온의 왕, 헤파린

━━━━━━━━━ 콜레스테롤이 동맥에 너무 많이 쌓이면 심장근육에 피를 공급하는 관상동맥에서의 피의 흐름이 원활하지 못하고 응고된 혈액, 소위 혈전 또는 피떡이 생길 수도 있습니다. 만약 이러한 혈전이 동맥을 막아 버려서 심장의 동맥이 막히면 심장근육에 산소와 양분을 더 이상 공급할 수 없게 되겠죠. 이 경우 당연히 심장근육의 운동 기능이 급격히 나빠지는(즉 급격히 심정지 상황으로 진행되는) 급성 심근경색이 오게 됩니다.

또한 이러한 혈전이 뇌의 혈관으로 가서 그 혈액의 길을 막아 버리면, 의료진이 간신히 환자의 심장을 다시 뛰게 만들어도 뇌졸중이 와서 뇌가 더 이상 기능하지 못할 수도 있습니다. 환자의 심장 혈관의 흐름을 되살리고 혈전으로 인한 2차 피해를 막기 위해 병원에서는 급성 심근경색 환자의 초기 처치에 헤파린을 사용하여 혈액의 응고를 막습니다.

한편 뇌 동맥이 꽈리처럼 부풀어 올라 있는 뇌동맥류가 파열되는 경우, 이를 제때 처치하지 못하면 환자는 심각한 뇌 손상을 입게 될 수 있습니다. 뇌동맥류를 색전술을 이용하여 처치할 때도 헤파린이라는 약물을 사용하여 혈액의 응고를 막습니다.

이와 같이 헤파린이라는 약물 덕분에 수많은 사람들의 생명이 연장되고 있습니다. 현재 헤파린은 돼지 등의 동물 내장에서 추출되고 있습니다. 동물들은 우리에게 단백질도 주지만 다양한 의약품의 원재료를 제공하기도 합니다.

헤파린은 어떻게 생겼을까요? 그 구조는 다음과 같습니다. 당 분자들이 여러 개 연결되어 있는 올리고(oligo)당에 $-SO_3^-$가 매달려서 전체적으로 음이온이 됩니다. 생체 내에서 음이온의 전하량이 가장 큰 물질이라고 합니다.

헤파린의 구조

혈액에 있는 트롬빈(thrombin)이라는 단백질은 혈액의 응고를 촉진하고, 항트롬빈 3(antithrombin 3)라는 단백질은 이 트롬빈의 작용을 방해합니다. 항트롬빈 3라는 단백질의 작용이 우세하게 된다면 혈액은 응고되지 않을 것입니다. 헤파린 분자가 항트롬빈 3라는 단백질에 약하게 결합하게 되면 항트롬빈 3의 힘이 엄청나게 세지죠.

즉 헤파린 분자와 항트롬빈 3 단백질이 동맹을 맺고 적군인 트롬빈을 쳐부수는 것입니다.

하지만 헤파린을 혈액에 너무 많이 투여해도 부작용이 있을 수 있습니다. 실제로 외국에서는 어떤 의료진이 헤파린을 10명가량의 환자에게 과다 투여하여 살해 시도를 한 적이 있습니다. 이 헤파린의 부작용은 프로타민황산염(protamine sulphate, 연어 정자에서 추출한 단백질. 현재는 유전자 조합 기술로 만듦)이나, 왼쪽 그림과 같이 양이온의 전하량이 큰 물질을 해독제(antidote)로 사용하여 처리할 수 있습니다. 해독제의 양이온 부분과 헤파린의 음이온이 만나면 아주 안정된 염(salt)이 만들어져서 헤파린은 더 이상 몸속에서 작용할 수 없게 됩니다. 큰 전하량을 가진 양이온에게 헤파린이 체포되는 셈이죠.

헤파린의 음이온과 해독제의 양이온이 만나 안정된 염이 만들어진다.

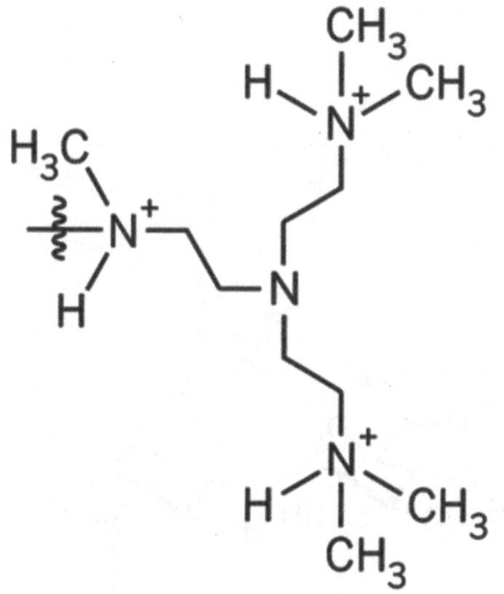

스트레스로 인한 비만과 당뇨, 그리고 이에 대처하는 우리의 자세

──────────── 스트레스를 받으면 우리 몸에서는 코티솔 (cortisol) 호르몬이 분비됩니다. 코티솔 호르몬이 우리 몸에서 하는 역할을 살펴봅시다.

- 외부적 스트레스 요인이 있을 때 우리 몸은 이에 대응하기 위해 많은 양의 코티솔을 분비시켜 소화 기능을 줄이고 생식 기능을 줄입니다.
- 염증 반응·부종을 억제합니다. 그런데 지속적으로 염증·부종이 존재 하면 코티솔 농도가 계속 높은 상태로 유지되고, 결국 우리 몸의 면역 체계에 이상이 와서 염증·부종에 더 취약하게 됩니다. 즉 몸이 붓고 곪는 상황이 더 쉽게 생긴다는 뜻이지요. 좀 더 직관적으로 이해하기 쉽게 설명한다면 '스트레스를 많이 받으면 잇몸 부은 것이 빨리 낫지 않는다', '스트레스를 받으면 몸이 너무 쉽게 붓고 부은 것이 빠지지 도 않는다'라고 할 수 있습니다.
- 코티솔 농도가 평균보다 높으면 고혈압이 생기고 낮으면 저혈압이 생 깁니다. 코티솔 농도가 적정 농도에 머무는 것이 아주 중요합니다. 스 트레스 상황이 지속되면 고혈압이 생기겠지요.
- 코티솔은 인슐린과 반대의 역할을 합니다. 인슐린은 혈중 당의 농도를 낮추는데 코티솔은 혈중 당의 농도를 높입니다. 코티솔 농도가 지속

적으로 높으면 높은 혈당 상태가 유지되는 당뇨가 생깁니다. 쉽게 설명하면 스트레스가 당뇨병의 원흉이 될 수 있다는 것입니다.

높은 코티솔 농도와 비만 간의 관계에 대해 연구한 내용들을 살펴보면, 코티솔 농도가 높으면 과식 및 폭식을 할 가능성이 높고 그것을 자제하는 능력이 현저히 떨어진다고 합니다. 또한 코티솔의 높은 농도는 특히 복부 비만과 상관관계가 있다고 하네요. 한 번 찌면 절대로 안 빠지는 그곳 말이죠. 높은 코티솔 농도가 우리 몸에 끼치는 악영향을 다시 한 번 정리해 볼까요. 코티솔 농도가 지속적으로 높으면 다음의 상황이 벌어질 수 있습니다.

- 생리 불순이 생길 수 있다.
- 과식 및 폭식 조절이 어려워서 비만이 된다. 특히 복부 비만이 된다.
- 고혈압이 생긴다.
- 당뇨병이 생긴다.
- 몸이 잘 붓고 염증이 잘 생긴다. 염증이 잘 낫지 않는다.

그런데 많은 경우에 스트레스 요인을 쉽게 해소할 수 없습니다. 그렇다고 해서 우리가 손 놓고 있을 수도 없는 노릇이죠. 그러니 코티솔 농도를 낮출 방도를 찾아야 합니다. 스트레스를 받으면 술, 통닭에 맥주, 설탕이 잔뜩 들어간 탄산음료, 아주 단 음식, 햄이나 소시지 같은 것이 잔뜩 들어간 부대찌개 등을 마구 먹어 대기 쉽습니다.

하지만 이런 음식은 몸에 염증을 유발하는 원흉입니다. 스트레스를 받아 안 그래도 코티솔 농도가 엄청 높은데 이런 음식까지 먹어 대면 몸이 버티지 못합니다. 폭식, 폭음을 하면 수면 패턴도 깨지고 수면의 질도 형편없어집니다. 코티솔 농도를 낮추기 위한 건강한 방법으로는 다음과 같은 것들이 있습니다. 누구나 충분히 할 수 있는 것들입니다.

- 오메가 3가 풍부한 음식과 과채류 먹기(스트레스 상황에서 폭식을 하고 싶다면 샐러드 맛집을 찾아가는 것을 추천합니다.)
- 스트레스로 잉여의 영양 섭취를 하는 것은 아닌지 스스로 진단하기
- 규칙적인 운동(매일 시간을 정해 두고 걷거나 뜁니다.)
- 명상 또는 깊게 천천히 숨쉬기
- 일과 삶의 균형 찾기(일에 치일 때, 보통 일을 미루는 습관 때문에 마지막 데드라인에 가까워져서 스트레스가 극심해지는 경우가 많습니다. 해야 할 일이 많다면 쪼개서 조금씩 미리 해 두는 것을 권합니다. 어쩌면 엄청난 자기 관리가 필요한 부분이지만 일하는 방법도 습관이 되면 괜찮습니다.)
- 즐거움을 주는 취미 활동 하기

제가 스트레스를 줄이는 방법은 다음과 같습니다. 저는 '성과를 많이 내고 싶다'라는 욕구가 충족되지 못하면 스트레스를 받는 편입니다. 또한 가족과 시간을 많이 보내지 못하면 짜증이 납니다. 그러므로 일을 할 수 있는 시간을 만들어 내는 것이 스트레스 해소법입니다.

아이를 등교시키고 학교에 도착하면 8시입니다. 아침을 먹으면서 저널 에디터 일을 합니다. 매일 한 편 정도의 논문만 처리합니다. 몰아서 하게 되면 그 자체가 일이 되고 스트레스가 되므로 조금씩 나누어 매일 하는 것이죠.

아버지가 돌아가신 후 가까이서 모시게 된 어머니와 시간을 함께 보내기 위해, 단순히 이야기를 하고 주변 산책을 하는 것도 좋지만 그렇게 하니 시간이 너무 많이 들더군요. 이에 대한 해결책으로 어머니를 제가 다니는 헬스장에 같이 모시고 가서 제가 트레이너가 되어 어머니 운동을 시키면서 이야기도 나누고 옆에서 저도 운동을 합니다.

가벼운 회의는 대부분 점심시간에 합니다. 일과 식사를 동시에 할 수 있으니 시간이 많이 절약됩니다. 점심시간이라는 제약도 있으므로 쓸데없는 잡담 없이 필요한 토론만 하고 끝낼 수 있습니다.

저녁 술자리는 되도록 사양합니다. 술자리를 가지면 저녁에 일할 시간이 없어지거든요. 그리고 어머니와 운동도 못하고 가족과 함께 하는 시간도 줄어듭니다. 일과 관련된 불가피한 술자리가 생기는 경우도 가끔 있기 때문에 평소에 이런 식으로 시간을 적립해 두는 것이 필요합니다.

두어 달에 한 번 정도는 좋은 친구들 또는 친한 동료들과 모여서 낮에는 운동을 하고 저녁에는 좋은 음식을 먹으며 가벼운 술자리를 가집니다. 다들 바쁘게 살기 때문에 모이기가 쉽지 않지만, 너무 좋은 사람들이라 이런 모임을 가지면 활력이 생깁니다.

주말이면 가족과 강변을 같이 걷는다든지 함께 클라이밍 같은 활동을 합니다. 아내와 아이가 바쁘면 그냥 멍멍이와 함께 비둘기 사냥도 합니다. 아직 한 마리도 못 잡았지만.

특히 아내의 잔소리를 잘 회피·극복합니다. 오늘도 "대체 왜 이렇게 정리를 못하는 거야? 나이가 그렇게 되고도 아직도 못해?"라고 하기에, "이 나이가 되도록 못한다면 그냥 학습 능력이 없다고 받아들여야 하지 않을까?"라고 했습니다. 등짝을 맞았지만 청소하는 스트레스는 피했죠.

사람마다 스트레스의 종류는 다 다를 것입니다. 자신의 스트레스 요인을 정확히 파악하고 본인이 할 수 있는 것들을 하면서 스트레스에 적극적으로 대처하기를 바랍니다.

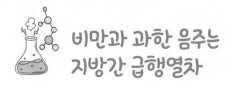

비만과 과한 음주는 지방간 급행열차

─────────── "간 수치가 높으시네요. 초음파로 보니 간도 많이 부어 있고요."

만약 당신이 의사 선생님으로부터 이런 말을 듣는다면 엄청 무서워해야 합니다. 간 수치가 높다는 것은 간에서 나오는 효소가 많다는 것인데, 이것은 지금 당신의 간이 죽을힘을 다해 독성 물질을 해독시키는 중이라는 뜻이기도 하고, 간세포가 죽어 나가고 있을 수도 있다는 뜻이거든요. 또 간이 부어 있다는 것은 간에 지방이 끼어 있거나 간에 염증이 있는 상태라는 뜻이고요.

간은 우리 몸에 들어온 잉여의 당분을 글리코겐으로 바꾸어 저장할 수 있습니다. 글리코겐은 옆 페이지의 그림과 같이 가운데에 글리코게닌(glycogenin)이라는 단백질이 있고 그 주변을 포도당(glucose)의 고분자(즉 여러 개의 포도당 분자들)가 둘러싸는 형태를 가지고 있습니다. 몸이 에너지를 필요로 하면 이 글리코겐을 분해하여 포도당을 만들고 이 포도당을 연소시킵니다. 또한 간에는 우리 몸에서 생기는 수많은 독성 물질이 들어가는데 간은 그것을 해독하기 아주 바쁩니다. 간의 기능이 나빠지면 몸의 대사 활동에서 나오는 다양한 독성이 있는 부산물들을 잘 처리할 수 없고 당연히 건강에 큰 악영향을 끼치게 됩니다. 간염, 간경화, 간암 등의 병증이 생기면 몸

이 아주 안 좋아지는 것은 당
연한 일이겠죠.

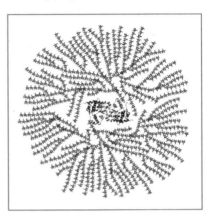

　지나치게 많은 열량이 몸에
들어오게 되면 우리 몸은 포도
당을 중성지방으로 바꿀 수 있
습니다. 이 지방들은 우리 몸
의 다양한 곳에 있는 지방세포
에 쌓일 수 있는데 당연히 간
의 세포에도 저장될 수 있습
니다. 지방이 간에 많이 저장되어 있는 상태가 바로 지방간입니다.
지방간은 우리 몸이 대사 활동을 하는 데 필요한 양 이상으로 지나
치게 많은 열량을 섭취하면 생길 수 있습니다. 아래 그림은 비만으
로 인하여 비알코올성 지방간이 생긴 이후에 간의 병증으로 진행되

지방간이 간의 병증으로 진행되는 과정 [5]

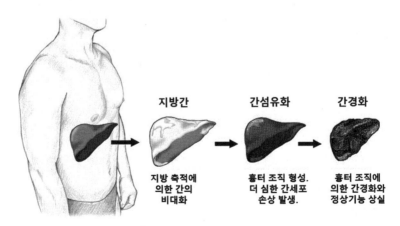

는 양상을 보여 줍니다.

그런데 알코올을 많이 섭취해도 지방간이 생깁니다. 왜 그럴까요? 알코올은 우리 체내의 대사 과정을 교란시켜 지방산의 분해(즉 지방산을 연소시켜 에너지를 얻는 과정)를 억제하고 지방산의 생성, 더 나아가 중성지방의 생성을 촉진하기 때문이죠. 이렇게 생성된 잉여의 중성지방은 간에 고이 저장되어 지방간을 만들게 됩니다. 알코올성 지방간을 가진 환자 중에는 영양 결핍에 빠진 사람도 있습니다. 우리 몸에 알코올이 들어오면 간이 이 물질을 열심히 분해하는 과정 중에 독성 물질들이 생깁니다. 독을 제거하는 것이 간의 역할이니 알코올을 분해하는 데 전념할 수밖에요. 지방산을 분해하여 에너지로 쓰려고 하지는 않고 간에 저장만 하니 몸 전체는 영양소 부족에 빠지기 때문입니다. 이렇게 기억하면 좋겠네요. '지금 내가 맥주를 마시면서 먹고 있는 프라이드치킨의 영양소들의 많은 부분이 그대로 지방으로 전환되어 간에 저장된다'라고 말입니다. 거기에 더하여 알코올은 분해되는 과정에서 다양한 독성 물질을 만들면서 간세포를 파괴할 수 있습니다. 간에 염증이 생겼다 낫고 하는 과정을 거치면서 흉터 자국이 생기고, 이 흉터 자국이 너무 많이 생기면 간이 딱딱해지는 간경화까지 진행되는 것입니다.

종합하면, 비만과 영양소 과잉 섭취를 통해서 생기는 지방이 간에 축적되어 지방간을 만들 수도 있고, 알코올이 대사 과정을 교란시켜 지방간을 만들어 낼 수도 있습니다. 단순한 비만에 의해 생기는 지방간은 열심히 운동하고 체중을 좀 줄이는 것으로 완전히 해소할 수 있지만, 알코올에 의해 생기는 지방간은 해결이 좀 복잡합니다. 알코올이라는 물질이 중독성이 있기 때문에, 술을 완전히 끊고 운동하라고 했을 때 그것을 잘 지킬 사람이 과연 얼마나 되겠는가 말이죠.

단순한 통계 수치만 이야기하면 알코올성 지방간의 10~35% 정도는 간염으로 진행된다고 합니다. 이 중 일부는 간경화로 진행되어 심하면 사망에 이를 수 있고, 특히 간경화를 가진 사람 중 매년 3%가 간암으로 사망한다고 합니다.

그러면 알코올성 지방간 상태가 되려면 어느 정도의 술을 마셔야 할까요? 매일 40g 정도의 알코올을 마시면 된다고 합니다. 소주가 20도면 250ml 안에 50ml가 알코올입니다. 이 양이면 40g이 넘습니다. 매일 소주 한 병을 마시는 사람 중 90% 정도가 알코올성 지방간을 가지게 되는 셈이죠. 매일 와인을 큰 잔으로 두 잔 정도 마시는 사람도 마찬가지입니다. 이 정도의 술을 마시는 애주가 중의 10~20%는 간경화를 가지게 된다고 하니 음주량을 적당히 조절하는 것이 좋겠습니다. 열심히 운동하고 술 줄이는 것 이외에 지방간을 벗어날 다른 방법은 없습니다.

비알코올성 지방간이라고 해서 아무 문제가 없는 것이 아닙니다. 다이어트하고 열심히 운동하여 간의 상태를 정상으로 돌려야 건강한 삶을 유지할 수 있습니다. 간이 아프기 시작하면 몸의 다른 장기들의 기능도 급격히 나빠질 테니 지방간에 대해 경각심을 가질 필요가 있겠습니다.

어른의 비만보다 유아·청소년의 비만이 더 무서운 이유

───────────────── 우리는 언제 살이 찔까요? 지방세포에 지방이 쌓여 통통해지면 '살이 찝니다'. 살이 찐 사람이 식단을 조절하거나 약을 먹어 체중이 줄어도 변하지 않는 것이 있습니다. 바로 지방세포의 수입니다. 그냥 지방세포에 들어 있는 지방의 양이 줄어들어 몸무게가 줄어든 것일 뿐이죠.

2008년 〈네이처〉에 짧게 소개된 글에 따르면, 어른이 되면 그 사람이 가지고 있는 지방세포의 수는 늘지도 줄지도 않는다고 합니다. 극심한 다이어트를 해도 마찬가지. 지방세포의 수는 줄지 않습니다. 사람의 세포는 일정 시간이 지나면 죽고 새로 생깁니다. 지방세포의 경우 죽어 나가는 세포의 수와 새로 생기는 세포의 수가 같아서 그 전체 수가 아주 안정적으로 유지된다고 합니다.

다른 연구에 따르면 정상 체중의 60% 이상의 체중 증가가 있을 때는 어른인 경우도 지방세포의 수가 늘어날 수 있다고 합니다. 정상 체중이 50kg인 사람이 80kg 이상이 되면 그렇게 된다는 말이니, 일반적인 경우에는 지방세포의 수는 늘지 않습니다.

하지만 어떤 이유든 간에 극도의 비만 상태에 도달하게 되면 어른의 지방세포도 숫자가 늘 수 있으니 경각심은 가질 필요가 있겠지요. 자칫 잘못하면 비만의 상태가 심화될 수 있으니 말입니다.

요약해 보겠습니다. 어른이 되면 자기가 가지고 있는 지방세포를 얼마나 살찌우느냐 굶기느냐에 따라 몸무게가 변하는 것일 뿐입니다. 바로 이 문장에 다이어트의 성공과 실패에 대한 답이 있습니다. 유아기부터 청소년기를 거치는 동안에 비만이었던 사람은 평균의 사람보다 지방세포 수가 많을 수 있습니다. 설령 그 이후에 각고의 노력을 거쳐 체중을 줄였다고 하더라도 이 사람들의 체내에는 언제나 많은 수의 지방세포가 굶주린 채 지방이 들어오기만을 기다리고 있는 것이죠. 혹시 고등학교 다닐 때 입시 스트레스로 비만이었던 적이 있나요? 지금 당신이 얼마나 말랐든지 그때 가졌던 체중으로 언제든 돌아갈 수 있습니다.

이 글을 읽고 있는 분이 자녀를 가진 부모라면, 자녀가 비만이 되지 않도록 건강한 식단을 챙겨 주고 운동 습관을 길러 주기를 바랍니다. 치킨, 햄버거, 감자튀김, 피자, 부대찌개, 스팸, 라면, 탄산음료 등의 인스턴트 음식, 배달 음식, 고열량 고지방 음식을 부모가 챙겨 준다면 아이들은 그것들에 대해 긍정적인 이미지를 가지게 됩니다. 이런 음식들을 가끔 먹는 것은 문제가 없으나 매일 먹는다면 문제가 큽니다. 전에 어떤 엄마가 밥하기 귀찮아서 아이에게 항상 밥을 물에 말아 소시지 반찬하고 주는 것을 본 적이 있습니다. 아이는 초등학생이었는데 이미 비만이었죠. 20세 중반까지 사람의 세포는 그 수를 늘릴 수 있습니다. 지방세포 또한 마찬가지죠. 일단 지방세포의 수가 많은 상태로 어른이 되면 이 사람은 언제든 비만이 될 수 있고 비만으로 인한 많은 건강상의 문제를 겪을 수 있습니다.

다시 한 번 강조하자면 "당신의 몸에 들어 있는 지방세포의 수는 당신이 아무리 굶어도 줄어들지 않습니다." 지방세포는 굶주려 쪼그라들 수는 있어도 절대로 그 전체의 수가 줄어들지 않아요.

특정 약을 먹으면 무조건 다이어트 영원히 성공이라고요? 지방세포가 웃습니다. 시중의 다양한 다이어트 프로그램의 허상 또한 제대로 바라보시길 바랍니다. 다이어트 프로그램의 모델로 나오는 연예인들이 '금융 치료'를 받아 체중이 줄어드는 것에 속지 마시기를. 당장 1억을 줄 테니 2개월 안에 10kg를 빼고 그 체중을 1년간 유지하라고 하면 누구인들 안 그러겠습니까? 굳이 비싼 돈 주고 맛도 없는 제품을 안 먹어도, 먹는 양보다 열량을 많이 소모하면 그 어느 누구라도 체중은 줄어듭니다. 도달할 수 있는 목표와 그것을 달성할 수 있는 계획으로 모두 건강한 체중을 가지시길 바랍니다. 마지막으로, 지방세포와 근육세포에 대한 짧은 상식 퀴즈 한번 풀어 볼까요?

아래의 문장들은 참일까요, 거짓일까요?

1. 근육운동으로 근육을 키우고 운동을 한동안 하지 않으면 근육세포가 지방세포로 바뀐다.
2. 지방과 근육의 무게가 같으면 부피도 같다.
3. 운동을 하면 지방세포가 근육세포로 바뀐다.
4. 다이어트를 하면 지방세포가 굶어 죽는다.

답은 모두 '거짓'입니다.

1. 운동을 하지 않으면 근섬유는 가늘어지고 지방세포에 지방이 차서 마치 근육세포가 지방세포로 바뀐 것처럼 느껴질 뿐입니다.

2. 지방은 같은 무게의 근육보다 훨씬 큰 부피를 차지합니다. 근육운동을 하게 되면 짧은 시간 동안에는 근육이 통통하게 부풀어 오를 수 있지만 금방 부피가 줄어들지요. 가만히 있을 때는 같은 질량의 지방이 부피를 훨씬 많이 차지합니다.

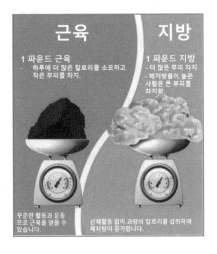

지방은 같은 무게의 근육보다 훨씬 큰 부피를 차지한다. [6]

3. 운동을 하면 지방세포의 지방이 사용되어 지방세포의 부피가 줄어듭니다. 한편 근육운동을 오랜 기간 하면 근육세포의 단백질 성분이 늘어나서 근섬유가 더 두꺼워집니다.

4. 그러면 얼마나 다이어트가 쉽겠어요? 지방세포가 굶어서 그 속에 있던 지방이 빠져나갈 뿐입니다. 지방세포의 총수는 그대로 유지됩니다. "배고파! 배고파!" 그러면서.

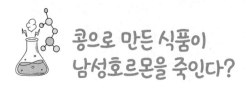

콩으로 만든 식품이
남성호르몬을 죽인다?

───────── 검색창에 "테스토스테론을 죽이는 음식 (foods that kill testosterone)"이라고 한번 쳐 보면 관련 홈페이지들이 우후죽순으로 나옵니다. 다음 그림이 구글 검색 결과에 대표로 뜨는 내용입니다. 남성호르몬 테스토스테론을 죽이는 1등 음식이 대두 (soybean, 두부 만드는 콩)랍니다. 그저께도 해물 순두부 뚝배기 한 그릇을 먹었고, 오늘 아침에도 낫토를 먹었는데, 이게 무슨? '웅? 이제 난 남자가 아니게 되는 것인가?' 하는 분들도 있을 것입니다. 과연 진짜일까요?

"foods that kill testosterone"의 구글 검색 결과 화면

foods that kill testosterone

Q All · 🖾 Images · ▶ Videos · 🛒 Shopping · 📰 News · ⋮ More

About 8,420,000 results (0.50 seconds)

What Foods Kill Testosterone?

- Soy. Yes, it's true that soy products like edamame, tofu, soy milk, te and soy protein powder provide nutritional benefits. ...
- Dairy. Think twice before you help yourself to that cheese platter or of whole milk. ...
- Alcohol. ...
- Baked goods. ...
- Sugar. ...
- Mint. ...
- Trans fats. ...
- Vegetable oils.

More items...

https://honehealth.com › Nutrition ⋮
11 Foods That Kill Testosterone - Hone Health

https://www.medicalnewstoday.com › articles ⋮
7 foods that kill testosterone list - Medical News Today
Foods that may reduce testosterone. edamame and beer on a table are **foods that kill testosterone** Share on Pinterest Soy and alcohol may reduce testosterone. · 1. Overview · Soy products · Bread, pastries, and desserts · Summary

https://www.performancecenterformen.com › what-foo... ⋮
What Foods Destroy Testosterone (Blog)
What Foods Destroy Testosterone? · Soy · Mint · Licorice · Vegetable Oils · Nuts · Flaxseed · Alcohol · Trans Fats.

https://www.discovermagazine.com › lifestyle › 16-foo... ⋮
16 Foods That Kill Testosterone | Discover Magazine
Sep 1, 2022 — 16 Foods That Kill Testosterone · 1. Soy · 2. Dairy · 3. Alcohol · 4. Baked Goods · 5. Sugar · 6. Mint · 7. Trans Fat · 8. Vegetable Oils.

https://greatist.com › health › foods-that-kill-testosterone ⋮
What the Fork?! 8 Foods That Might Kill Testosterone - Greatist
Apr 27, 2021 — soy · alcohol · baked goods · licorice root · vegetable oils · trans fat and processed foods; sugar; certain nuts. What you ...

이 논란을 종식시키기 위해서 파 인스티튜트(Farr Institute)에서 글을 하나 게시했습니다. 영국에 있는 이 기관은 세상에 떠도는 다양한 건강 관련 이야기들의 진위를(지금까지 진행된 많은 연구 결과들을 종합 분석하여) 따지고, 보다 정확한 정보를 소비자에게 제공하려는 목적으로 설립되었죠. 그 내용을 간단하게 소개합니다.

'대두가 남성호르몬을 죽인다'는 괴담의 시작(1950년대)

대두에는 아주 약하게 여성호르몬 에스트로겐(estrogen)을 흉내 내는 이소플라본(isoflavone)이라는 화합물이 있다. 이 화합물이 혹시나 남성호르몬의 효과를 상쇄시키지 않을까 하는 의구심에서 하나의 실험이 진행되었다. 쥐에게 콩만 먹이면서 몸에 어떠한 변화가 일어나는지를 본 것인데, 콩만 먹인 쥐의 남성호르몬 수치가 줄어들고, 정자의 수치도 줄어들었으며, 태어난 새끼의 몸무게도 적었다는 결과가 나왔다.

이 실험은 여러 가지로 문제가 많다. 첫째, 어떤 동물이든 콩만 먹고 사는 극단적인 다이어트는 힘들 것이다. 또한 이 동물 실험의 결과를 사람에게 그대로 적용하는 것은 무리가 있다. 동물의 체내에서의 대사 작용과 사람의 체내에서의 대사 작용이 완벽히 일치하지 않기 때문이다. 그럼에도 불구하고 이 실험의 결과는 많은 사람들의 관심을 받고 결과가 단순화/과대 포장되어 대중에게 광범위하게 유포되기 시작한다. '콩은 남성성을 죽인다'라는 괴담의 시작이다.

이후 콩이 정말로 남성호르몬에 악영향을 끼치는지에 대하여 많은 연구가 진행되었다. 수많은 연구 결과들은 '그렇지 않다'라는 사실을 가리킨다. 그러나 한 번 만들어진 대중의 공포는 오래 지속되며 대중은 집단적으로 '진실'이라고 한 번 받아들이면 바꾸려고 하지 않는다. 그래서 아직도 구글 검색을 해 보면 수많은 '자칭 건강 전문가'와 '남성성 회복 건강식품 회사'들이 '콩은 남성성을 죽인다' 하고 대놓고 광고를 하고 있는 것이다.

콩은 붉은 고기의 완벽한 대체재라고 한다. 콩의 영양학적인 이득에 대해 인터넷에서 손쉽게 그 정보를 얻을 수 있으므로 여기에 굳이 반복하지는 않겠다. 그냥 한마디로 요약하면 "우리가 일상생활에서 섭취하는 콩 식품(두부 등) 때문에 테스토스테론의 수치가 영향을 받을 일은 없다. 체내 염증 반응을 일으킬 수 있는 붉은 고기의 대체재인 콩은 다양한 건강상의 이득이 있는 훌륭한 식품이다"가 되겠다.

여러 건강 관련 기관들의 홈페이지를 뒤져 가면서 정리해 보니, 남성호르몬에 악영향을 끼치는 확실한 요소들은 다음과 같습니다. 아래의 음식만 가급적 피하시길 바랍니다.

- 가공식품: 고지방, 고열량을 지닌 가공식품은 쉽게 비만을 유발합니다. 요즘 배달 음식을 많이 시켜 먹는데 배달 음식 또한 맛으로 경쟁해야 하므로 고열량, 고지방, 단맛, 짠맛의 집합체죠.
- 알코올
- 민트
- 감초

근래에 우리나라 사람들의 치맥 사랑, 참 대단합니다. 고지방, 고열량, 알코올 삼연타를 때리는 치맥은 테스토스테론 킬러입니다. 인구가 줄어드는 것이 너무 당연한 것인지 모르겠습니다.

역으로 남성이 남성호르몬 수치를 올리는 방법은 무엇일까요? 다들 짐작하듯이 답은 뻔합니다. 최대한 술을 피하고, 가공되지 않은 식품을 먹고, 유산소 운동과 중량 운동을 섞어서 하면 됩니다. 운동은 비만을 막고 자연스럽게 남성호르몬 수치를 올리는 가장 쉬운, 확실하게 검증된 방법입니다.

그저께 먹은 해물 순두부와 아침에 먹은 낫토가 당신의 남성성에 문제를 일으킬 일은 없습니다. 만약 그랬다면 콩 식품을 많이 먹는 중국과 일본은 이미 그 인구가 소멸되고도 남았겠죠. 그런 의미에서 오늘은 가족과 함께 두부 요리 전문점 나들이 어떤가요?

여성의 몸에는 여성호르몬보다 남성호르몬이 더 많다?

———————— 다소 충격으로 다가올 수도 있을 텐데 여성의 몸에는 남성호르몬 테스토스테론이 여성호르몬 에스트로겐보다 많습니다. 이 두 가지 호르몬의 양이 비슷해지는 때는 배란일을 전후로 여성호르몬이 가장 많을 때 뿐이죠. 그런데 여성의 몸은 신비로워서, 여체 안에서는 이 두 가지 호르몬이 서로 변환이 가능합니다.

남성의 몸에는 당연히 남성호르몬이 아주 많이 있습니다. 그런데 여성보다는 여성호르몬이 적지만 거의 엇비슷한 수준으로 남성도 여성호르몬을 가지고 있죠. 그러니 여성들은 자신들이 생각하는 만큼 여성이 아니고, 남성들 또한 자신이 생각하는 만큼 남성이 아닙니다. 남성 안에 여성, 여성 안에 남성이 섞여 있는 셈이지요.

여성이 남성호르몬을 가지고, 또 남성이 여성호르몬을 가지고 있는 데는 다 이유가 있습니다. 반대의 성호르몬이 남성 및 여성의 몸에서 어떤 도움을 주는지 알아봅시다.

남성: 여성호르몬은 과도한 지방세포의 형성과 지방 형성을 방해하여 정상적인 신진대사를 돕습니다. 뼈와 혈관 건강에도 도움을 주어 병에 걸리지 않도록 도와줍니다. 또한 전립선암의 발병을 막는 효과도 있습니다.

여성: 남성호르몬은 췌장에서의 인슐린 분비를 도와 당뇨를 막습니다.
또한 뼈의 크기를 적절히 조절해 줍니다. 또 난포의 성장을 돕습니다.

다음 그림은 각 호르몬의 가장 높은 수치를 100으로 잡고 일생 동
안 남성호르몬과 여성호르몬이 남성 및 여성의 몸에서 어떻게 변하
는지를 보여 주는 것입니다. 호르몬 수치의 절대적인 값을 보여 주
는 것도 아니고, 성별 간의 상대적인 비교를 보여 주지도 않으니 헷
갈리면 안 됩니다. 다만 일생 동안 각 호르몬이 언제 늘어나고 줄어
드는지를 아주 잘 보여 주기 때문에 소개합니다.

일생 동안 남성과 여성의 몸에서 남성호르몬과 여성호르몬이 변화하는 양상

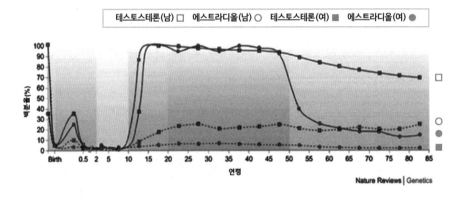

여성의 경우 50세 갱년기를 전후로 여성호르몬이 급격히 줄어드
는 것을 볼 수 있습니다. 남성호르몬도 줄어들기는 하지만, 20대 중
반의 전성기 때와 비교해 봐도 반 정도는 남아 있습니다. 바로 줄어

든 여성호르몬 때문에 갱년기 이후의 여성들에게 건강 문제가 생길 수도 있습니다. 지방을 엉덩이와 허벅지로 보내지 못하고 복부로 보내서 내장 지방이 차고 심혈관 건강 등에 문제가 생길 수 있지요. 그런데 가지고 있는 남성호르몬을 잘 이용하면 근육을 만들어서 지방을 태우고 멋진 몸짱 여성으로 거듭날 수도 있으니 너무 실망하지는 말기를 바랍니다.

남성의 신체에서 남성호르몬은 역시 40세 정도부터 줄어들기 시작하다가 50세를 기점으로 줄어드는 속도가 빨라집니다. 그러므로 50세의 신체는 이전의 운동 능력과 많은 차이가 있습니다. 그러나 남성의 경우 남성호르몬의 변화가 점진적이고 나이가 들어도 남성호르몬이 꽤 많이 있기 때문에 열심히 몸을 가꾸면 죽을 때까지 몸짱 근육맨으로 살 수 있습니다. 남성에게 있는 여성호르몬은 큰 변화 없이 평생 유지됩니다. 나이가 들어서 간혹 이유 없이 눈물이 나더라도 그냥 받아들이시기 바랍니다. 지혜롭다는 것은 나를 있는 그대로 받아들이는 것이니 말입니다.

내 속에 있는 다른 성호르몬은 나를 건강하게 만들어 줄 수 있는 고마운 존재입니다. 호르몬의 변화를 잘 이해하고 활용하면 건강한 일생을 살 수 있을 것입니다. 나이가 들면서 여성과 남성의 신체는 서로 다른 성에 가까이 가게 됩니다. 신기한 몸의 변화도 즐길 수 있는 여유를 가지면 좋겠습니다.

많아도 적어도 문제,
갑상선호르몬

갑상선에 암이 생긴 경우 [8]

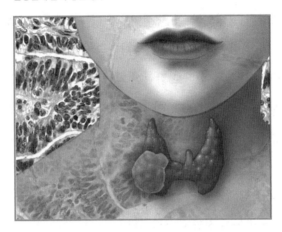

- 몸이 천근만근 무겁고 힘이 없다. 만사가 귀찮고. 머리카락도 가늘어지고 부스스하고 윤기가 없다. 관절도 아프고 몸이 붓고 굶는데도 살이 찐다. 그리고 왜 이리 자꾸 추운지 모르겠다. 맥도 느리다.

- 심장이 왜 이리 나대는지 모르겠다. 늘 두근두근거리고 한 번씩 엇박자를 내면서 뛸 때도 있다. 설사도 나고 먹어도 먹어도 살이 빠진다. 어? 손이 왜 떨리지? 그리고 왜 이리 더운 거야?

만약 당신에게 위의 증상들이 있다면 병원에 가서 한번 체크해 보시기 바랍니다. 어쩌면 갑상선 기능에 문제가 있어서 그럴지도 모르니까요. 첫 번째 증상들은 갑상선기능저하증(hypothyroidism)이고, 두 번째 증상들은 갑상선기능항진증(hyperthyroidism)의 전형적인 증상들입니다. 전에 여배우 이승연 씨가 걸렸던 질병이 갑상선기능저하증입니다. 배우들의 경우 늘 날씬한 몸매를 유지하고 싶을 텐데, 그들에겐 최악의 질병이 찾아온 셈이죠. 그룹 주얼리로 활동한 가수 박정아 씨가 걸린 병이 갑상선기능항진증이었습니다. 주변에서 꽤 자주 볼 수 있는 질환이 바로 갑상선 기능 이상 질환입니다.

우리 몸은 참 대단합니다. 아무리 추워도 아무리 더워도 체온을 일정하게 유지하니까 말입니다. 우리 혈액의 pH도 늘 일정하게 유지되어야 건강에 문제가 없습니다. 이와 같이 생명체가 생명체 내부에서 늘 같은 상태를 유지하려는 성질을 '항상성'이라고 하는데, 정상적인 생명 활동에 정말 중요합니다.

날씨가 추울 때는 세포가 열심히 당을 연소하여 열을 발생시켜야 우리 체온이 일정하게 유지될 것입니다. 우리의 체온을 일정하게 유

갑상선호르몬 T4

갑상선호르몬 T3

지하는 일을 도맡아 하는 곳이 바로 갑상선(thyroid gland)입니다. 갑상선에서는 갑상선호르몬 T4와 T3를 분비합니다. 왼쪽에 있는 구조를 잘 보면 I의 개수가 왼쪽은 4개, 오른쪽은 3개가 있다는 것을 알수 있지요. I가 바로 요오드인데 T4 분자는 요오드 원자를 4개 가지고 있고 T3 분자는 요오드 원자를 3개 가지고 있습니다.

T4는 갑상선호르몬이기는 하지만 비활성화된 상태입니다. 즉 몸에서 아무 일도 안 한다는 뜻이죠. 그러나 우리 몸속에서 요오드 원자를 하나 잃으면서 T3가 되는데 이 T3가 바로 활성화된 갑상선호르몬으로서 우리 몸의 대사 활동의 속도를 조절합니다. T3가 너무많으면 갑상선기능항진증의 증상이 나타나고 T3가 너무 적으면 갑상선기능저하증의 증상이 나타납니다.

해마라고 부르는 뇌의 구조 바로 아래에 시상하부라는 부분이 있는데, 이 시상하부에서 갑상샘자극호르몬 방출호르몬(thyrotropin-releasing hormone)이라는 분자가 방출되면 이 분자는 시상하부에 매달려 있는 콩만 한 뇌하수체가 갑상선자극호르몬(thyroid-stimulating hormone)을 내어놓게 합니다. 이 갑상선자극호르몬은 우리의 갑상선을 자극하여 T4, T3를 만들어 내도록 하지요. 이건 복잡하니 자세한 것은 생략하겠습니다.

치료법은 아는 만큼만 간단하게 소개하겠습니다. 의사 선생님들이 훨씬 자세히 설명해 주실 것이니까요. 갑상선기능항진증의 경우갑상선에 암이 생겨서 항진증이 생긴 것이면 당연히 방사선 치료나절제술을 할 것입니다. 절제술 이후에는 갑상선 자체가 없으므로 갑

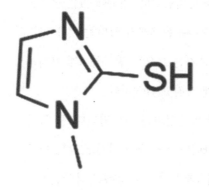

갑상선항진증 치료제 메티마졸

상선기능저하증을 달고 사는 것이 될 것이므로 합성 갑상선호르몬(levothyroxine, T4 구조와 동일)을 매일 복용합니다. 암이 아닌 경우는 갑상선 기능을 저하시키는 약물, 예를 들면 메티마졸(methimazole)과 같은 약을 사용합니다. 치료를 시작하고 몇 년 이내로 갑상선 기능이 정상으로 돌아올 수도 있고 다시 병증이 재발할 수도 있습니다. 갑상선기능저하증의 경우 합성 갑상선호르몬을 평생 달고 살아야 할 수도 있습니다. 한 번 걸리면 치료가 되더라도 언제 다시 재발할지 모르니, 갑상선 질환은 참 짜증나는 질환입니다. 치료 방법의 종류, 약의 종류, 그리고 복용량 등은 의사 선생님이 지속적으로 혈액검사를 하면서 결정하므로 갑상선 질환의 치료는 의사 선생님과의 의사소통이 매우 중요합니다. 여러분에게는 이런 병이 찾아오지 않기를 바랍니다.

잠이 안 오는 당신에게, 멜라토닌

우리가 잠을 잘 자야 할 이유는 참 많습니다. 잠을 충분히 잘 자면 면역이 좋아져서 병에 대한 저항성도 좋아지고, 기억력이 좋아져서 공부도 더 잘하고, 식욕도 억제되고, 스트레스 호르몬 코티솔 분비도 낮아져서 다이어트도 잘됩니다. 우리가 잠에 잘 못 드는 이유도 참 많습니다. 돈 문제, 건강, 아이 성적, 배우자와의 갈등 등 걱정거리는 왜 이리 많은

불면증의 증상 [9]

지…. 이 걱정거리에 더해서 잠이 안 오게 하는 악당이 누구일까요?

잠들고 싶은데 옆에서 남편 혹은 아내가 불을 환하게 켜고 책을 읽거나 TV를 보고 있습니다. 이럴 때 잠이 잘 오던가요? 학원에서 늦게까지 공부했더니 피곤해 죽겠고 잠도 엄청 옵니다. 집에 가자마자 뻗을 것 같습니다. 그런데 침대에 누워 자기 전에 유튜브나 좀 볼까 하고 핸드폰을 켜는 순간 눈이 말똥말똥해지지 않던가요?

잠은, 특히 밤에 자는 깊은 잠은 수면 호르몬 멜라토닌의 농도와

관련이 깊습니다. 멜라토닌은 주변이 어둑어둑해지면 서서히 생기기 시작합니다. 자기 전 2시간 정도부터 서서히 농도가 높아져서 우리가 깊은 수면에 빠지도록 도와줍니다. 그런데 이 멜라토닌의 생성을 방해하는 제1요소가 무엇인지 아시나요? 바로 빛입니다. 특히 가시광선 중에 파장이 짧은(즉 에너지가 큰) 청록 계열의 빛은 멜라토닌의 생성을 즉각 멈추어 잠을 이루지 못하게 만듭니다.

청록 계열의 빛은 어디서 올까요? 밝은 조명(백색광은 모든 색의 빛의 합이므로 당연히 청록색의 빛이 들어 있습니다), TV, 핸드폰 등에서 마구마구 뿜어져 나옵니다. 침대에 누워 핸드폰을 쥐고 있다는 이야기는 자기 싫다는 것과 같은 의미죠. TV를 틀어 놓고, 조명을 밝게 해 두면 잠이 안 오는 이유를 이제 알겠지요?

창문에 커튼을 쳐서 밖의 빛이 조금도 들어오지 못하게 하고, 핸드폰을 끄고, 조명의 밝기를 낮추고 책을 펴세요. 금방 잘 수 있을지도 모릅니다. 책은 끝내주는 검증된 수면제니까요.

그리고 학부모들은 아이들이 잠자리에 누워서 핸드폰을 보는 버릇이 들지 않도록 어릴 때부터 잘 지도해야 합니다. 핸드폰을 드는 순간 그 시점부터 한동안은 잠을 못 잘 것입니다. 잠을 안 자면 키도 안 크고, 비만이 되기 쉽고, 공부에도 악영향을 끼치니까 말입니다. 중고등학생이 된 이후에 습관을 바꾸기는 어려우니 어릴 때 습관을 잘 잡아 줘야 하겠습니다.

난자 하나를 수정시키는 데 왜 그리 많은 정자가 필요한 걸까?

─────────────── 지난 반세기 동안 성인 남성의 정자 수가 반으로 줄어들었다고 합니다. 우리가 정자 수 이야기를 할 때마다 하는 이야기는 '한 번 방출량이 수억 개다'라는 것입니다. '이렇게 많은데 정자 수가 반으로 줄어든 것이 무슨 대수냐?' 싶으신가요? 다음 글을 읽으면 그 생각이 좀 바뀔 수도 있습니다.

1ml의 정액당 천오백만 개에서 2억 개의 정자가 들어 있습니다. 평균적으로 따져서 한 번에 방출되는 정자의 개수는 1억 개 정도라고 합니다. 난자 하나만 수정시키면 되는데 대체 왜 이렇게 많은 정자가 필요할까요?

여성의 생식기 내부의 환경에 대해 공부를 좀 해 보면 그 이유를 알 수 있습니다. 먼저 여성의 생식기는 늘 세균의 침입에 대비하고 있습니다. 그러기 위해서 pH 3.8~5 정도의 높은 산성도를 유지하고 백혈구들도 경계 근무를 하고 있지요. 여성의 몸 입장에서 정자는 외부로부터의 침입자입니다. 없애 버려야 할 존재라는 뜻이죠.

정자에 머리와 꼬리가 있다는 것은 다 아시지요? 마치 올챙이의 꼬리처럼 생긴 꼬리는 열심히 움직여서 정자가 앞으로 전진하도록 도와줍니다. 그런데 정자는 눈도 없고 꼬리만 있는데 대체 어떻게 난자가 있는 곳을 찾아갈 수 있는지 궁금하지 않으셨나요? 여성의 생식기 안에는 정자를 유인하는 물질들이 있는데 난자가 있는 곳에 그 물질의 농도가 가장 높습니다. 정자에 있는 화학 센서가 이 유인 물질의 농도 차이를 인식하여 난자를 향해 계속 전진할 수 있도록 하는 것입니다.

난자를 향해 전진하는 정자

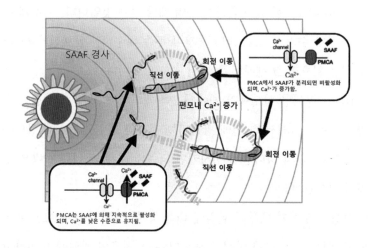

일단 정자가 여성의 생식기에 도달하면 어떤 일이 생길까요? 정자는 방금 말한 방식으로 난자가 어디에 있는지 파악하면서 죽어라 헤엄쳐 갑니다. 그런데 여성의 생식기는 정자가 그다지 오래 살 수 있는 곳이 아닙니다. 높은 산성 조건 때문에 너무 잘 죽지요. 또한 가다가 백혈구한테 걸리는 순간 잡혀서 죽기도 합니다. 여성 생식기 안에 도착한 정자는 99%가 30분에서 한 시간 안에 다 죽습니다. 헤엄을 잘 치는 녀석들은 그나마 살 가능성이라도 있지만 꼬리가 휘

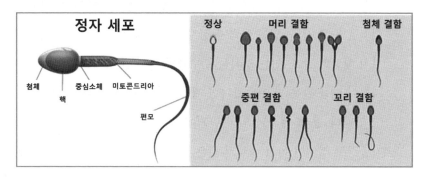

었다든지 혹은 두 개라든지, 머리가 두 개라든지 등의 기형으로 생긴 녀석들은 무조건 죽습니다.

남성의 정액의 pH는 7~8 정도로 알칼리성입니다. 여러분은 산성과 염기성 물질이 만나면 중화가 된다는 것을 다 아실 것입니다. 정액은 여성 생식기 내부로 던져지면 도착한 주변을 약간 중화시킬 수 있습니다. 만약 정액의 양 자체가 너무 적으면 어떤 일이 생길까요? 여성 생식기라는 가혹한 환경을 중화시킬 수가 없어서 그 속에 있던 정자들이 끝까지 여행을 마칠 확률이 매우 크게 줄어듭니다. 또한 정액 속의 정자의 농도가 너무 낮으면, 즉 정자의 수가 너무 적으면 당연히 끝까지 여행을 할 가능성이 무지 적어지겠죠.

여하튼 정액 자체의 양이 많아 봐야 얼마 되지 않기 때문에 모든 정자들을 다 살릴 수가 없습니다. 정자들은 열심히 난자를 향하여 헤엄치고 가다가 죽고, 그다음 정자 부대가 숨 쉴 공간, 헤엄칠 공간을 만들어 줍니다. 그렇게 선두조가 달리다가 죽어 쓰러지면 그다음 정자 부대가 전우의 시체를 밟고 넘어 달려가는 것입니다.

그런데 여성의 생식기 안은 끈적끈적한 점액으로 덮여 있습니다. 이곳을 뚫고 갈 수 있는 능력자 정자들은 많지 않죠. 생식기 깊은 곳까지 헤엄쳐 갈 수 있는 정자들은 수백만 개도 안 됩니다. 만약 이 정자들이 때를 잘못 맞추어 왔다면 헤엄치다가 끈끈한 점액에 갇혀 죽고 맙니다. 운 좋게 여성의 배란기에 맞추어 온다면 덜 끈적거리는 자궁경부 점액이 여성 생식기 깊은 곳에서 흘러나와 이 정자들이 헤엄치는 것을 조금은 도와줍니다. 자궁경부 점액이 좀 도와주더라도 정자들은 열심히 헤엄치다가 거의 다 죽고 수만 개의 정자만 자궁경부에 도착합니다. 이들 역시 전우의 시체를 넘어 전진합니다.

헤엄을 잘 치는 것은 물론 기회를 잘 포착한 정자들만 나팔관의 입구에 도착할 수 있습니다. 쇼트트랙 스케이팅을 생각해 보면 알 것입니다. 선두 바로 뒤에서 달리며 힘을 비축한 선수들이 1등을 잘 하지 않던가요? 당신을 태어나게 한 정자는 탁월한 기회주의자이자 헤엄도 무지 잘 치는 녀석입니다.

어쨌든 기껏해야 두세 개에서 20~30개의 정자만 살아남아 나팔관 입구에 도착합니다. 이곳은 정자들에게는 천국과 같은 곳입니다. 몇 시간에서 심지어 며칠을 살 수 있으니까요. 정자들은 마치 공주를 기다리는 꽃을 든 구혼자들처럼 여기에서 난자를 기다립니다. 그러다가 난자가 나타나면 죽어라 헤엄쳐서 먼저 난자에 도착하려 합니다. 그중 한 녀석만 난자 속에 자신이 가진 유전물질을 풀어 놓을 수 있습니다(난자 속에 정자의 머리 부분이 들어간 다음에 머리가 폭발하면서 유전자를 풀어 놓습니다). 그러면 수정이 되는 것이죠.

이제 왜 우리가 환경호르몬을 걱정해야 하는지 알 것입니다. 모든 남성이 다 한 번에 1억 개 넘게 정자를 방출하지 못합니다. 임신이라는 것이 남성이나 여성 어느 쪽이라도 문제가 있으면 힘든 것이므로, 정자 수의 낮은 경계, 즉 수정을 시키기 힘든 개수의 정자를 가진 남성들의 숫자가 더 많아지면 난임 부부의 수가 그만큼 늘어나게 됩니다. 환경호르몬은 이러한 난임 부부의 수를 늘릴 수 있는 큰 위험 요소가 되기 때문에 우리는 환경호르몬 이야기만 나오면 호들갑을 떠는 것이죠. 운이 나쁘면 손주를 영영 볼 수도 없기 때문입니다.

어떤가요? 당신이 태어난 과정을 돌아보니 엄청나지 않은가요? 생식기 속을 헤엄쳐서 수정이 되었건, 시험관에서 수정이 되었건 우리는 엄청난 확률을 뚫고 태어난 것입니다. 평균적으로 1억분의 1의 확률로 태어난 것이죠. 수정이 되는 것 자체만으로도 로또 당첨 확률보다 낮은 확률을 뚫은 것입니다. 아빠가 엄마를 만나지 못해 생겼다 사라져 간 정자 형제들까지 생각하면 확률은 어마어마하게 더 낮아지겠죠.

또한 사람이 태어나는 데 산성과 염기성이 이렇게 중요하다는 것이 참으로 놀랍지 않나요? 여성의 산성을 남성의 염기성이 중화시키면서 정자는 천신만고 끝에 난자에게 도달합니다. 정자와 난자가 만나게 하는 중화반응, DNA에 존재하는 수소결합, 남성호르몬, 여성호르몬…. 그러고 보니 생명의 시작부터 끝까지 화학적이지 않은 것이 없다는 생각이 듭니다.

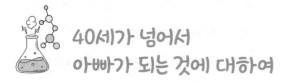

40세가 넘어서
아빠가 되는 것에 대하여

──────────── 생명체의 삶은 세포 속 핵에 들어 있는 DNA에 저장된 유전 정보의 지배를 받습니다. A, T, G, C로 간단하게 표시되는, '염기'라고 부르는 분자들은 DNA 한 가닥에 순서대로 줄을 서 있습니다. 다른 DNA 한 가닥에도 마찬가지로 염기들이 줄을 서 있는데 이 두 번째 DNA 가닥에 있는 염기들은 첫 번째 DNA 가닥의 염기들에 의해 순서가 정해집니다. 이 두 가닥의 DNA들은 꼬여 있는 이중나선 구조를 만들게 되지요.

DNA의 이중나선 구조

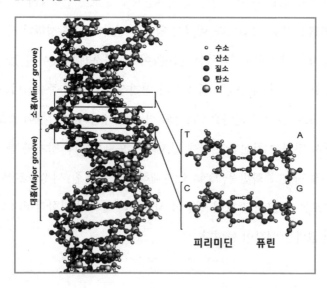

첫 번째 가닥에 A가 있으면 두 번째 가닥은 T, 첫 번째 가닥에 T가 있으면 두 번째 가닥은 A, 첫 번째 가닥에 C가 있으면 두 번째 가닥은 G, 첫 번째 가닥에 G가 있으면 두 번째 가닥은 C, 이런 식으로 A는 T와 대응이 되고 C는 G와 대응이 됩니다.

우리가 염색체라고 부르는 것들은 이러한 DNA 이중나선 구조들이 더 많이 뭉쳐져 있는 것을 말합니다. 염색체에 이상이 생긴다는 뜻은 DNA의 가닥에 들어 있는 염기의 순서가 잘못되었다는 뜻으로 이해하면 됩니다. 염기의 순서가 잘못되었다는 것은 '돌연변이'가 일어났다는 뜻이고요. 성인의 세포에서 염기가 하나 바뀌는 것과 같은 돌연변이가 많이 일어나고 그것이 좀 잘못되면 그 세포는 영원히 죽지 않고, 계속 분화하는 암세포가 되기도 합니다.

사람은 살아가면서 자의든 타의든 간에 수많은 외부 자극에 노출됩니다. 술도 마시고 담배도 피우고 심지어 마약을 할 수도 있으며, 병에 걸려 약을 먹기도 합니다. 상사나 시부모, 부인의 잔소리 때문에 스트레스도 받고 몸속에 활성산소종의 양이 증가할 수도 있습니다. 지나친 자외선에 노출될 수도 있고 엑스레이나 CT 같은 의료 영상을 찍으면서 방사선에 노출되기도 합니다. 이 모든 다양한 자극은 DNA의 염기를 손상시킬 수 있으며 손상된 부분이 제대로 복구되지 않으면 그 부분은 염기의 종류가 바뀌어 버리는 돌연변이가 될 수도 있습니다. 실제로 지금 이 글을 읽고 있는 여러분도 원래 가지고 태어난 DNA와는 다른, 바뀐 염기 서열을 가지고 있을 확률이 높습니다. 염기가 바뀌었다고 모두 암에 걸리는 것은 아니니 너무 걱정하지 않으셔도 됩니다.

　남자의 정소에 들어 있는 정자도 마찬가지입니다. 나이가 든 남자의 정자에 들어 있는 DNA는 복제 과정 중에 돌연변이를 겪었을 수 있습니다. 한 번 돌연변이가 생긴 정자가 복제를 하면 그 유전 정보는 새로 생기는 정자에도 그대로 이어집니다. 그러므로 나이가 들수록 정자 내에 있는 DNA의 돌연변이 생성 가능성이 높아지죠. 일반적으로 돌연변이는 '생존'이라는 측면에서 바람직하지 않습니다. 아주 간혹 바람직한 방향으로 돌연변이가 일어나기도 하지만, 암과 같은 것이 바로 돌연변이의 결과라는 것을 안다면 돌연변이의 부정적인 면을 즉각 이해할 수 있을 것입니다.

　흥미로운 점은, 남자의 정자에 들어 있는 DNA는 복제를 거칠 때마다 텔로미어(telomere) 부분이 길어진다는 것입니다. 텔로미어는 염색체의 끝부분에 있는 영역인데 이것이 지나치게 짧으면 수명에 악영향을 끼친다고 알려져 있습니다(암세포의 경우 복제할 때마다 이 텔로미어가 계속 길어집니다. 암세포가 영원히 살 수 있는 이유가 바로 여기에 있지요). 즉 나이 든 남자의 정자는 긴 텔로미어를 가지고 있으며 이것이 후손에게 전달이 된다면 그 후손은 역시 긴 텔로미어를 가지게 되는 것입니다. 나이 든 남자가 아빠가 되었을 때의 긍정적인 측면이라고 볼 수 있습니다.

　그러나 이러한 긍정적인 측면은 앞에서 말한 대로 정자 DNA의 돌연변이 가능성 때문에 색이 바래고 맙니다. 40세가 넘은 남자가 수정을 시도하는 경우 유산 확률 2배, 조산 확률 2배, 사산 확률 2배, 유전자 이상(예: 다운증후군) 확률 2배, 돌연변이로 인한 병 발생 확률 10배, 조현병·조울증·자폐 등의 발병 확률 5배 등 다양한 문제가 발생할 수 있기 때문입니다. 여기에 나중에 아이의 인생의 많은 부분을 아빠가 함께할 수 없다는 데서 오는 아이의 정서적 결핍 또한 무시 못 할 부분입니다.

아기를 길러야 한다는 책임감에 성실한 생활 태도를 견지하면서 아주 오래 건강하게 사는 남성들도 많습니다. 다만 나이 들어 아빠가 된다는 것의 위험 정도에 대해 정확히 인지하고, 그것을 새로운 생명의 시작을 결정짓는 판단의 근거로 삼기를 바랍니다.

만약 당신이 40세가 넘었고, 위에 이야기한 모든 난관을 뚫고 아기가 건강하게 태어났다면 축하의 박수를 보냅니다. 그 아이는 아주 건강하게 오래 살 가능성이 큽니다.

임신 중에 만나게 되는
스트레스 호르몬, 코티솔의 두 얼굴

———————— 우리 몸은 언제나 호르몬의 영향 아래에 있습니다. 기분도 몸의 상태도 호르몬의 밸런스에 따라 왔다 갔다 이랬다 저랬다 합니다. 호르몬의 미묘한 밸런스에 대해서 아직도 모르는 것이 많고 이를 알아내기 위해서 많은 연구가 진행되고 있습니다.

코티솔은 대표적인 스트레스 호르몬입니다. 코티솔은 우리가 외부로부터 스트레스를 받으면 분비되는 호르몬으로, 지속적으로 코티솔이 많이 분비되는 상황에 처하면 면역 체계 약화 등의 부작용이 생길 수 있습니다. 또한 높은 코티솔 농도와 쿠싱증후군(Cushing syndrome), 우울증 등이 관련이 있다는 것은 이미 잘 알려져 있습니다. 그런데 이 코티솔이라는 호르몬은 수정 이후부터 출산까지의 과정에 도움이 될 수도 있습니다. 한번 알아봅시다.

임신과 함께 여성의 신체에서는 스트레스 호르몬 코티솔의 분비가 임신 전보다 2~4배 수준으로 많아집니다. 코티솔의 농도가 높으면 면역 체계가 약화됩니다. 임신이 무엇인가요? 여성의 몸에 갑자기 다른 생명체가 자리를 잡고 사는 것이 아닌가요? 바이러스나 박테리아가 우리 몸에 침투하면 그것을 죽이는 것이 바로 면역인데, 여성의 면역이 너무 강해서 잉태된 생명을 죽이면 어떻게 되겠습니까? 지극히 단순하게 표현하면, 코티솔은 여성의 면역을 약화시켜서 임신 초기에 아기가 자리를 잡고 살아가도록 도와주는 것으로 볼 수 있습니다. 높은 농도의 코티솔은 임신과 출산 과정에서 여성의 뇌를 많이 바꾸는 것으로 보이는데, 여성으로 하여금 아기와 애착 관계를 형성하고, 자신의 아기 몸에서 나는 냄새를 더 좋아하게 하고, 자신의 아기와 다른 아기의 체취를 구분할 수 있게 해 줍니다. 임신 중 겪는 높은 코티솔 농도, 이로 인한 여성의 신체적·정신적 어려움은 아이를 낳은 여성의 훈장과도 같습니다.

임신과 함께 자연스럽게 증가해 아이가 뱃속에서 잘 성장하여 세상에 나오도록 도와주는 고마운 코티솔이지만, 좋은 것도 지나치면 독이 됩니다. 뱃속의 아이는 엄마가 겪는 정신적 상태를 보여 주는 호르몬을 매개로 하여 세상을 봅니다. 엄마 몸속의 스트레스 호르몬 코티솔과 아드레날린의 수치가 요동친다는 것은 앞으로 자신이 태어날 세상이 녹록지 않다는 것을 보여 줍니다. 물론 아이가 그것을 이성적으로 보고 판단하는 것은 아니지만 그러한 호르몬에 의해 아이의 뇌는 크게 영향을 받게 되어 정상적으로 잘 성장할 수도 있고 그렇지 못할 수도 있는 것이죠. 임산부가 극도의 스트레스 상황에 맞닥뜨리면 코티솔의 수치는 하늘로 치솟을 것입니다. 임신 중 지나치게 높은 코티솔 수치는 아이에게 자폐증과 우울증 등을 불러올 수 있다는 연구 결과도 있습니다. 임산부가 겪는 어려움과 불행이 아이에게 대물림되어 버리는 것이죠. 엄마가 임신 중에 어려움을 겪는다고 해서 모든 태중의 아이가 다 발육이 느리고 문제가 생기는 것은 아닙니다. 그러나 위와 같은 위험이 있다는 것을 인지하고 임신 중에 스트레스를 각별히 잘 관리하는 노력이 필요할 것입니다.

이래저래 복잡 미묘한 호르몬의 세계입니다. 특히 임신과 출산 과정 중 여성의 신체에서 벌어지는 호르몬 변화는 그야말로 '환장 부르스'입니다. 나중에 갱년기를 지날 때도 여성은 남성보다 훨씬 급격한 호르몬의 변화를 겪습니다. 그러므로 '여성들은 남성들보다 본질적으로(intrinsically) 좀 더 화학적인 존재가 아닌가?' 하는 생각이 듭니다.

※ 이 글을 읽는 독자 중 이미 임신과 출산은 과거의 일인 분도 많을 것입니다. 아이들이 미운 세 살이 되었을 수도, 꼴 보기 싫은 사춘기를 지나고 있을 수도, 불쌍하지만 꼴 보기 싫은 수험생이 되었을 수도, 더 꼴 보기 싫은 취준생일 수도, 미치도록 꼴 보기 싫은 남의 집 아들, 며느리가 되었을 수도 있습니다. 그런 존재들이지만, 그 아이가 뱃속에 처음 찾아왔을 때 엄마들의 몸은 저렇게 변하여 가면서도 생명을 살리려고 많은 노력을 했습니다. 엄마들은 지금 당장 커피 한 잔을 내리고 케이크 한 조각이라도 준비해서 본인이 지나온 위대한 몸의 여정을 생각해 보시기 바랍니다. 창밖을 보면서 또는 아이들 어릴 때 사진을 보면서 잠시 추억에 젖어도 좋을 것 같습니다.

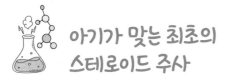

아기가 맞는 최초의 스테로이드 주사

—————— 아기가 태어나고 가장 많이 읽었던 책이 '삐뽀삐뽀'로 시작하는, 아이의 성장과 아이가 앓을 수 있는 다양한 질병, 그리고 그 대책에 대해 다룬 책입니다. 한 번도 부모가 되어 본 적도 없고, 주변에서 아이를 어떻게 키우는지 본 적도 없어서 아내와 저는 그 책을 보고 많은 것을 배우기도 하고 호들갑도 참 많이 떨었던 것 같습니다. 책에 있는 내용 중에 특히 기억에 남는 것은 애가 '컹컹' 하고 기침하는 병이 있는데 심하면 목이 너무 부어서 아이가 질식할 수도 있다는 내용입니다. 저희 아이는 만 5세가 될 때까지 그런 경우가 없어서 잊고 지냈지요.

그런데 미국에서 1년간의 연구년을 끝내고 귀국 준비에 한창일 때였습니다. 아이가 감기 기운이 좀 있는 듯하다가 밤부터 '컹컹' 하면서 기침하는 게 아니겠요? 급격히 숨쉬기도 힘들어하는 것 같았습니다. 머릿속에 예전에 읽었던 책의 내용이 떠올라 급하게 인터넷을 뒤져서 이 증상의 이름이 후두기관지염(croup)이라는 것을 확인하고 급하게 병원 응급실로 아이를 데려갔습니다. 의사가 아이의 상태를 보더니 일단 빨리 스테로이드 주사를 놓아 주겠다고 하면서 '덱사메타손(dexamethasone)'을 처방해 주었습니다. 아이는 주사를 맞고 바로 그다음 날부터 멀쩡해져서 아내와 저는 크게 안도했습니다.

스테로이드는 악명이 자자합니다. 보디빌딩을 하면서 빨리 근육을 키우기 위해 스테로이드 주사를 맞기도 하고 운동능력을 향상시켜 올림픽에서 메달을 따기 위해, 또는 나이가 들어서도 펑펑 홈런을 날리기 위해 스테로이드 약물을 쓰기도 합니다. 이러한 스테로이드는 아이가 맞은 스테로이드 주사와는 종류가 완전히 다릅니다.

우리 몸속에는 이미 스테로이드가 존재합니다. 몸에 난 염증을 가라앉히기 위해 우리 몸은 코티솔 호르몬을 분비합니다. 또한 정자의 생성을 촉진하고 남성성을 유지해 주는 테스토스테론이라는 호르몬을 분비합니다. 이러한 호르몬들은 콜레스테롤 분자가 몸 안에서 변해서 생기는데 이 호르몬들의 구조는 아주 유사하며 이런 구조 골격을 스테로이드라고 부릅니다.

우리 몸에서 세포가 성장 또는 생성되게 하는 스테로이드를 아나볼릭 스테로이드라고 하고, 분해되게 만드는 스테로이드를 카타볼릭 스테로이드라고 합니다. 테스토스테론은 대표적인 아나볼릭 스

코티솔

테스토스테론

테로이드이고 코티솔은 대표적인 카타볼릭 스테로이드인데 이 양이 밸런스를 잘 맞추고 있어야 우리 몸은 건강할 수 있습니다.

아이가 처방받은 덱사메타손도 카타볼릭 스테로이드입니다. 그 구조는 아래와 같이 생겼습니다. 어떤가요? 앞 그림의 코티솔 호르몬 구조와 아주 비슷하지 않은가요? 이 덱사메타손은 우리 몸에는 없는 합성 물질이지만 우리 몸속에서 카타볼릭 스테로이드로 작용하여 염증을 아주 빨리 가라앉힐 수 있습니다. 우리 가족에게 큰 안도의 한숨을 쉬게 한 아주 훌륭한 의약품이죠.

덱사메타손의 구조

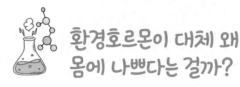

환경호르몬이 대체 왜
몸에 나쁘다는 걸까?

────────── 호르몬은 생물의 체내에서 중요한 역할을 많이 합니다. 대표적인 호르몬이 여성호르몬, 남성호르몬이지요. 여성이 아기를 낳고 몸의 부드러운 곡선을 가지게 하는 것이 여성호르몬이라면, 근육질의 몸을 만들 수 있는 것이 남성호르몬입니다.

환경호르몬은 생명체에 존재하는 호르몬은 아니나 우리 몸의 호르몬을 흉내를 낼 수 있는 화합물을 말합니다. 비스페놀 A나 프탈레이트와 같은 물질이 대표적인 환경호르몬인데 우리 몸에 들어오면 여성호르몬을 흉내 낼 수 있습니다. 우리가 평소에 사용하는 플라스틱들 중에는 사용 중에 분해되면서 이러한 물질을 배출할 수 있습니다. 특히 바다에 쓰레기로 배출된 플라스틱들이 분해되면서 이런 물질이 많이 생길 수 있지요. 남성의 몸이 환경호르몬에 과도하게 노출되면 정자의 감소로 인한 불임, 몸 구조의 여성화(여성의 유방을 가지는 경우도 있지요)와 같은 문제가 생길 수도 있다는 우려가 있습니다. 생선과 같은 경우에 이러한 환경호르몬에 과다 노출이 되면 수컷은 한 마리도 안 생기고 암컷만 생길 수도 있습니다.

몸의 성장이 끝난 성인과 아직 성 발달이 이루어지지 않은 어린아이가 이러한 환경호르몬에 노출이 되었을 때의 영향은 크게 다를 수 있겠지요? 어린 남자아이가 계속 환경호르몬에 노출되어 운이 나쁘면 고환이 제대로 발달하지 않아 영구 불임이 될 수도 있으니까요. 성의 미발달로 인한 불임과 같은 경우 한 번 문제가 생기면 영원한 문제가 되어 버리니까 조심해야지요. 하지만 이 말을 어른이라고 해서 환경호르몬에 노출되어도 된다는 뜻으로 받아들이면 안 됩니다. 비단 생식 호르몬 문제뿐만 아니라 다른 다양한 호르몬을 흉내 내는 환경호르몬들이 있기 때문입니다. 호르몬의 분비나 양에서 문제가 생기면 우리 몸은 많이 아파집니다.

안전한 플라스틱과 피해야 할 플라스틱

안전한 플라스틱들 :

폴리에틸렌
테레프탈레이트　　고밀도
폴리에틸렌　　저밀도
폴리에틸렌　　폴리프로필렌

피해야 할 플라스틱들 :

PVC 또는
프탈레이트를
포함한 비닐수지　　폴리스티렌 폼　　비스페놀 A
폴리카보네이트를
포함할 수 있음

앞의 그림은 어떤 플라스틱을 피해야 하는지 보여 주고 있습니다.

요즘에는 옥수수나 사탕수수 등의 식물로 만들어 친환경 플라스틱으로 각광받고 있는 PLA도 있습니다. 그렇다면 PP, PE, PLA는 환경호르몬이 안 나올까요? 네, 맞습니다. 얘네들은 환경호르몬이 안 나와요. PP는 'polypropylene', PE는 'polyethylene', PLA는 'polylactic acid'의 약자인데, 각각 플로필렌 C_3H_6 가스, 에틸렌 C_2H_4 가스, 젖산으로 만들어진 고분자입니다. 우유가 유산균에 의해 발효하며 요거트가 되면 시큼한 맛이 나지요? 그게 젖산 때문에 시큼해지는 것입니다. 젖산은 먹어도 아무 문제가 없어요. 젖산으로 만든 고분자 PLA가 분해되면 젖산이 다시 생기는데 이게 문제가 없다는 거지요. 스컬트라(Sculptra)와 같은 콜라겐 생성 주사에 사용되는 PLLA 도 L-젖산으로 만든답니다. 몸에 들어가도 문제가 없으니 사용하는 거지요.

그리고 많은 경우 플라스틱을 성형할 때, 즉 특정 모양으로 만들 때, 그 과정을 쉽게 하기 위해서 가소제(plasticizer)라는 화합물을 첨가합니다. 이것이 환경호르몬으로 작용하는 경우가 있고요. 그런데 PE나 PP는 가소제가 첨가되지 않으며, 사용할 때 BPA와 같은 환경호르몬도 나오지 않습니다. 그러니 이런 고분자로 이루어진 플라스틱 제품은 마음 놓고 사용하세요. 다만 용도에 맞게 사용하는 것만은 꼭 기억하시고요.

플라스틱 용기가
우리 몸을 해치지 못하게 하려면

———————— "그럼 플라스틱 용기를 전자레인지에 돌려도 되나요?"

이런 질문을 받을 때마다 고민이 많이 됩니다. 괜히 제 의견을 이야기했다가 업체 관계자들에게 욕이나 먹지 않을까 싶어서요. 건강에 대한 지나친 염려는 외려 정신 건강에 나쁘지만, 몸에 안 좋을지도 모르는 것을 굳이 할 필요는 없지요. 제가 지키는 수칙을 알려 드릴게요. 다음과 같습니다.

플라스틱 용기를 전자레인지에 사용해도 될까?

1. 용기에 전자레인지에 사용 가능하다(microwaveable)고 분명하게 쓰여 있지 않으면 절대로 전자레인지에 넣고 돌리지 않습니다. 만약 사용하는 플라스틱 용기가 BPA, 프탈레이트, 스티렌 등을 사용해서 만든 것이라면 몸에 유해한 이런 물질들이 가열 시 빠져나올 수 있어요. 일회용 플라스틱 그릇들의 경우 대부분 전자레인지나 오븐에서 가열하는 용도로 만들어지지 않았어요.

2. 만약 가능하다면 유리나 사기 그릇에 옮긴 후 전자레인지에서 가열하세요. HDPE나 PP는 전자레인지에 사용 가능하다고 알려져 있지만 꼭 필요할 때 아니면 저는 사용을 피합니다. 미세 플라스틱이 떨어져 나올 수도 있으니까요.

3. 뜨거운 요리가 남아서 보관할 때는 완전히 식힌 다음에 사기 그릇에 옮깁니다. 플라스틱 용기는 되도록 사용하지 않습니다.

예전에 TV에서 운동을 좋아하는 어떤 연예인이 나와 건강 관리를 한다며 닭가슴살인지 소시지인지를 먹는데, 포장 비닐째 전자레인지에 돌리더군요. "미친 거 아니야? 저런 내용을 TV에 그냥 내보내?"라고 입에서 욕이 바로 튀어나왔습니다. 자막에 "이 플라스틱 용기는 전자레인지 사용이 가능한 것입니다"라는 안내 문구가 나왔어야 합니다. 방송 내용 하나가 국민의 건강에 얼마나 큰 영향을 끼치는지 방송 관계자들이 꼭 알았으면 합니다.

미국의 FDA에서 음식물이 직접 닿아도 괜찮다고 지정한 플라스틱들이 있습니다. 그러나 모든 플라스틱이 재활용이 가능한 것은 아님니다. 기본적인 법칙은 '재활용을 하여도 된다'라고 지정되지 않은 경우는 재활용을 안 하는 것입니다. 또한 '음식물이 닿아도 된다'를 '뜨거운 음식을 담아도 된다' 또는 '전자레인지에서 사용해도 된다'로 잘못 이해하는 경우가 많습니다. 플라스틱 용기는 저온 또는 상온에서 사용하는 것이 안전합니다. 또한 음식물이 담긴 플라스틱 용기는 햇빛에 노출시키지 않는 것이 바람직합니다.

플라스틱은 유기화합물입니다. 유기화합물은 햇빛에 오래 노출되면 분해됩니다. 또한 고온에서 화학 결합이 끊어질 수 있습니다. 즉 고온에서는 플라스틱이 좀 더 말랑말랑해지고, 폴리카보네이트나 폴리스티렌(스타이로폼) 플라스틱 속에 갇혀 있던, 반응을 하지 않은 스티렌 또는 BPA와 같은 물질이 녹아 나올 수 있습니다. 그 양이 얼마가 되었건 간에(그래서 건강에 좋다 안 좋다 논란이 있든 없든) 소량은 녹아 나옵니다. 솔직히 제 생각은 그렇습니다. 어른은 이런 것에 어느 정도 노출이 되어도 크게 상관없을 것입니다. 훨씬 몸에 안 좋은 술, 담배에 맵고 짠 배달 음식까지 먹는데요, 뭘. 그러나 신체 발달이 아직 완성되지 않은 어린이, 특히 영유아는 조심하는 것이 좋겠습니다.

다음은 음식물 용기로 쓰는 플라스틱들입니다. 다음 정보를 참고하세요.

HDPE(고밀도 폴리에틸렌): 제품에 따라 재활용하면 안 되는 경우가 있음

LDPE(저밀도 폴리에틸렌): 제품에 따라 재활용하면 안 되는 경우가 있음

PP(폴리프로필렌): 전자레인지 사용 가능. 다양한 음식 보관 가능. 고온의 음식에 닿아도 문제없음

PC(폴리카보네이트): 'BPA가 녹아 나올 수 있다는 논란은 있지만 극저량이 녹아 나오므로 건강에 문제가 될 것은 없다'는 것이 FDA의 입장. 하지만 굳이 아기에게 먹여서 정자 수가 줄어드나 안 줄어드나 실험을 해 볼 필요는 없다는 것이 제 입장^^

PET(폴리에틸렌 테레프탈레이트): 재활용해도 됨. 이름에 '프탈레이트'가 있지만 이 플라스틱은 환경호르몬 프탈레이트를 배출하지 않음. 식용유, 생수 등을 보관하는 데 많이 사용되고 있음

그러면 페트병에 든 식용유나 음료수는 안전할까요? 네, PET 병에 담아서 파는 식용유나 음료수는 걱정하지 말고 드셔도 됩니다. 다만 식용유의 경우 빛이 닿지 않는 어두운 곳에 보관하는 것이 좋겠습니다. 빛에 의해 플라스틱 용기가 분해되기도 하고 식용유 자체가 산패될 수 있거든요.

PET의 고분자 구조

광팔도사 Q&A

Q. 도사님, 몸짱 되기 진짜 힘들어요. 운동하고 나면 근육도 너무 아프고요. 그런다고 몸이 금방 좋아지지도 않고. 인터넷에 보니까 스테로이드 조금만 쓰면 금방 몸짱 된다는데 유혹이 너무 심합니다.

A. 아서라. 뭐든 고생해서 얻은 것이 오래간다. 스테로이드 쓰고 씨 없는 수박 되고 싶어? 스테로이드는 근처에도 가지 마라.

Q. 밤에 잠이 안 와요. 대체 왜 그럴까요?

A. 고민이 많은 중생이로구나. 고민이 사라져야 잠이 잘 올 텐데 내 마음이 다 아프다. 한 가지만 이야기하마. 잠들기 직전에 핸드폰 보지 마라. 핸드폰에서 나오는 파란 빛 쪼이면 잠이 깨니까 말이다.

Q. 콩이나 두부를 많이 먹으면 남성호르몬이 줄어든다는데 진짜인가요?

A. 다 쓸데없는 낭설이다. 정말 그러면 두부 많이 먹는 나라들은 지금 지구상에서 모두 소멸했겠다.

Q. 스쾃 하기 너무 힘들어요. 다이어트 약 먹으면 안 돼요?

A. 스쾃 힘들지. 그런데 다이어트 약 먹으면 근육이 생겨? 안 생기지? 젊을 때 근육 만들어 둬야 그걸로 나이 들어 먹고 사는 거야. 오래 건강하고 싶으면 운동해. 정말 힘들면 의사하고 이야기해서 다이어트 약 처방받을 수 있겠지. 다이어트 약 먹으면서 근육운동 해. 그런데 진짜 궁금해서 그러는데 왜 애한테는 공부하라고 잔소리하고, 안 하면 혼내고 그래? 엄마가 스쾃

하는 것도 싫어하면서 애는 공부하기를 바라는 거야? 애도 공부하기 싫어.

Q. 아이가 고도비만인데 그래도 크면 살이 다 빠지겠지요?

A. 헛 참. 한 번 생긴 지방세포는 안 죽는단다. 그리고 굶겨서 줄어든 지방세포는 지방이 들어가면 다시 포동포동하게 되지. 애가 살이 더 찌기 전에 식단 조절하고 더 비만이 안 되도록 조심해야 해. 안 그러면 평생을 다이어트와 비만 사이를 왔다 갔다 하는 힘든 삶을 살게 될 거니까. 그런데 혹시 공부 안 한다고 애를 윽박지르거나 그러지는 않지? 애들은 스트레스 받으면 몸이 붓고 살이 더 찔 수도 있어.

Q. 얼마 전 뉴스에서 짜게 먹어도 건강에 별문제가 없다는데요?

A. 연구 논문 하나만 보고 그런 소리 하지 말고 수많은 연구 결과가 가리키는 것을 볼 수 있어야 해. 적당히 싱겁게 먹어. 라면 먹을 때 면만 먹고 국물은 조금만 먹고. 찌개도 국물은 적당히. 그 적당히 먹는 게 뭐가 힘들어? 짜게 먹어서 간고등어가 되고 싶은 거야?

Q. 환경호르몬 때문에 무서워 죽겠어요.

A. 나도 무섭다. 아무리 나이가 들어도 무섭구나. PP, PE, PLA 이런 걸로 된 플라스틱만 써. 걔네들은 환경호르몬 안 나온다.

2장

뇌가 만드는 감정과 심리의 화학 작용

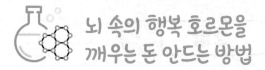

뇌 속의 행복 호르몬을
깨우는 돈 안드는 방법

———————— 캔자스대학에서 임상 심리학을 연구하는 스티브 일라디(Steve Iladi) 교수가 TED에서 발표한 '행복하고 건강해지는 간단한 방법'에 대한 내용을 소개합니다.

듀크대학교에서 발표한 1년간의 관찰 실험 연구에 따르면 졸로프트(Zoloft)라는 우울증 치료제보다 '일주일에 세 번, 30분씩 빠르게 걷기'가 우울증 환자에게 더 효과가 있었다고 합니다. 인간의 몸은 가만히 앉아 있도록 만들어지지 않았습니다. 움직이는 순간 우리 뇌 속에서 도파민, 세로토닌과 같은 행복과 관련된 호르몬이 방출됩니다.

뇌를 깨우고 몸을 건강하게 만드는 또 다른 방법도 아주 단순합니다. 햇볕을 쬐기만 해도 잠도 잘 오고, 식욕도 생기고, 식욕보다 더 앞선다는 다른 욕구도 생긴다고 합니다. 우리 뇌 속에서 그렇게 명령을 내립니다.

그다음으로 이야기하는 것이 '계속 되돌아보기'의 위험성입니다. 워킹맘들은 '내가 일하느라 다른 엄마들한테서 정보를 못 얻어 우리 애만 뒤처지면 어떻게 해? 일을 그만뒀어야 하나? 다른 엄마들이 나한테는 정보를 공유 안 해 줄 텐데…', 전업주부인 엄마들은 '엄마가 밖에서 일을 해야 애도 나중에 좋은 직업을 가질 확률이 높다는데 어떻게 하지?' 하시지요. 세상에 정답이 어디 있겠어요. 그냥 최선을 다하는 거지. 안 그래요? 자신에 대한 성찰이 과하면 스트레스를 유발하고 기억 장애를 겪게 하는 등의 문제를 일으킵니다. 이를 방지하기 위해 일라디 교수가 제안하는 방법은 단순합니다. 혼자 있지 말라는 것입니다.

그가 강연에서 또 다른 이야기들(예를 들어 설탕의 위험성)도 하긴 했지만, 위의 것들이 가장 중요한 포인트입니다. 건강하고 행복해지기 위한 방법은 단순하군요. 햇볕 아래서 걷고 다른 사람을 만나기만 하면 되는걸요. 이런 것을 해 보시죠.

- 친한 친구 또는 배우자와 이야기하면서 햇볕 아래서 함께 걷기
- 친구와 회사 밖에서 또는 집 근처에서 만나자는 약속을 잡고, 빠르게 걸어가 커피 한잔하기
- 아이와 집 근처 공원이나 놀이터에서 놀기

저는 오늘, 함께 연구를 하는 교수와 그 실험실 학생, 제 실험실 학생과 같이 학교 앞의 식당에서 밥을 먹고, 연구 결과에 대한 토론도 하고, 논문 작성을 어떻게 할지에 대한 이야기도 할 것입니다. 하늘이 어두워서 햇볕은 적지만 만나는 장소까지 걸어가서 사람을 만나는 것만으로도 건강을 유지하기 위한 조건을 많이 채우는군요. 기쁜 마음으로 출근해야겠네요. 몸도 마음도 건강한 하루 되세요.

말싸움 지기 싫어하는 상대와도 원만하게 지내는 방법

──────────── 만약 당신이 자신의 지적 능력과 논리의 정당성에 대해 추호의 의심도 하지 않는 부하직원들을 데리고 일을 하고 있다고 가정해 봅시다. 과연 이들은 엘리트답게 엄청난 아이디어를 만들어 내고 훌륭한 성과를 척척 거둘까요? 그럴 수도 있지만 서로 내가 잘났네 그러면서 의견을 굽히지 않고 회의 시간에 으르렁대기만 하고 협력을 안 해서 아무런 성과가 없을 수도 있겠지요.

사람의 행동에 대한 흥미로운 연구가 하나 있어서 소개합니다. 무려 〈사이언스〉 지에서 소개한 내용입니다. 회의를 시작하기 이전에 피실험자들에게 다섯 가지의 음료를 제시하고 이 중 자신이 어떤 음료를 좋아하는지에 대해 생각해 보라고 한 다음에 논쟁을 하게 하였더니, 무려 80%의 사람들이 음료에 대해 생각하지 않았을 때보다 다른 사람에게 공감을 더 많이 하게 되었다는 것입니다. 공감을 더 많이 하면 당연히 회의의 분위기는 좋아지겠지요? 의견 수렴이 될 가능성도 높아지고 말입니다. 실제 회의와는 아무 상관 없는 생각을 하게 했는데 사람의 심리 상태가 바뀌어 버렸습니다.

이 결과를 우리의 삶에 한번 대입하여 봅시다. 말이 안 통하는 대상은 참 많아요. 그렇죠? 동창도 있고, 회사 사람도 있고, 부녀회 멤버도 있고, 동호회 멤버도 있어요. 이런 사람들과의 피할 수 없는 대화를 무난하게 한번 넘어가 봅시다. 만나기 직전이나 민감한 토론을 하기 직전에 미리 '작업'을 하면 효과가 더 좋겠지요?

- "자자, 자기가 제일 좋아하는 음식을 3가지씩만 써 줘요. 이따 점심 회의 도시락 준비할 때 참고하게요."
- "너 요새 취미가 뭐야? 나도 뭘 좀 해 볼까 싶은데. 추천할 만한 거 없을까?"

고려대 화학과는 회의를 주로 점심시간에 합니다. 메뉴는 식사 직전에 모아서 주문을 미리 넣어 두고 밥을 먹으면서 가벼운 이야기를 좀 하고, 무난한 안건을 먼저 해결하고, 식사 후에 본격적으로 회의를 하지요. 위의 실험 결과를 알고 한 건 아니고 그냥 시간을 절약하기 위해 한 행동인데, 소 뒷걸음질에 쥐잡기로 괜찮은 행동을 하고 있었네요. 좋은 전통이니 앞으로도 쭉 이어 나가게 해야겠습니다.

요약: 평소에 같이 두루두루 식사를 많이 하세요. 신변잡기 이야기도 많이 하고. 나중에 어려운 이야기를 할 때 도움이 되니까요. 친한 친구하고만 밥 먹지 말고 어려운 상대와도 같이 드세요. 아, 참! 가장 중요한 것을 잊고 있었군요. 남편분들에게 가장 두려운 존재는 아마 아내일 테니, 앞에서 말한 방식처럼 아내에게 평소에 '약을 많이 쳐' 두세요. 생존에 도움이 될 수도 있습니다.

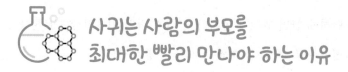

사귀는 사람의 부모를 최대한 빨리 만나야 하는 이유

──────────── "이놈의 자식 성질머리 하고는⋯. 지 애비 하고 똑같다."

살면서 이런 이야기 참 많이 하지 않나요? '성질머리' 또는 '기질 (temperament)'은 대대손손 물려받는 것이라는 사실을 우리는 경험 적으로 잘 알지요. 기질은 외향성/내향성, 느긋함/조급증, 활동적/비 활동적, 높은 집중도/산만함, 집요함/쉽게 포기하는 성향 등을 일컫 는 것인데 성인이 된 이후의 기질은 거의 변하지 않고 안정적으로 굳어진다고 합니다.

기질과 유전 간의 관계를 알기 위한 적절한 예를 애써 멀리서 찾 을 것도 없습니다. 집에서 기르는 멍멍이만 봐도 됩니다. 개의 품종 에 따라 어떤 종은 무척이나 사납고, 제가 기르는 빠삐용은 도둑을 보고도 '어서 들어와. 나하고 놀아 줄 거지?' 할 정도로 사교적이고 충성심도 없고 입안에서 먹을 것을 빼내도 놀아 주는 줄 알고 좋아 합니다. 물론 같은 종 안에서도 약간의 기질적 차이가 있지만 대개 비슷합니다.

사람의 게놈(또는 영어 발음대로 '지놈'으로 쓰기도 하지요)을 분석해 본 결과 기질과 관련된 유전자의 종류가 700개가 넘는다고 하네요. 또 한 유전자가 사람의 기질에 기여하는 정도가 20~60% 정도를 차지

한다고 합니다. 잘 아시다시피 유전자가 있다고 해도 유전 형질이 발현될 수도 있고 안 될 수도 있습니다. 하지만 이 20~60%는 결코 무시할 만한 숫자가 아닌 것은 분명합니다.

사람과 동물이 다른 점은 사람은 성인이 되기까지 개인이 처한 사회 문화적 울타리 안에서 다양한 경험을 하며 각자의 고유한 성격을 만들어 갈 수 있다는 것이겠지요. 엄마의 자궁 속에 있을 때부터 아이의 성격이 형성되기 시작되는데 그때부터 어른이 될 때까지라니 정말 긴 시간이네요. 부모가 물려준 기질 관련 유전자가 발현되는 20~60%에 개인의 노력과 사회적, 문화적 환경하에서의 경험이 더해져서 각자의 매력적이고 고유한 성격이 만들어집니다.

어쨌든 사람의 성격은 부모가 유전적으로 물려준, 노력 없이 얻은 50% 정도에 자신의 노력으로 만든 50% 정도로 이루어져 있다고 생각하면 대충 맞을 것 같습니다. 어른이 된 이후에 성격 바꾸기 진짜 힘들겠지요? 50%는 긴 시간 동안 자신의 의지로 만든 것인데, 그게 잔소리 좀 한다고 바뀌나요? 절대 안 바뀝니다. 그래서 사람은 고쳐서 쓰는 것이 아니라고 하는지도 모릅니다.

우리가 누구를 만나 사랑에 빠질 때 그 '반한 포인트'를 내 자녀가 가진다면 어떨지 그 후폭풍까지 미리 생각하지는 않지요. 그렇기는 하지만 적어도 결혼을 생각한다면 결혼 이후의 생활은 어떨까 미리 짐작해 보는 것이 어떨까 싶네요. 데이트를 하는 동안 숨겨 왔을지도 모르는 20~60%의 성격은, 유전자를 물려준 상대방의 부모를 만나 보면 금방 알 수 있습니다. 부부간에 존중이 있는지, 친절한지, 허

세 가득한지, 사람을 깔보는지는 사용하는 말과 몸짓이 다 말해 줍니다. 그러니 관계가 너무 깊어지기 전에 가벼운 마음으로 상대방의 부모를 만나 보는 것도 좋겠습니다. 나중에 '낙장불입'이 되면 아주 골치 아프니까요. 꼴 보기 싫은 인간이 되어 버린 '한때는 세상 전부' 옆에, 그와 똑같이 행동하는 '한때는 세상 전부 2'들이 있는 것을 상상만 해 보시길.

결혼 승낙을 받기 위해 상대방 부모를 만나는 것은 정말 순서가 잘못된 것입니다. 사귀기 시작할 때 미리 인터뷰하는 것이 맞습니다. 서로를 위해서 말이죠.

그런데 부모의 성격은 한눈에 보기에도 너무 이상한데 만나는 사람은 너무 건실하다? 그리고 어떤 상황에서도 나를 지켜 줄 것 같다? 그렇다면 그는 유전자의 로또를 맞았든지 엄청난 의지의 사람이겠지요. 이러면 뭐 베팅해도 되지 않을까요? 그리고 베팅한 이후에는 후회도 미련도 없이 그냥 가야죠.

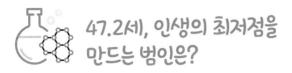

47.2세, 인생의 최저점을 만드는 범인은?

─────────────── 최근 연구 결과에 따르면 47.2세가 인생에서 가장 우울한 시기라고 합니다. 성별 상관없이 그렇다고 하네요. 이 시기가 어떤 시기인가요? 남성은 남성호르몬이 많이 줄어들어 있는 시기이고 여성은 여성호르몬의 수치가 급격히 감소하는 시기, 누구도 결코 피할 수 없는 갱년기입니다.

여성은 이 시기에 서양배와 같은 몸 형태에서 사과와 같은 몸의 형태로 바뀌게 됩니다. 엉덩이 부분에 포진해 있어서 부드러운 곡선을 만들어 주던 지방은 슬금슬금 복부 한가운데로 올라가서 빈약한 엉덩이와 튀어나온 배를 만들어 버리지요. 얼굴에 털이 자라나는 사람도 있습니다. 남성은 여성만큼 급격한 호르몬의 변화를 겪지는 않으나 외유내강의 몸을 가지게 됩니다. 아주 연약하고 부드러운 근육과, 딱딱한 간으로 무장한 외유내강 말입니다. 목소리도 점점 가늘어지고 좁은 가슴과 크고 튀어나온 배를 가지게 되므로 사과에서 서양배가 되는 셈입니다.

여자는 서양배에서 사과가 되고 남자는 사과에서 서양배가 되는 시점이 47.2세에 맞물려 있습니다. 남녀 공히 전혀 원하지 않지만 서로를 닮아 가기 시작합니다. 남녀 모두 갱년기를 지나면서 근육의 양은 줄어들고 당뇨, 심혈관 질환 등 다양한 건강의 문제를 가질 가능성이 높아집니다. 다 호르몬의 장난이지요.

젊었을 때는 젊음 하나로 잘생기고 예뻤는데, 나이가 들어가니 '늙고 병들고 못생겨'집니다. 라푼젤에 나오는 마녀 고델이 왜 라푼젤을 가둬 두었는지 이해됩니다. 누구나 가지고 있던 '젊음과 아름다움', 내 것이었으나 더 이상 내 것이 아닌 것들…. 외롭고 몸도 마음도 괴로우니 잠이 잘 올 리가 만무합니다.

47.2세를 기점으로 서서히 행복해진다고 합니다. 그런데 왠지 슬프게도 그 행복의 시작은 '체념'과 '수긍'이라고 합니다. 또 '기억력의 감퇴'와 '둔감'도 행복하다는 감정에 도움을 준다고 하네요. 인간은 적응의 동물이 아닌가요? 어떻게든 받아들이고 잊어버리고 행복을 찾아 살아갑니다.

적에게 무자비하고 내 편에게 관대한 리더를 만드는 호르몬, 테스토스테론

――――――――― 어떤 남성이 멋진 남성인가요? 사람마다 생각하는 바가 다 다를 것입니다. 어떤 사람은 근육이 울퉁불퉁하고 머릿속도 근육으로 차 있고 뭐든지 눈앞에 있는 것을 때려 부수는 마초맨을 생각할 것이고, 어떤 사람은 자기 울타리 내의 사람들에게 인자한 모습을 보이는 사람을 생각할 것입니다.

남성호르몬에 대한 일반적인 인식은 '남성호르몬이 가득 찬 사람에게는 공만 하나 던져 주면 된다' 또는 '남성호르몬이 넘치면 늘 으르렁거리고 폭력적이다'일 것입니다. 그런데 이러한 인식에 딴지를 거는 연구 결과가 하나 발표되었습니다. 인간은 사회적 동물이므로 남성호르몬이 인간의 행동에 미치는 영향은 '남성이 사회적으로 높은 위치를 추구하도록 하는 것'일 수도 있다는 내용을 담고 있습니다.

젊은 남성들에게 남성호르몬 또는 위약을 투여하고 최후통첩 게임(Ultimatum Game)을 하게 했더니 남성호르몬이 증가된 남성들은 두 가지 상반된 모습을 동시에 보였다고 합니다.

1. 남성호르몬이 증가하면 호전성이 커지고 상대방을 무자비하게 처벌

할 가능성이 높다. 특히 자신에게 호의적이지 않은 존재는 가차 없이 밟아 버린다.

2. 남성호르몬이 증가하면 자신에게 우호적인 존재에게는 큰 상을 준다. 즉 내 편이라는 확신이 들면 끌어안는다.

어떤가요? 아주 옛날 부족 간에 싸움을 할 때의 부족장 같은 느낌이 들지 않나요? 적에게는 무자비하고 내 편에게는 관대한 우람한 근육의 남성 이미지가 그려지지 않나요?

사회적 동물인 인간에게 있어서 넘치는 남성호르몬은 남들과 싸우거나 오로지 성행위만 추구하게 하지는 않습니다. 높은 사회성을 발휘하게 하고, 사회적으로 높은 위치를 추구하게 하는 원동력이 바로 남성호르몬일 수 있습니다. 밖에서는 부하직원들을 거느리며 성과를 쟁취하고, 집에 들어와서는 인자한 아빠이자 열렬한 사랑꾼이 되는 사람은 남성호르몬이 넘치는 사람일 가능성이 매우 높겠지요.

남성호르몬을 증가시키는 방법

1. 근육운동을 적당히 한다.
2. 마늘, 양파, 단백질(소고기, 돼지고기, 생선, 두부, 콩 등), 비타민 D, 마그네슘이 풍부한 견과류, 아연이 풍부한 굴, 스트레스 호르몬을 낮춰 주는 석류 등을 골고루 먹는다.
3. 열량 섭취를 줄인다.
4. 술을 마시지 않는다. 과한 음주는 정자 생성의 문제, 가늘어진 수염,

높은 에스트로겐 수치를 유발한다.

5. 환경호르몬이 나올 수 있는 플라스틱 제품은 사용하지 않는다.

6. 충분한 잠을 잔다.

흠, 저는 대부분 다 하고 있는데, 6번을 못하고 있군요.

남성호르몬이 너무 많아 문제인 사람을 다루는 법

1. "잘했어", "최고야", "제일 멋져", "평소에도 멋진데 오늘 더 멋지네?" 등
   을 적절히 구사하여 같은 편임을 인식시킨다.
2. "당신은 이게 문제야"라고 직설적으로 맞서지 말고 "저번에 이렇게 했
   잖아? 그게 좋더라"와 같은 간접적인 방식으로 접근한다.
3. PT 선생을 붙여서 혹독한 근육운동을 시켜 남성호르몬을 줄여 버린다.
   그런데 적당히 시키면 안 하느니만 못하다. 남성호르몬이 더 증가할
   테니까. 또는 아주 높은 산에 등산을 가자고 하는 것도 좋은 방법.

그런데 파트너의 남성호르몬을 줄이기 위해 너무 노력하지 않았
으면 합니다. 남성호르몬이 줄어들면 자기편에게 관대한 성격이 사
라지고 좁쌀영감으로 변할 수 있거든요. 그걸 원하지는 않으시죠?

남성호르몬 킬러에 대한 연구

동물들은 1년 중 특정 기간 동안 짝짓기를 하여 먹이가 풍부한 시기에 새끼들이 태어나게 해서 생존할 수 있는 확률을 높입니다. 연중 계속 따뜻한 지역에 있는 동물들은 그럴 필요가 없으나 온대, 툰드라, 한대 지역의 동물들은 그러한 타이밍을 맞추는 것이 절대적으로 필요합니다.

언제나 냉난방이 가능하고 돈만 주면 먹을 것이 사방에 널린 현대에 인간은 특별히 짝짓기 시기를 맞출 필요는 없습니다. 또한 종족 번식을 위한 짝짓기뿐만 아니라 쾌락을 위한 짝짓기 행위를 언제나 하는 종이 바로 인간이지요. 그러므로 인간에게 있어 남성호르몬이 계절을 탈 필요는 별로 없어 보입니다. 그러나 문명을 가지기 이전의 우리 조상들은 온대, 툰드라, 한대에 다 퍼져 살면서 계절에 맞추어 생활해야만 했을 것이고, 몸 또한 거기에 맞추어져 왔을 것입니다. 즉 다른 동물들을 쉽게 사냥할 수 있고 과일이나 씨앗을 쉽게 채집할 수 있는 시기에 아기를 낳도록 해 왔을 것입니다. 그러므로 인간 남성의 몸에서 테스토스테론이 계절에 따라 변하는 것은 전혀 이상하지 않습니다.

이와 같이 계절에 따라 남성호르몬이 변한다는 가설을 검증하고자 세계 곳곳에서 연구가 진행되었습니다. 그런데 그 결과가 참으로 들쑥날쑥합니다.

이스라엘에서 진행된 연구에 따르면 8~10월 정도에 남성호르몬이 가장 많고 서서히 감소하여 봄에 가장 적어집니다.

노르웨이 연구(도시: 트롬소)에서는 6~8월에 남성호르몬이 가장 많고 급격히 줄어들어 10~11월에 바닥을 치고 올라오기

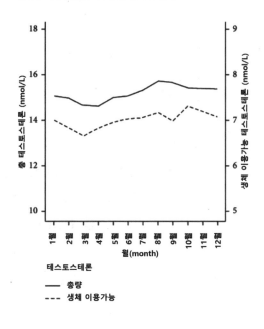

계절에 따른 남성호르몬의 변화(이스라엘)

테스토스테론
—— 총량
--- 생체 이용가능

시작합니다. 다음 페이지의 그래프에서 까만 점으로 연결된 것이 계절에 따른 남성호르몬의 변화입니다. 흥미롭게도 12월, 1월에 상당히 높아졌다가 2월에는 또 줄어 봄에는 남성호르몬이 많지 않습니다.

한편 한국의 경우에는 1월에 남성호르몬이 가장 많고 5월에 바닥을 칩니다. 한국 남성은 추워져야 남성적으로 변하나 봅니다.

위 연구에서 알 수 있는 것은 각 지역마다 패턴은 다르지만 한 지역 안에 있는 남성들에게는 공통적인 남성호르몬 변화 패턴이 있다는 것입니다. 이스라엘과 한국은 기온대가 서로 다르지만 백야가 있는 노르웨이보다는 서로 비슷한 면이 더 많습니다. 그래서 봄에 남성호르몬이 바닥을 친다는 면에서는 동일하지요. 노르웨이는 늦겨

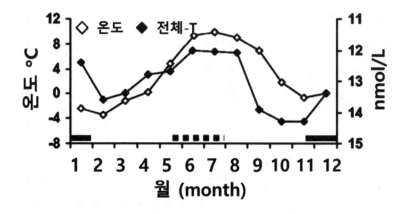

울~이른 봄에 남성호르몬이 최저점입니다.

노르웨이 연구에서는 단지 계절에 따른 변화만 보지 않고, 남성들의 복부 비만을 보여 주는 지표인 WHR(허리둘레/엉덩이둘레)이 계절에 따라 어떻게 변화하는지를 함께 측정했습니다. 아주 흥미로운 결과가 나왔습니다. 허리가 굵을수록, 즉 배가 튀어나올수록 남성호르몬 수치가 바닥을 쳤습니다. 노르웨이에서는 겨울에서 봄으로 넘어가면서 맥주를 많이 마시는데, 여름으로 갈수록 소위 비어벨리(beer belly, 맥줏배)가 나와서 위와 같은 비만 패턴이 있다고 논문에서는 분석했습니다. 어쨌든 연구는 술을 마셔서 복부 비만이 되면 남성호르몬이 줄어든다는 것을 명확히 보여 주고 있습니다.

위의 연구들은 햇볕, 온도, 나이, 인종 등 고려해야 할 점이 많은, 허점이 많은 연구임에는 분명합니다. 그러나 하나는 확실합니다. 따

A 그래프는 WHR과 남성호르몬을 비교하였고, B 그래프는 WHR 축을 뒤집고 남성호르몬과 비교하였다. 남성의 배가 탄탄할수록 남성호르몬이 많다.

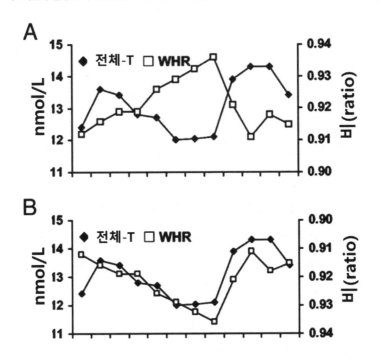

뜻한 시기에 지방의 연소가 잘 안 되어 복부 지방이 차든, 술을 마시고 운동을 안 해서 비만이 되든 간에 비만이 되면 남성호르몬은 줄어든다는 것입니다. 겨울에는 지방을 연소하여 추위를 견뎌야 하므로 남성호르몬이 증가할 수 있습니다. 비만은 남성호르몬 킬러입니다. 술 역시 배도 나오게 하고 에스트로겐을 증가시키니 확실한 남성호르몬 킬러입니다. 그리고 설탕이 많이 들어간 단 음식도 그렇습니다.

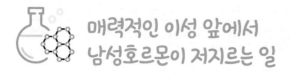

매력적인 이성 앞에서 남성호르몬이 저지르는 일

번드르르한 현대 문명 속에서 살고 있어도 돌 들고 사냥하던 우리 조상 때나 지금이나 여전히 우리는 호르몬의 변화에 정신을 못 차리고 살고 있습니다. 여성호르몬 에스트로겐이 생리 주기에 따라 급변하면 여성의 기분이 급변하듯이 남성들 또한 남성호르몬이 급변하면 행동 패턴이 이상해집니다.

사춘기 남자아이들이 이상하게 자꾸 높은 데서 뛰어내리거나 각목을 손으로 내려치거나 하지 않던가요? 남성의 인생에서 남성호르몬이 꼭짓점을 찍는 시기가 바로 이때인 것을 보면 남성호르몬의 양과 위험한 행동 사이에 관계가 있다는 것을 짐작할 수 있습니다.

이러한 의심이 타당할 수 있다는 것을 성인 남성들을 대상으로 진행한 실험을 통해 증명한 연구가 있습니다. 호주에서 진행된 실험인데요. 스케이트보드를 타는 남성 98명에게 쉽게 할 수 있는 기술과 실패할 확률이 높은 고난이도 기술을 시연해 보라고 지시하고 이 과정을 남성 연구원이 비디오로 녹화하게 하였습니다.

이제 이 똑같은 과정을 1)같은 남성 연구원이 녹화하게 하거나, 2)젊고 매혹적인 여성 연구원이 녹화하게 하였습니다. 흥미로운 점은 남성 연구원이 녹화할 때는 어려운 기술의 중도 포기율과 성공률에서 변화가 없었는데, 여성 연구원이 지켜볼 때는 어려운 기술을 끝까지 시도하는 경우가 더 많았고, (시도를 끝까지 하므로) 당연히 성공의 횟수와 실패의 횟수가 더 많아졌습니다.

시연이 끝난 직후에 이들의 침에서 남성호르몬을 측정하였는데, 남성 연구원이 지켜본 경우보다 여성 연구원이 지켜본 경우에 남성호르몬이 40% 정도 더 많았습니다.

매혹적인 이성이 존재할 때 남성의 남성호르몬이 증가하는 것은 이 연구뿐만 아니라 기존의 다른 여러 연구들을 통해 이미 잘 알려진 사실입니다. 이 연구에 참여한 남성들은 스스로 자각하지는 못했지만 이성 앞에서 좀 더 눈길을 끌고 자신의 남성성을 어필하고 싶은 본능 때문에 좀 더 위험한 고난이도의 트릭을 계속 시도했을 것입니다. 이러한 다소 불편한 진실을 드러내는 실험으로부터 우리는 여러 가지 교훈을 얻을 수 있습니다.

1. 남성은 애나 어른이나 매력적인 여성만 보면 정신을 못 차린다는 점에서 똑같습니다. 몸속에 남성호르몬이 갑자기 증가하여 뇌 속을 휘저어 버리는 데는 어쩔 도리가 없습니다. 그렇다고 하여 별일은 없을 테니 그냥 신경 안 써도 될 듯합니다.
2. 사내 체육대회에서 평소에 운동을 전혀 하지 않던 고령의 남성 임원들이 간혹 너무 열심히 뛰다가 부상을 입는 데는 다 이유가 있습니다.
3. 중고등학교에서 남녀 합반을 하는 것은 남학생들의 (높은 데서 뛰어내린다든지 하는) 위험한 행동을 유발할 수 있습니다. 특히 남성호르몬이 가장 피크를 치는 사춘기에는 더욱 그러할 수 있을 것입니다. 교

육계에서 이런 부분에 대해 무조건 '너희들은 이성적으로 행동해야

해. 본능 따위 이성과 교육으로 누를 수 있어'라고만 접근하지 말고

아이들이 다소 편안하게 사춘기를 넘어갈 수 있는 정책을 마련해 볼

수도 있을 것입니다. 가장 민감한 시기만 좀 피해도 되지 않을까요?

4. 고도의 집중력이 필요한 위험한 기계 작업 등에 혼성팀을 투입하는 것

은 현명하지 않습니다. 자칫하면 큰 사고로 이어질 수 있기 때문이죠.

어느 날 갑자기, 배가 나온 남편이 운동을 시작하고 자신의 모습

을 자꾸 거울에 이리저리 비춰 보고 머리를 매만진다면? 좀 짜증은

나겠지만 그냥 내버려 두세요. 별일 있겠습니까? 그 덕분에 운동하

고 건강해질 테니 긍정적인 면도 있습니다. 알면서도 모른 척하며

잘 조련을 하는 것이, 사춘기 이후 뇌가 두 번이나(임신과 갱년기) 바뀔

수 있는 슈퍼 휴먼들이 가장 잘하는 것이잖아요.

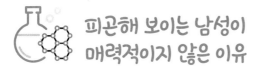

피곤해 보이는 남성이
매력적이지 않은 이유

──────────── '핸디캡 가설'에 대해 들어본 적이 있나요? 수컷 공작의 꽁지 깃털이나 사슴의 거대한 뿔과 같은 것들은 이 동물들의 생존에는 오히려 불리하게 작용합니다. 그런데 왜 암컷들은 멋진 깃털이나 균형 잡힌 거대한 뿔을 보고 끌릴까요? 후대에 생존에 적합한 유전자를 남기기 위해서는 거꾸로 되어야 하지 않을까요?

이러한 모순되는 현상을 설명하기 위해 과학자들은 '핸디캡 가설'을 만들었습니다. 다른 수컷들보다 유전적으로 월등히 우수하기 때문에 생존에 불리한 깃털이나 뿔을 가지고 있어도 살아가는 데 아무 문제가 없다는 것이고 그래서 암컷들의 선택을 받는다는 것입니다.

그러면 동물의 세계에서 공작 깃털과 사슴의 거대한 뿔과 같은 핸디캡은 인간 남성에게는 어떤 모습으로 나타날까요? 바로 남성의 각진 얼굴입니다. 너무 높은 수치의 남성호르몬 테스토스테론은 우리 몸의 면역을 다소 무너뜨리는 역할을 합니다. 그런데 남성호르몬이 넘쳐서 면역을 약간 낮추더라도 원래부터 워낙 면역이 좋다면 남성의 몸에 아무런 해를 안 끼칠 것입니다. 그러므로 거친 얼굴은 남성의 훌륭한 면역을 보여 주는 지표가 될 수 있습니다.

연구자들은 라트비아의 대학교에서 남학생들을 모집하여 이들의 몸에서 남성호르몬과 면역 상태를 보기 위해 B형 간염 항체의 양을 측정하였는데, 남성호르몬이 많은 남성들일수록 면역도 좋다는 결론을 얻었습니다. 이제 이 연구가 더욱 흥미로워지는 내용을 이야기하겠습니다. 남성들의 스트레스 호르몬 코티솔을 측정하여 보았더니, 남성호르몬이 많고 면역 지수가 높은 남성들의 경우 스트레스 호르몬 코티솔의 양이 적은 경향을 보였다고 합니다.

이후 이 학생들의 사진을 여학생들에게 보여 주면서, 누가 매력적으로 보이는지 고르라고 하였더니 흥미롭게도 여학생들은 전반적으로 남성호르몬의 수치와 면역 지수가 높은 남학생들을 골랐습니다. 즉 여성들은 자연스럽게 남성호르몬이 높으며 면역도 좋고 스트레스 상태도 낮은 남성에게 이끌린다는 것이죠.

사람이 상대방에게서 매력을 느끼는 포인트는 여러 가지이고, 시간이 지나면서 그 기준도 참 많이 변하는 것 같습니다. 그러나 우리 속에 숨어 있는 본능이 우리의 행동을 결정짓는 데 끼치는 영향은 결코 무시할 수 없습니다.

여하튼 이성에게 매력을 어필하는 남성이 되고 싶다면, 건강한 식습관과 적절한 운동을 통한 스트레스 관리로 몸의 면역 상태를 끌어올리고 남성호르몬이 넘치는 몸으로 가꾸면 됩니다. 또한 시간 관리를 통해 일을 계획적으로 진행하고 성과를 거두면, 시간에 쫓기지 않고 스트레스도 덜할 것입니다. 인스턴트 음식 말고 집밥 먹고, 술 담배 안 하고, 운동하고, 잘 자고, 일을 계획적으로 꾸준히 하면 끝입니다. 무척이나 쉬운 방법 아닌가요?

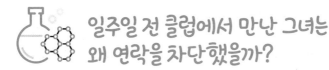

일주일 전 클럽에서 만난 그녀는
왜 연락을 차단했을까?

──────────── 남성의 뇌를 남성호르몬 테스토스테론이 휘저어 놓듯이 여성 또한 여성호르몬의 출렁임에서 자유롭지 않습니다. 생리 주기부터 배란일 근처에는 여성호르몬이 가장 많이 분비되는데, 이때 끌리는 남성의 스타일과 그 외의 기간에 끌리는 남성의 스타일이 아주 다를 수 있습니다.

UCLA의 마리 헤이즐턴(Marie Haselton) 교수는 2014년에 아주 흥미로운 결과를 발표했습니다. 여성 실험 참가자들에게 다양한 남성의 티셔츠 냄새를 맡게 했는데 배란일에 가까운, 즉 여성호르몬이 가장 많은 시기에 '근육질인' 그리고 '균형 잡힌' 남성의 체취를 좋아하는 경향을 보였다고 합니다. 운동선수들과 같은 몸을 가지고 있는 남성들 말이죠. 그러나 배란일 근처의 며칠을 제외하고는 그러한 경향이 강하게 보이지 않았다고 합니다.

또 다른 연구들에 따르면 여성들은 배란일 근처에는 각진 얼굴의 남성을 좋아하는 경향을 보이고, 그 외의 기간에는 둥그스름하고 부드러운 인상의 남성을 선호하는 경향을 보인다고 합니다(이 결과를 반박하는 논문도 있습니다. 그러니 모든 상황에 천편일률적으로 일반화하여 적용하는 것은 지양해야 할 것입니다).

위 결과를 종합하여 아주 단순하게 정리하면, 여성은 아기를 만들 수 있는 시기에는 면역 체계가 우수한, 근육질의, 아기를 잘 만들 수 있는 (그러나 다른 여성을 찾아 떠날 수도 있는) 남성을 선호하고, 그렇지 않은 시기에는 자기 옆에 머무르면서 아기를 돌볼 수 있는, '좋은 아빠'가 될 수 있는 남성을 선호한다는 것입니다. 흥미로운 것은 '남성의 지능'에 대한 선호도는 생리 주기와는 아무 관련이 없었습니다. 인간의 삶에서 지능은 생존에 필수적인 중요한 요소라서 그런 경향이 나타나는 것이라고 연구자들은 말합니다.

미국 유타대학에서 발표한 조사 연구에 따르면 결혼한 남성의 20~25%가 바람을 피웠거나 피우고 있고, 결혼한 여성의 10~15% 또한 그렇다고 합니다. 다른 연구에서는 남성의 26%, 여성의 19%가 그렇다고 합니다. 실험 참가자들이 거짓말을 했을 가능성도 있으므로 실제로는 이보다 수치가 더 올라갈 수도 있을 것입니다. 인간은 호르몬의 변화에 따라 흔들리는 동물입니다. 그러나 본능을 억누르면서 사회적 규범을 지키려 하는 그 노력이 가상한 동물이기도 하지요. 열 명 중에 여덟 명은 가정을 지키고 있으니 훌륭하지 않나요? 100점 중에 80점 맞으면 대학에서는 A+ 줍니다.

지난주에 클럽에서 만났던 그녀가 왜 갑자기 연락을 끊고 잠수를 탔는지 도저히 이해가 안 된다면 다음을 생각해 보시기 바랍니다.

1. 여성은 호르몬의 변화에 따라 좋아하는 남성상이 바뀔 수 있다. 당신은 너무나 매력이 넘치지만 여성이 생각할 때 도저히 (다른 여성들과의 경쟁이) 감당 안 될 것 같다고 느꼈을 수 있다.

2. 카톡을 할 때 철자와 문법이 너무 많이 틀렸을 수 있다. 그러므로 술 먹고 정신없을 때 카톡하면 안 된다.

그 외에도 가능한 이유를 한 100가지 정도 더 쓸 수 있지만 아마도 위 두 가지가 가장 그럴듯한 이유일 겁니다.

다만 위 연구들은 통계 연구이기 때문에 모든 사람에게 다 적용될 수는 없습니다. 여성들의 경우 자신의 행동이 호르몬의 변화에 영향을 받을 수 있다는 정도는 알고 있다면 그것을 현명하게 잘 활용할 수 있을 것입니다. 예를 들면 다음과 같이요.

- 토익 시험과 같은 중요한 시험은 감정의 기복이 크지 않은 시기에 친다.
- 배란일 근처에는 소개팅이나 클럽행을 피한다. 더 중요한 것은 유난히 많이 들뜬 친구 따라 이런 곳에 가지 않는다. 거의 모든 사고는 친구 따라 강남 갔다가 생기는 것이다.

호르몬으로 풀어 보는
"우리 아이, 우리 부부가 달라졌어요!"

─────────── 자, 이제 저는 TV에 나오는 유명 의료인 코스프레를 해 보겠습니다. 세상에 딱 떨어지는 답이 어디 있겠습니까? 하지만 호르몬의 관점에서 지극히 주관적이고 극단적으로, 단순한 표현으로 한번 풀어 보겠습니다.

아드레날린과 코티솔

- 시험을 못 본 아이에게 고함지르기: 아이의 몸에서 코티솔 분비를 촉진시켜 기억력과 집중력이 더 떨어지게 하는 행위입니다. 아이의 성적이 오르게 하려면 학교에서 교우관계가 좋은지 왕따는 안 당하는지를 알아보는 것이 먼저입니다.

- 아이를 노골적으로 감시하고 공부 강요하기: 마찬가지로 아이의 스트레스 수준을 높이는 행위입니다. 부모는 아이의 교우관계와 성장에 당연히 많은 관심을 가져야 합니다. 하지만 지나치게 간섭하면 아이의 스트레스 수준만 높아져서 공부를 더 못하게 되니까 적당한 거리에서 아이 모르게 하세요.

- 아이 앞에서 부부 싸움 하기: 아이에게 부모라는 울타리는 세상의 전부입니다. 부부 싸움은 아이에게는 세상이 무너지는 경험입니다. 아이의 몸에서 아드레날린과 코티솔이 분비되게 하여 다양한 육체적·

정신적 건강 문제와 학업 성적 하락을 유발합니다.

- 조절되지 않은 체벌: 주먹이나 발로 충동적으로 아이를 때리거나 아구 방망이, 골프채 등으로 체벌하면 아이에게 극도의 실존적 공포를 유발하겠지요. 아이의 체내에서 아드레날린과 코티솔이 분비되어 육체적·정신적 건강 문제와 학업 성적 하락을 유발합니다.

- 남편의 경제력·육체적 능력을 무시: 남성호르몬 테스토스테론과 스트레스 호르몬 코티솔은 서로 상극입니다. 남편의 체내에서 코티솔이 많이 분비되어 결국 테스토스테론을 이기도록 응원하는 셈입니다. 몸의 근육이 줄어들고 아랫배가 나오고 혈압 등에서 문제가 생기는 것을 유도하여 당신이 원하는 남편의 모습과는 더 멀어지는 것을 보게 될 것입니다.

- 아내의 외모·경제력을 무시: 위와 마찬가지로 다량의 코티솔 분비를 지속적으로 촉진하여 비만을 유도하고 우울증, 불면증이 생기게 할수 있습니다. 살쪘다고, 또는 경제력이 없다고 무시하면 살은 더 찔것이고 나중엔 우울증과 무기력증에 빠져 집은 더 지저분해질 것입니다.

엔돌핀

- 매운 음식 중독에 빠져서 점점 더 매운 음식을 찾는 당신: 당신은 엔돌핀 추구 성향이 강하군요. 매운 음식은 우리의 혀에 강한 통증을 주는데, 이 통증을 줄이기 위해 엔돌핀이 많이 분비됩니다. 이 엔돌핀이 주는 쾌감을 느끼기 위해 당신은 매운 음식을 지속적으로 찾는 것입

니다. 위나 장에 문제를 일으켜서 위염, 위암, 대장암을 유발할 수 있으니 조금은 자제해 보는 것이 어떨까요? 요가, 운동, 파트너와의 친밀한 행위처럼 엔돌핀을 얻는 다른 방법을 시도해 보는 것도 좋겠습니다.

- 피어싱 중독에 빠진 당신: 당신도 매운맛 중독에 빠진 이와 마찬가지로 몸에 구멍을 뚫을 때 발생하는 통증을 통한 엔돌핀 분비를 추구하는 것입니다.

- 아이가 무엇인가에 집중하며 열심히 하여 성취하였을 때 머리를 쓰다듬거나 부드럽게 다리를 주물러 주기: 이런 물리적인 자극이 아이의 체내에 엔돌핀 분비를 촉진합니다. '충실한 과정을 통한 성과'에 대한 보상과 엔돌핀 분비에서 오는 만족감 간의 긍정적인 피드백을 완성하여 아이가 또다시 무엇인가를 성취할 수 있는 힘을 줍니다. 부모의 웃는 얼굴, 부드러운 목소리와 손길을 아이에게 공기와 물처럼 제공해 보세요. 당신에게 그대로 다시 돌아올 것입니다.

여러분도 이런 식으로 호르몬의 작용과 우리의 행위를 연결시켜 보세요. 세상이 조금은 더 선명하게 보이기 시작할 것입니다. 저는 우리가 세상을 보는 창문이 과학적으로 100% 정확하지 않아도 괜찮다고 생각합니다. 중요한 것은 관점을 가지고 세상 사물을 보기 시작하는 것이고, 이 관점은 지식 수준을 높여 가면서 계속 보정, 수정, 발전을 시키면 되니까요.

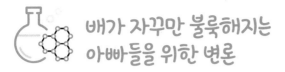

배가 자꾸만 불룩해지는 아빠들을 위한 변론

──────────── 대체 왜 남편의 배는 점점 더 나오는 걸까요? 특별히 뭐가 달라진 것도 없는데 1년이 다르게 바뀌어 갑니다. 결혼 전에 만났던 조각 미남은 어디 가고 조만간 산타가 형님 하자고 하겠습니다. 대체 왜 그럴까요?

한 연구에 따르면 현재 만나고 있는 사람이 없는 싱글 남성들과 새로운 관계를 시작한 지 1년 이내의 남성들의 체내 테스토스테론의 수치에는 차이가 없었다고 합니다. 그러나 결혼이든 동거든 간에 파트너와 같이 산 지 1년 이상 된 남성들의 테스토스테론 수치는 이들 두 집단보다 현저히 낮은 것으로 나타났습니다.

이 결과는 바로 이해가 됩니다. 1년 동안 안정적으로 파트너와의 관계를 유지하는 남성들은 다른 남성들과의 경쟁을 별로 걱정할 필요가 없기 때문에 체내의 테스토스테론이 줄어들게 되는 것이죠. '뭐야? 1년만 지나면 권태기란 말이야?'라고 생각하는 분들이 스트레스를 덜 받도록 다른 연구를 하나 소개하겠습니다.

캐나다에서 진행된 연구에 따르면 여성이든 남성이든 간에 여러 명의 파트너와 성적인 관계를 유지하는 사람들은 단 한 명의 파트너와 관계를 유지하는 사람들보다 훨씬 높은 테스토스테론 수치를 지니고 있다고 합니다. 결혼 후에도 지나치게 높은 테스토스테론 수치를 계속 유지하는 '각진 얼굴과 조각 같은 몸을 지닌 남성'은 배우자로는 그다지 바람직하지 않을 수 있다는 소리입니다.

만약 남편의 몸이 자꾸만 둥글어진다면 이렇게 봐야 합니다. '그는 당신과의 관계에 충분히 만족하고 있고 다른 짝을 찾아 나서고 싶은 생각이 없다.' 이렇게 말이죠. 자꾸만 배가 나오는 남편을 너무 미워하지 않기 바랍니다. 물론 테스토스테론의 수치가 너무 낮아지면 건강에 좋지 않으니 운동하라는 잔소리를 좀 할 필요는 있지만 말입니다.

또 재미있는 연구를 한 가지 소개합니다. 같이 살고 있으며 생애 처음으로 아기를 낳게 되는 부부들의 호르몬 수치를 관찰해 본 연구인데요, 남성호르몬 테스토스테론, 에스트라디올, 코티솔, 프로게스테론 네 가지 호르몬 수치의 변화를 보았습니다.

연구 결과 여성의 임신 이후에 남성의 체내에서는 남성호르몬의 대명사 테스토스테론과 정자의 생성, 성욕 등과 관련이 있는 에스트라디올이 크게 줄어들었고 다른 두 호르몬은 줄어들지 않았습니다. 여성의 경우는 모든 호르몬이 다 조금씩 증가했습니다. 여성의 경우에 스트레스 호르몬인 코티솔이 증가한다는 것은 출산에 대한 스트레스가 굉장히 커지고 있다는 것을 보여 주지요. 남성은 코티솔 수치에 큰 변화가 없는데 어쩌면 남성들은 여성이 겪고 있는 스트레스의 수준을 잘 이해하지 못하는 것인지도 모르겠습니다.

흥미롭게도 남성호르몬 수치가 크게 줄어든 남성(즉 임신과 함께 배가 많이 나온 남편)들의 경우 아기가 태어난 다음에 부인을 도와 육아에 참여하는 정도가 훨씬 높았다고 합니다.

남성의 테스토스테론은 우락부락한 근육을 만드는 데 필수적이란 것을 잘 아시지요? 아내의 임신과 함께 남성 체내에서 테스토스테론이 급격히 줄어들면 각이 진 근육질에서 포동포동한 뱃살을 자랑하는 몸이 됩니다. 그러니 전국의 임산부님들. 임신과 함께 결혼 전 남편의 멋있는 근육질이 사라진다고 실망하지 마세요. 아기가 태어나면 집안일을 잘 도와주고 육아에도 적극 참여하는 멋진 남편이 될 테니까요. 또한 이 멋진 남편은 다른 데 한눈도 안 팝니다. 어차피 몸이 망가져서 그럴 가능성도 줄어들긴 하지만요.

아이가 태어난 지 오래 지났는데도 그때 나온 배가 그대로인 남편을 보고 구박하지 마세요. 한 번 나온 배가 그리 쉽게 들어가나요? 불룩한 배는 좋은 아빠, 남편에게 주어지는 영광의 훈장입니다.

육아엔 도움을 1도 안 주면서 배만 나온 남편이라고요? 그렇다면 정신 번쩍 들게 프라이팬으로 뒤통수를 팍!

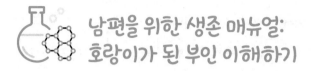

남편을 위한 생존 매뉴얼: 호랑이가 된 부인 이해하기

─────────── 남편들에게 있어서 부인의 생리 주기에 따른 기분 변화는 도무지 이해할 수가 없는 영역입니다. 어제는 좋았는데 오늘은 저기압이고, 별일 아닌 것 같은데도 갑자기 짜증을 낼 수도 있습니다. "대체 어쩌라고?"라며 부르짖는 남편들을 위해서 차트를 하나 보여 드리겠습니다.

남성들이야 뭐 늘 남성호르몬이 넘쳐흐르거나 없어서 쩔쩔매거나 둘 중에 하나이기 때문에 여성들의 여성호르몬이 생리 주기에 따라 변하는지 안 변하는지 알지도 못하고 별 관심도 없습니다. 하지만 앞으로 조금만 신경을 쓰면 살쾡이로 변한 아내의 기분을 잘 살피며 넘어갈 수 있을지도 모릅니다. 다음 그림을 잘 보세요. 생리 주기에 따라 난자가 성숙·폐기되는 과정, 호르몬의 변화, 그리고 자궁벽의 변화를 보인 그림입니다. 그림의 가운데 부분에 뭔가 톡 튀어나온 것이 보이시죠? 그것이 난자입니다. 난자가 성숙하여 나팔관을 타고 나오는 시기입니다. 나팔관 앞에 정자들이 기다리고 있으면 수정이 되는 것이고, 이 수정란이 자궁에 붙으면 착상이라고 하여 임신이 시작되는 것입니다.

남편이 운 좋게 이때 난자를 수정시키면 부인과 함께 배가 나오는 9개월과 그 이후의 단란한 육아 생활을 할 것이고, 그렇지 않다면 여

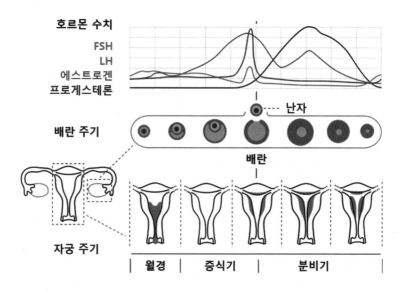

느 달과 같은 패턴이 반복될 것입니다.

위 그래프를 한번 자세히 볼까요? 에스트로겐의 수치는 배란일 직전에 쭉 증가하고 배란일 이후에 감소하다가 다시 증가하는 것을 볼 수 있습니다. 한마디로 에스트로겐의 수치가 요동을 칩니다. 프로게스테론의 수치는 배란일을 기점으로 증가하는 것을 알 수 있습니다. 이 호르몬은 수정란이 자궁에 착상되는 것을 도와줍니다.

만약 수정란이 자궁에 착상되지 않으면 어떻게 되나요? 생리가 끝난 후 약 2주 만에 프로게스테론의 수치가 줄어들고 에스트로겐의 수치도 줄어드는 것을 볼 수 있습니다. 배란일로부터 약 2주 후에는 생리가 시작되어 일주일 정도 지속되죠. 생리 기간에 에스트로겐과 프로게스테론의 수치는 어떤가요? 무지 낮지요.

　여성 중에는 우울증, 피로, 속 부글거림, 식욕 변화, 요동치는 기분 등 다양한 양상의 생리전증후군을 심하게 겪는 경우가 있습니다. 매달 그 정도도 다르고, 어떤 경우는 나이가 들면서 더 심해지는 경우도 있고, 정말이지 사람마다 천차만별이라고 합니다. 일반적으로 생리 전 1~2주 전부터 이런 증상을 겪는다고 하는데, 위 그래프를 자세히 살펴보면 에스트로겐이나 프로게스테론이 급격히 줄어드는 시점과 맞닿아 있습니다.

　이러한 호르몬이 증가하는 시점에는 증상을 호소하지 않으니 여성호르몬이 급격히 줄어드는 시점에 심각한 기분의 변화가 있다는 것을 짐작해 볼 수 있겠죠. 생리 기간에는 자궁벽이 뜯겨 나가고 있으니 아프고, 아프니까 당연히 기분이 좋을 수가 없습니다.

　자, 이제 정리해 보겠습니다. 아내의 생리가 끝나고 1주일간은 평온할 것입니다. 비싼 골프채를 산다든지 낚시를 간다든지 뭐든 간에 사고를 치려면 그때만 쳐야 합니다. 그 외의 기간에는 여성의 기분이 많이 출렁이거나 일관성 있게 나쁘거나 둘 중에 하나입니다. 잘못 건드리면 무슨 일이 일어날지 모릅니다. 저는 충분히 경고했으니 알아서 현명하게 잘 지내시길 기원합니다.

　※ 아내가 갱년기라고요? 이제 아내는 언제나 화가 나 있을 것입니다. 사람에 따라 이 화가 풀리는 데 2~7년 정도 걸립니다. 마음을 단단히

먹고 7년만 버티시기를 바랍니다. 7년 후에는 좀 나아질 것입니다. 아마도.

※ 이제 장난 그만 치고 진지 모드로 돌아가야겠습니다. 생리전증후군으로 고생하는 여성분들은 이 글을 남편과 공유하시면 좋겠습니다. 호르몬의 급격한 변화를 남성은 이해할 수가 없습니다. 남성의 몸에서는 그런 일이 벌어지지 않으니까요. 여성의 몸에서는 생리 주기에 따라 이렇게 급격한 호르몬의 변화가 있고, 호르몬이 급변하면 기분이 출렁일 수밖에 없습니다. 왜 이런 일이 벌어지는지 남편들이 알면 생리 주기에 의한 정신적, 육체적 어려움에 대해 좀 더 공감할 수 있을 것입니다. 그러면 서로 간에 이해의 폭도 커지고 갈등도 줄어들 것입니다. 데이터와 지식에 기반한 대화를 시작해 보시길 권합니다.

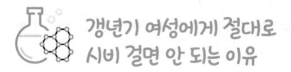

갱년기 여성에게 절대로
시비 걸면 안 되는 이유

———————————— 제가 인터넷에 '갱년기 여성들에게 복부
비만의 위험이 도사리고 있다'는 내용의 글을 쓴 적이 있는데, 한 독
자의 댓글이 마음에 와 닿았습니다. 아마 남편분이 쓴 것 같은데, "뱃
살이 문제인가? 성질이 문제지"라고 하시더군요. 많은 공감을 했습
니다. 그분에게 심심한 위로의 마음을 전합니다.

가끔씩 순간적으로 머리가 전혀 돌아가지 않는 느낌이 들거나, 예
전에는 아무렇지도 않게 생각했던 것들에 대해 참을 수 없이 분노가
치밀어 오른다거나, 갑자기 확 화끈거림이 느껴진 적 있으신가요?
17대 1로 싸울 준비가 된 사춘기 중학생을 유일하게 누를 수 있는,
40대 말 50대 초 갱년기 여성들이 겪는 증상이지요. 사람마다 그 정
도는 다르지만 공통적으로 호소하는, 생활에 지장을 줄 정도로 불편
한 증상들은 대체 왜 생기는 것일까요?

갱년기는 여성의 신체에서 여성호르몬 에스트로겐이 줄어드는
시기입니다. 서서히 몸이 변하는 남성과 다르게 생리를 하다가 갑자
기 생리를 하지 않게 되는 여성은 에스트로겐의 감소도 아주 갑작스
레 일어납니다. 이러한 호르몬의 변화와 발맞추어 여성의 뇌에서도
아주 큰 변화가 일어나지요. 신경 세포의 모양도 변하고 신경 세포
의 연결 상태도 변합니다. 에스트로겐은 뇌에서 포도당의 대사를 담

당합니다. 이 호르몬이 갑자기 확 줄어드니까 뇌에서의 포도당 대사량이 급격히 감소하게 되고 갱년기 여성의 뇌의 활동이 많이 줄어들 수밖에 없습니다. 그뿐만 아니라 회백질 부분의 부피도 많이 줄어들지요.

포도당은 뇌가 먹는 밥인데 밥이 소화가 잘 되지 않으니 어떻겠어요? 체온을 담당하는 뇌의 부분이 시상하부(hypothalamus)인데 이 시상하부가 가다가 서다가 또 가다가 서다가 하면 몸의 체온 조절이 안 됩니다. 그래서 몸이 갑자기 확 뜨거워지는 현상이 벌어집니다. 뇌간(brain stem)은 수면을 조절하는데, 뇌간도 잘 작동하지 않으니 수면 리듬이 다 깨집니다. 감정을 조절하는 편도체(amygdala)도 문제가 생겨서 급격한 감정의 기복과 분노조절장애가 생깁니다. 17 대 1로 싸울 수도 있습니다. 백화점, 음식점, 지하철 어디서건 '나를 건들면 다 죽어' 하는 마음이 생깁니다. 또한 기억을 관장하는 해마(hippocampus) 부분도 영향을 받아서 기억력도 예전 같지 않습니다.

이 모든 것이 뇌가 포도당이라는 밥을 제대로 못 먹어서 그런 것입니다. 아무리 우리가 음식을 많이 먹어도 뇌로 간 포도당이 소화가 안 되니 일종의 소화불량이 생겨 버린 것이지요. 많이 먹은 밥은 복부로 가서 내장 지방이 되고요. 여성의 몸에서 에스트로겐이 갑자기 줄어들면서 참 많은 문제를 일으키네요.

시간이 지나면 뇌가 다시 적응하면서 이러한 증상들은 사라지게 됩니다. 회백질 부분도 다시 늘어나서 같은 나이의 남성들 수준에 이르고 심지어 더 많아진다고 합니다. 아가사 크리스티와 같은 똑똑한 할머니들이 존재하는 이유지요.

여성의 뇌는 임신과 함께 크게 바뀌고 또 갱년기를 지나면서 또 크게 바뀌는군요. 남성의 뇌는 성인이 된 이후에는 별 변화가 없다가 나이가 들면 서서히 시들어 갈 뿐입니다.

여하튼 갱년기의 부인을 둔 남편분들은 조심하시는 것이 좋겠습니다. 사람은 밥을 굶으면 포악해집니다. 사람의 행동과 기분을 모두 관장하는 뇌가 포도당을 제대로 소화시키지 못하니 얼마나 포악하겠습니까? 몸을 한껏 움츠리고 기나긴 부인의 갱년기 기간을 잘 버티시길 바랍니다. 여성들이 매 순간 겪는 고통이 어떤지도 모르고 덤벼들다간 화난 사자에게 얻어맞는 것을 피할 수 없어요. 그러니 조용히 말씀드릴 수밖에 없네요. 파이팅!

※ 요즘 아이들을 늦게 낳다 보니 때로는 아이의 사춘기와 엄마의 갱년기가 겹칠 때가 생깁니다. 끝내주는 조합이지요. 호랑이와 사자가 집에 있습니다. 늦둥이 아빠들이 집에 들어가기 무서운 이유가 여기에 있는지도 모르겠네요.

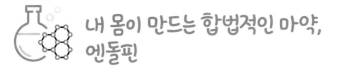

내 몸이 만드는 합법적인 마약, 엔돌핀

따뜻한 햇살과 아름다운 해변이 있는 리조트에 가서 세상사를 다 잊고 아무런 걱정 없이 마사지 베드에 올라가 엎드리고 굳은 등을 마사지 받으면 "아~" 하고 기분 좋은 탄식이 저절로 나옵니다. 만족스러운 식사나 연인의 부드러운 손길 역시 우리를 기분 좋게 하죠.

내가 기분이 좋으면 몸속에서는 어떤 일이 일어날까요? 여러분이 이미 제목에서 유추했듯이 엔돌핀(endorphin)이 분비됩니다. 엔돌핀은 아미노산들이 여러 개 결합한 펩타이드인데 크게 3가지가 있습니다. 우리 뇌 속에는 이 엔돌핀 펩타이드가 결합할 수 있는 수용체가 있는데, 엔돌핀이 이 수용체에 결합하면 전기적 신호를 만들어 내고 이것이 기분 좋은 자극으로 인식되는 것입니다.

그런데 엔돌핀이 수용체와 접합하는 부분의 구조와 모르핀(맞습니다. 우리가 아는 그 마약 모르핀)의 구조가 아주 흡사합니다. 그렇기 때문에 마약 모르핀이 우리 몸속으로 들어오면 우리의 뇌로 가서 엔돌핀 수용체에 결합할 수 있고 기분 좋은 자극을 만들어 냅니다. 우리 몸에서 엔돌핀은 기분 좋은 자극이 있을 때만 분비되는 것이 아닙니다. 몸이 극심한 스트레스를 받을 때도 분비가 되어 그 육체적 고통을 이겨 내도록 도와줍니다. 말기 암 환자의 경우, 고통이 상상을 초월한다고 합니다. 또 전쟁터에서 팔, 다리를 잃는다든지 복부 총상을 입을 때에도 엄청난 고통을 겪지요. 이러한 극심한 육체적 고통은 사람의 정신을 파괴시킬 수도 있는데 이럴 때 잠시의 휴식을 줄 수 있는 것이 바로 모르핀입니다. 병원에서 의사가 가진 아주 강력한 무기인 셈이죠.

모르핀과 코데인

그런데 우리가 먹는 기침약에 코데인(codeine)이라는, 이 모르핀과 흡사한 성분이 있을 수도 있습니다. 코데인이라는 화합물은 위에서 보는 바와 같이 슬쩍 봐서는 모르핀과 구분하기가 힘들 정도로 유사하게 생겼습니다. 이 코데인은 몸속에서 모르핀의 구조로 변하는데, 그러면 당연히 우리의 뇌로 가서 엔돌핀 수용체에 붙고 엔돌핀과 같은 작용을 하겠죠. 최근 이 코데인을 포함한 감기약을 모아서 마약 성분인 코데인을 분리하여 판매하거나 자신이 사용하는 경우가 있었습니다. 그러나 이러한 행위는 마약 범죄로 분류되니 절대로 하면 안 됩니다.

우리 몸이 몸속의 마약 엔돌핀을 만들어 내게 하려면 돈과 시간을 들여 몸에 기분 좋은 자극을 주거나 엄청난 고통을 수반하는 운동 등을 해야 합니다. 또한 그 고양감의 지속 시간은 짧습니다. 그런데 그러한 노력 없이 계속 자극을 받는, 그리고 자극을 받게 되는 시간을 줄이는 방법이 뭘까요? 맞습니다. 모르핀과 같은 마약을 사용하는 것입니다. 그런데 우리 몸은 어떠한 자극이 반복되거나 지속이 되면 그 자극에 대한 민감도가 많이 떨어지게 되므로 한 번 마약에 접한 사람들은 더 많은 양의 마약을 찾게 되고 더 자주 마약을 찾게 됩니다. 그러다 보면 결국 마약에 중독되는 것이지요.

몸에서 엔돌핀의 분비가 잘 되지 않아서 이 엔돌핀을 얻기 위해 극단적인 행동을 하는 경우도 생깁니다. 마라토너들이 오랫동안 달리다 보면 어느 순간 고양감이 느껴져서 몸에서 고통이 없고 행복해지는 러너스 하이(runner's high)가 온다고 합니다. 저는 살면서 한 번도 못 느낀 감정이지만 말이죠. 그 고양감을 느끼기 위해 몇 시간을 연속적으로 달리는 운동 중독도 실은 엔돌핀을 찾기 위한 눈물겨운 노력입니다. 또한 만족스러운 성행위 이후에도 엔돌핀이 분비되는데 이 고양감을 느끼기 위해 성행위에 몰두하는 섹스 중독 역시 엔돌핀을 향한 애타는 몸부림입니다. 자해를 하여 몸을 고통스럽게 만들면 그 고통을 줄이기 위해 몸에서 엔돌핀이 분비됩니다. 상습적인 자해 행위도 엔돌핀을 얻기 위한 몸부림인 셈이죠. 물론 사람의 행동을 지나치게 단순화시켜 이야기하는 것은 문제가 있을 수 있지만, 엔돌핀 양의 많고 적음이 우리의 행동 패턴에 지대한 영향을 끼치는 것은 분명한 사실입니다.

인스타그램에 넘치는 예쁜 케이크와 커피 사진, 맛집에서 먹음직스럽게 찍은 음식 사진, 연인과 갔던 리조트의 풍경, 어쩌면 이 모든 것들이 기분 좋은 경험을 한 번 더 느껴 보고 싶어서인지 모르겠습니다. 현대 사회는 엔돌핀 중독 사회인지도 모릅니다. 치열한 경쟁과 바쁜 생활이 만들어 낸 슬픈 엔돌핀 중독 사회.

p.s. 점심으로 학교 앞에서 데친 꼴뚜기와 칼국수를 먹었는데 너무 맛이 있어서 그만 그 많은 양의 음식을 다 먹고 커다란 계란말이까지 먹어 버렸습니다. 엔돌핀 때문에 어제 운동해서 뺀 살보다 더 많은 배 둘레 지방을 쌓고 말았습니다. 오늘은 또 얼마나 운동을 해야 할까요? 하~ 망할 엔돌핀 녀석 같으니라고. 나를 또 쾌락의 노예로 만들어 버리다니….

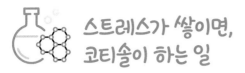

스트레스가 쌓이면, 코티솔이 하는 일

회사에서 집요하게 괴롭히는 상사가 있다고 합시다. 오늘도 그 인간은 멀쩡한 기안서를 집어 던지면서 "너 목 위에 무거운 건 왜 얹고 다니는데? 장식품인가?"라고 합니다. 화가 나서 심장이 뛰고 혈압도 오르고 또 한편으로는 내일도 봐야 한다는 사실이 너무 두렵기도 합니다. 잠도 안 오고 밥맛도 없고 정말 스트레스 만땅입니다.

우리 조상들이 예전에 야생에서 살 때는 싸울까 도망갈까를 잘 결정하는 것이 참 중요했을 것입니다. 그것이 생존을 결정지을 테니까 말입니다. '튈까? 싸울까?' 즉 'flight or fight' 상황에서 우리 몸은 아드레날린을 급격히 분출시킵니다. 아드레날린이 분출되면 혈압은 올라가고 심장박동은 빨라집니다. 이때 같이 작용하는 호르몬이 바로 이화작용 호르몬(catabolic hormone)인 코티솔입니다. 코티솔은 죽느냐 사느냐에 영향을 주지 않는 다른 기능을 확 떨어뜨려 버립니다. 예를 들면 소화 기능, 생식 기능, 기억 능력, 성장 등을 도외시하고 오로지 생존에 집중할 수 있도록 도와주는 것이죠. 우리 몸은 (크게 동물의 몸은) 아드레날린과 코티솔 호르몬의 작용을 통해 생존하도록 최적화되어 있습니다. 쥐의 경우 고양이의 오줌 냄새만 맡아도 스트레스를 받아 유산될 수 있다고 합니다. 코티솔 호르몬이 유산을 시켜 쥐의 생존 확률을 올리는 것입니다.

현대에 와서 우리는 호랑이, 표범 등에게 잡아먹힐 걱정은 하지 않아도 됩니다. 그러나 이러한 것 외에도 우리가 생존에 위협이 된다고 무의식중에 인지하는 요소들이 많습니다.

- '학교에 가면 애들이 나를 또 때리고 놀릴 텐데….'
- '회사에 가면 상사가 또 나를 괴롭힐 텐데….'
- '아, 코로나 걸리면 안 되는데 내 옆에 있는 이 사람은 왜 자꾸 기침하지?'
- '어린애들을 강간한 성폭력범이 이 주변에 산다는데 대체 누군지 알 수가 있나?'
- '아, 이 길은 밤에 가기는 너무 무서운데….'
- '스토커가 계속 연락하는데 경찰은 왜 아무 조치도 안 하지?'
- '7층에 사는 사람은 늘 눈이 풀려 있던데 너무 무서워.'
- '단톡방에서 또 날 왕따시킬 텐데….'

이 모든 것들이 우리 몸에서 아드레날린과 코티솔을 분비하게 하는 상황입니다. 이런 상황이 해결되지 않고 지속되면 아드레날린과 코티솔이 계속 분비되어 우리 몸을 극단적 상황에서의 생존에만 적합하게 만들어 버립니다. 예를 들자면 임신을 하고 싶어도 임신이 안 되는 상황도 오고, 공부에 집중하지 못하게 하고, 기억력도 감퇴시키고, 키도 안 자라게 합니다. 잠이 잘 오지 않게 되고, 비만을 유

아드레날린(왼쪽)과 코티솔(오른쪽)

도하고, 두통은 늘 달고 살게 합니다. 소화가 안 되고 불안 증세를 늘 달고 다니게 하는 것은 기본이죠.

앞에서 남성호르몬 테스토스테론은 아나볼릭 스테로이드이고 코티솔은 카타볼릭 스테로이드라고 이야기했습니다. 이 두 가지 호르몬은 서로 상쇄 작용을 합니다. 잘 알고 있듯이 남성의 남성성을 유지하게 해 주는 호르몬이 테스토스테론인데, 남성이 스트레스를 많이 받게 되면 코티솔 호르몬이 방출되어 테스토스테론의 작용을 완전히 상쇄할 수 있습니다. 즉 스트레스는 남성으로부터 남성성을 앗아갈 수 있는 무시무시한 녀석인 것이죠.

우리 조상들이 굴속에서 살던 세상과 지금의 세상은 완전히 다릅니다. 지금의 스트레스 요인은 직접적으로 목숨을 노리지는 않지만 지속적으로 유지되며 계속 우리를 괴롭힐 수 있습니다. 우리 조상의 생존에 도움을 주었던 아드레날린과 코티솔 호르몬이 역으로 우리를 공격하게 되는 현재의 상황은 참으로 아이러니합니다. 너무 많아도 안 되고 너무 적어도 안 되는 호르몬의 세계. 참 어렵지요?

튈까? 싸울까? 아드레날린

초등학교(그 시절엔 국민학교) 5학년 때 울릉도에서 '육지'로 이사를 오게 되었습니다. 전학 첫날 '안토니오 이노끼(그 시절 레슬링 선수 김일과 함께 아주 유명했던 일본 레슬링 선수)'라는 별명을 가진 담임선생님이 저를 불러내시더니 "이거 냄새 한번 맡아 봐"라고 하면서 비커를 제 코에 들이대셨습니다. 너무 강렬한 암모니아 냄새에 깜짝 놀라 어리둥절하게 서 있으니 애들과 선생님이 같이 박장대소를 하더군요. 쑥스러운 표정을 짓고는 있었지만 속으로는 아주 기분 나빴던 기억이 생생합니다. 뭐 특별히 나쁜 마음으로 그러신 것은 아니라고 믿고 싶습니다. 어쨌든 그때부터 촌놈이라고 무시하면서 나보고 '울릉도 호박엿'이라고 부르는 녀석들이 좀 있었는데 제가 성격이 그렇게 좋은 편은 아니라서 그런 말을 한 녀석과는 반드시 쉬는 시간에 '변소 뒤'에서 만나고 왔습니다. 한 녀석과는 도무지 승부가 나지 않아 하천가에 가서 3일 연속 겨루었는데 그래도 승부가 나지 않아 결국 아주 친해져 버리기도 했지요. (아쉽다. 이길 수 있었는데…)

울릉도에서 성격 안 좋은 녀석이 왔다는 소문이 돌았는지 어느 날 집에서 낮잠을 자고 있는데 어떤 덩치 큰 녀석이 찾아와서 대뜸 "한판 붙자"라고 하는 게 아니겠어요? 딱 보는 순간 견적이 나왔습니다.

'절대 이길 수 없다.' 하지만 사나이 아니겠습니까? 얻어맞더라도 약한 모습은 보일 수 없었습니다. 속으로는 쫄려 죽겠지만 "그래, 붙자!" 하고 마당으로 나갔지요. 각오를 다지면서 그 녀석 앞에 싸우려고 선 순간 하나의 답이 떠올랐습니다. '이 녀석한테 잡히는 순간 끝이다. 발차기를 하면서 도망 다니자.' 몸을 날리면서 주먹을 휘두르는 녀석을 죽어라 피하면서 발길질을 해 댔습니다. 싸움을 시작하자마자 신기한 현상이 내 머릿속에서 일어나기 시작했습니다. 머릿속이 하얘지면서 주변이 보이지 않고 오로지 나와 싸우고 있는 녀석만 보였습니다. 상대편의 움직임들도 마치 슬로모션처럼 느껴졌습니다. 한참을 그러고 나서 녀석이 "비겁하게 발차기만 하네. 오늘은 그만하지만 나중에 걸리면 죽는다"라고 하는 게 아닌가요? 서서히 현실 감각이 들면서 '휴, 살았다'라고 생각했으나 그래도 당당해야죠. "비겁하기는 뭐가 비겁해? 얻어맞은 놈 주제에. 언제든지 또 싸우자"라고 했는데 속으로는 많이 쫄았습니다. 그 녀석은 이후에 전학을 갔는지 어쨌는지 다시 못 보았습니다. 참으로 다행한 일이 아닐 수 없었죠.

그때 제 머릿속에선 무슨 일이 벌어졌던 것이기에 머릿속이 하얘졌을까요? 죽을지도 모른다는 극도의 공포에 아드레날린이 아주 많이 분비되면서 심장은 급격히 빨리 뛰기 시작하고 혈압은 오르고 근육은 부풀어 올랐을 것입니다. 도망가든지 맞서 싸우든지 둘 중 하나를 선택해야 했지요. 'flight or fight', 즉 도망치느냐 싸우느냐를 결정하는 것은 동물의 생존에 아주 중요합니다. 이 'flight or fight' 반응에 가장 큰 영향을 끼치는 것이 바로 아드레날린입니다. 아드레날린이 많이 분비되면 이성적인 사고는 잠시 미뤄지고 오로지 생존을 위한 결정만을 하게 됩니다. 날아오는 주먹을 보고 빠르게 피하거나 목 뒤로 다가오는 치타의 이빨을 회피하기 위해 반대 방향으로 뛰거나 하는 결정 말이죠.

치과 치료에서 마취에 사용되는 약물

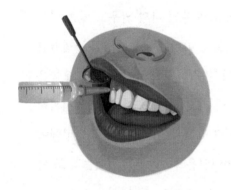

아드레날린이 많이 분비되면 좀 얻어맞아도 아픈 것을 느끼지 못합니다. 죽느냐 사느냐 하는 것이 문제인데 조금 아픈 게 대수인가요? 바로 이러한 아드레날린의 성질은 통증을 제어하는 데 아주 유용합니다. 치과 치료를 할 때 마취를 위해 잇몸에 주사하는 약물에는 에피네프린(epinephrine)이라는 화합물이 포함되어 있을 수 있는데, 바로 아드레날린의 다른 이름입니다.

저는 중학교에 가서도 아드레날린의 분비를 많이 경험했습니다. 건드리지 않으면 가만히 있지만 건드리기만 하면 화산 폭발입니다. 무조건 '변소 뒤'입니다. 학교 옥상은 문이 잠겨서 못 갔습니다. 지금은 학폭에 대한 사회적 무관용이 널리 퍼져 있지만 그 시절에 남자애들끼리 주먹질하는 것은 아무도 신경 안 썼습니다. 눈이 시퍼렇게

아드레날린 또는 에피네프린

되어도 선생님들은 그저 "쯧쯧…" 하고 말 뿐이었습니다. 야생에서 문명사회로 넘어온 지 얼마 되지 않았죠.

'이제 나이가 들어 아드레날린의 분비는 줄어들고 있습니다'라고 하려고 했는데, 전혀 그렇지 않다는 것을 알게 되었습니다. 오늘도 운전하면서 아드레날린이 또 폭발적으로 분비되었거든요. 대체 왜 운전은 다들 그따위로 하는 걸까요? 남들도 내게 똑같은 소리를 하겠지만요.

수십 년 전에도 지금도 아드레날린은 내 친구인가 봅니다.

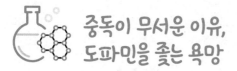

중독이 무서운 이유, 도파민을 좇는 욕망

대학교 1학년 때 선배가 "한 대 피울래?" 하면서 내민 첫 담배. 그때부터 30대 초반에 이를 때까지 담배는 계속 제 곁에 있었습니다. 아이가 생기고 나서는 담배를 던져 버리고 지금까지 안 피우고 살고 있지만 담배를 끊을 때의 한심한 제 모습은 아직도 기억납니다. 담배와 절교하고 나서 사무치는 외로움에 얼마나 떨었던지….

담배를 피워 본 사람은 다 알 것입니다. 처음 담배를 피울 때는 머리가 핑 돌고 속도 메슥메슥하고 토할 것 같으나 시간이 지날수록 이런 부작용은 사라지지요. 친한 사람들과 밖에서 카페인 덩어리 자판기 커피를 마시면서 즐겁게 이야기할 때 피우는 담배 한 개비. 당구장에서 담배를 입에 물고 찍은 '맛세이'. 호프집에서 아무 의미 없는 이야기를 하면서 불콰해진 얼굴로 피워대던 담배. 면접 결과를 기다리며 초조함을 달래기 위해 피우던 담배. 어느 순간 담배는 '스트레스를 풀어 주는' 존재가 되어 버렸지요. 담배가 몇 개비 남지 않았을 때, 어쩌다가 라이터가 주머니에 없을 때 느끼는 그 초조함. 담배를 끊겠다고 마음먹었을 때 남은 담배를 버리지 못하고 몇 주나 책상 서랍에 두었던 기억. 그리고 진짜로 담배와 절교할 때 그 섭섭함….

주변에 지인들 중에는 담배를 끊고자 했으나 아직 못 끊은 사람들이 제법 있습니다. 그들이 하는 행동을 보면 참 할 말이 없습니다. 니코틴 패치, 니코틴 껌 등으로 담배 끊는다고 하더니만 시간이 지나면 니코틴 패치를 붙인 채 담배를 피우고 있습니다. 담배 연기에 타르와 다양한 독소가 있으니 자기는 니코틴만 흡수하겠다고 전자 담배를 피우더니 아예 전자 담배와 담배를 번갈아 가면서 피웁니다. 어떤 사람은 자기는 술 마실 때만 담배를 피운답니다. 근데 매일 술 마시는 것 같습니다. 대체 니코틴은 왜 그리 끊기가 힘든 것일까요?

도파민(dopamine)이라는 호르몬이 있습니다. 도파민은 신호 전달 물질인데 아래 그림에서 작은 동그라미가 도파민을 표시한 것입니다. 신경 세포에 있는 위의 섬과 같은 구조에서 아래의 섬과 같은 구조로 도파민이 이동하면서 신호를 전달합니다. 아래의 섬과 같은

도파민의 작용

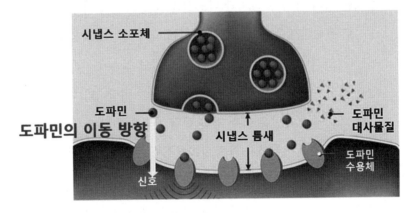

구조에 도파민 수용체라고 부르는, 도파민을 받아들이는 부분들이 있는데 이 수용체들에 도파민이 많이 결합될수록 신호가 커집니다.

우리 몸이 니코틴을 흡수하면 니코틴은 즉각 뇌로 가서 도파민의 분비를 촉진시킵니다. 그러면 당연히 강한 신호자극이 생기겠지요. 도파민은 참 여러 가지 일을 하는데 그중 중요한 것이 '작용과 보상'에 관한 역할입니다. 우리가 어떤 일을 하고 즐거운 기분이 들면 도파민은 그 일과 즐거운 기분을 연결시켜 주는 것입니다. 예를 들자면 '선배들과 이야기하면서 느낀 즐거운 감정'을 '니코틴'이 들어와서 생긴 것이라고 연결해 주면 우리는 '담배를 피웠기 때문에 즐거운 기분이 들었다'라고 착각하게 됩니다. 한마디로 세뇌되는 것이죠.

처음 니코틴을 끊게 되면 금단증상이 일어납니다. 니코틴이 들어와야만 도파민의 분비가 잘 되는데, 도파민이 분비되지 않으니 우리 몸은 '보상'을 받지 못하는 상태가 되고 우울, 초조, 불안 등의 정신 상태를 겪게 됩니다. 하지만 니코틴을 끊게 되면 우리 몸의 도파민 수치도 원래대로 돌아오고 몸에서 원래 해야 하는 일들을 다시 하게 됩니다. 그러니까 아직 니코틴에 세뇌당하고 있는 중이라면 빨리 금연을 해서 깨끗한 몸과 정신의 세계를 되찾기 바랍니다.

마약 중에 코카인은 아주 강한 신경 자극을 만들어 냅니다. 신호를 전달한 도파민은 다시 원래 자리로 돌아가는데 그 돌아가는 길을 어떤 물질이 막아 버리면 어떤 일이 생길까요? 코카인이 바로 그러한 역할을 합니다. 즉 방출된 도파민이 원래 자리로 가지 못하게 막는 것이죠. 그러면 도파민이 도파민 수용체에 다시 결합할 가능성이 높아질 것이고 강한 신호를 주게 됩니다. 도파민이 '작용과 보상'과 연관된 일을 하는 것을 기억해 보세요. 만약 코카인이 체내에 있는 상태에서 애인과 친밀한 행위를 하면서 아주 강한 자극을 느낀다면 어지간한 육체적 쾌락으로는 만족하지 못하게 되고 더 많은 양의 마약을 더 자주 찾게 될 것입니다. 결국 일상생활을 못하게 되고 직장도 건강도 다 잃게 됩니다. 마약을 권하는 존재가 대부분 지인, 애인이라는 것을 꼭 기억하시기 바랍니다. 한 논문에서는 남성보다 여성이 코카인에 훨씬 중독되기 쉽고 금단증상도 더 심하다는 것을 보고하고 있습니다. 좋은 짝은 절대로 상대방에게 마약을 권하지 않습니다.

니코틴과 코카인이 우리 몸에서 하는 정확한 작용 방식은 서로 다릅니다. 그러나 둘 다 도파민이라는, 뇌 속에서 작용하는 호르몬이 강하게 신경 자극을 만들어 내게 하고 우리를 세뇌에 빠지게 한다는 점에서는 동일합니다.

광팔도사 Q&A

Q. 그 순하던 아내가 갱년기가 되어 포악해졌습니다. 어떻게 해야 하나요?

A. 갱년기 여성의 뇌는 포도당을 제대로 소화하지 못해. 밥 굶은 사자는 포악하지? 똑같다고 생각하고 몇 년만 참고 버텨 봐. 포악한 사자는 피하는 게 답이다.

Q. 애는 사춘기고 아내는 갱년기네요. 집안이 편할 날이 없어요.

A. 사춘기도 지나가고 갱년기도 지나가리. 지나고 보면 그것도 에너지가 뻗쳐서 그런 것이라는 것을 알게 될 것이다. 그 시절도 그리울 때가 올 것이니 잘 지내 봐.

Q. 도사님, 얼마 전에 남자친구 부모님을 만나서 같이 식사를 했는데 음식이 늦게 나온다고 식당 종업원을 엄청 혼내시더라고요. 너무 무서웠어요.

A. 그게 너무 과했다고 생각하면 남자친구도 정리할 생각을 해. 콩 심은 데 콩 나고 팥 심은 데 팥 난다. 약자에게 강한, 못된 품성은 대를 이어 내려오기가 십상이다. 독학으로 하기가 힘든 것이 가정교육이거든.

Q. 아들 때문에 힘들어요. 아, 글쎄 며칠 전에는 학교 2층에서 뛰어내려서 다리가 부러졌어요. 대체 왜 저런지…. 에휴.

A. 사춘기가 한창이구만. 사춘기에는 남성호르몬이 넘쳐흘러서 애가

정신을 못 차려서 그래. 사춘기 남자애들은 다 그래. 뛰어내리고 각목을 격파하다 손 부러지고 다리 부러지고…. 심지어 돌을 치아로 깨겠다는 애들도 있어. 그냥 그러려니 하고 넘어가야지, 뭐.

Q. 도사님, 왜 이렇게 배가 나올까요? 아내가 자꾸 구박하네요.

A. 달도 차면 기우는 법. 남성호르몬이 차고 넘치던 시절은 이제 다 간 거지. 술은 남성호르몬 킬러야. 술 그만 마시고 열심히 뛰고 근육운동 하는 수밖에 없어. 술 많이 마시면 목청만 커지고 냄새나고 배만 더 나온다. 그리고 단것도 그만 먹어. 설탕도 남성호르몬 킬러야.

Q. 담배는 대체 왜 이리 끊기 힘든가요?

A. 담배를 어디에서 피워? 옥상 가서 건물 아래 경치를 보면서 피우지? 친구들하고 이야기하며 즐거운 시간을 보내면서 피우지? 담배를 피우면 자유롭고 즐겁다고 뇌가 속아서 그래. 폐암 환자 폐 사진을 보면서 담배를 피워 봐. 딱 열 번만 해 봐. 담배가 꼴도 보기 싫어질 테니까.

3장

모르면 독, 약과
식품 속의 화학 이야기

땅에서 나는 피 비트즙, 모두를 위한 음식은 아니다

━━━━━━━━━ 인터넷에 '비트의 효능'에 대한 게시물이 많이 있더군요. 실제로 건강상의 이득이 많아서 '해독 주스'로 많이 알려진 비트즙. 그런데 과연 모두를 위한 것일까요? 만약 비트즙을 마신 후 머리가 핑 돌고 어지러웠던 적이 있는 사람은 특히 이 글을 잘 읽어 보시기 바랍니다. 다 이유가 있어서 그랬던 것이니까요.

비트에는 NO_3^-라는 음이온이 많이 들어 있는데, 이 물질은 몸속에서 NO라는 화합물로 변환됩니다. NO는 혈관 벽에 있는 세포에 작용하여 혈관 벽을 느슨하게 만들어 주는 역할을 합니다. 피의 양은 일정한데 혈관 벽이 느슨해지면 어떻게 될까요? 그렇죠. 혈압이 낮아지겠죠. 비트즙을 매일 70~250cc 마신 경중의 고혈압 환자의 경우 수축기 혈압이 5mmHg 정도 낮아졌다는 임상 결과가 발표된 적도 있습니다(그러나 이러한 연구 결과를 맹신하여 혈압약을 던져 버리고 비트즙만 마구 마셔 대면 안 됩니다).

비트즙을 마셔서 이득이 없는 경우는 다음과 같습니다.

1. 비트즙이 고혈압 환자에게 도움을 줄 수도 있다고 했지요. 그러면 반대로 저혈압 환자에겐 어떨까요? 심각한 저혈압을 겪고 있는 사람이 저혈압을 악화시키는 약이나 식품을 먹으면 당연히 문제가 생기겠죠.

비트즙은 저혈압 환자를 위한 것이 아닙니다. 남성보다는 여성이 해독 주스를 찾는 경우가 더 많고, 남성보다는 여성이 저혈압 문제를 더 많이 겪습니다. 그러므로 비트 해독 주스가 독 주스가 되는 경우가 종종 발생합니다.

2. 또한 비트즙에는 옥살산염(oxalate)이라고 부르는 음이온이 많이 있는데, 결석을 생성시키는 데 중요한 영향을 미칩니다. 따라서 신장 결석 문제를 겪고 있는 사람이 비트즙을 많이 마시면 결석 문제가 더 악화될 가능성이 높습니다.

3. 골다공증 등의 문제로 칼슘 보충제를 먹고 있는 사람의 경우 비트즙과 같이 먹으면 칼슘이 뼈로 가지 않고 칼슘 옥살레이트 염이 만들어져서 대변으로 가 버리기 때문에 피해야겠습니다.

칼슘 섭취를 위해
계란 껍질을 먹어도 된다?

──────────────── '뭐야? 계란 껍질을 먹는다고? 잘못 이야기한 거 아냐?'

제대로 들으신 것 맞습니다. 계란 껍질은 $CaCO_3$가 주성분입니다. $CaCO_3$는 조개 껍질의 주성분이기도 하고 석회암 동굴을 이루는 성분이기도 하지요.

만약 계란 껍질을 칼슘 보충제로 사용하시려면, 먼저 계란 껍질을 끓는 물에 잘 삶아서 깨끗하게 소독하고 난 다음 막자사발에 넣어 부수고 갈아서 우유나 물에 타 마시면 됩니다. 하나의 달걀에서 나오는 껍질의 반만 섭취해도 하루에 필요한 칼슘 섭취를 다 할 수 있지요.

시중에 판매되고 있는 계란 껍질 칼슘 보충제

🛒 Amazon.c... · In stock
Fine Eggshell Powder ...

🛒 Amazon.com · In stock
Swanson Eggshell Calcium wi...

🛒 Amazon.com
Swanson Eggshell Calc...

예쁘게 포장된 칼슘 보충제에 든 성분이나 계란 껍질에 있는 성분이나 다를 바 없고, 삶아서 소독만 하면 얼마든지 안전하게 섭취할 수 있습니다. 계란 껍질 칼슘 보충제를 팔기도 하지요.

'이게 무슨?' 하시는 분도 계실 것이고, '어디 한번?' 하시는 분도 계실 것 같네요. 특히 산에서 생활하시는 자연인 여러분들, 계란 껍질은 아주 좋은 칼슘 보충제니까 드셔 보시고, 다음에 TV에 나오신다면 멋진 과학 상식 한번 뽐내 주세요.

계란 이야기가 나왔으니, 계란의 신선도를 알아보는 꿀팁을 알려 드릴게요. 큰 그릇에 물을 담아 두고 계란을 살그머니 넣어 보세요. 바닥에 바로 가라앉으면 신선한 계란, 중간에 둥둥 떠 있으면 오래되긴 했지만 먹을 만한 것, 전혀 가라앉지 않고 물 위에 떠 있으면 절대 먹지 말고 바로 버려야 하는 것입니다.

계란 껍데기는 아주 작은 구멍이 나 있어서 공기가 들락날락할 수 있습니다. 수정란의 경우 속에서 병아리가 태어나게 되는데 병아리가 숨을 쉬어야 하니까요.

계란은 오래되면 껍질 안에 공기주머니가 생기고 이것은 시간이 지날수록 더 커집니다. 마치 우리가 수영장에서 튜브를 몸에 끼우고 있으면 물속으로 잠수를 할 수 없듯이 계란도 공기주머니가 커지면 커질수록 부력이 커져서 더 수면 쪽으로 가게 됩니다.

계란 나이 아는 것 참 쉽지요?

진짜 악당은 MSG가 아니라는 사실

———————————— 다섯 번째 맛으로 알려져 있는 감칠맛. 감칠맛을 영어로는 'umami'라고 합니다(감칠맛을 뜻하는 일본어 'うま味'를 소리 나는 대로 영어로 옮긴 것이지요). 감칠맛의 대명사 MSG. 이 MSG에 대해 알아봅시다.

글루탐산(glutamic acid)은 우리 몸이 스스로 만들어 낼 수 있는 아미노산으로 다양한 생체 반응에 사용되는 화합물입니다. 우리 몸 안에 자연적으로 존재하는 물질로 어디 하늘에서 뚝 떨어진 물질은 아니라는 것입니다. 이 글루탐산은 중성 조건 물에서 H^+가 떨어져 나가면서 1가 음이온인 글루타메이트(glutamate) 상태로 존재합니다.

글루탐산(왼쪽)과 물에 녹은 글루탐산이 중성에서 존재하는 상태(오른쪽)

음이온 글루타메이트와 양이온 Na^+가 만난 구조가 염(salt)인 MSG(monosodium glutamate, 글루탐산나트륨)입니다. 고체 MSG가 물에 녹으면 다시 Na^+와 위의 글루타메이트 구조로 변합니다.

다시마를 우려낸 국물은 글루탐산을 다량 함유하고 있습니다. 천연 다시마를 끓인 국물의 글루탐산이나 조미료 MSG나 우리 몸에서의 작용은 다를 바가 없습니다. 글루탐산 상태로 보관하는 것보다 염인 MSG 상태로 보관, 유통하는 것이 더 편리합니다. 따라서 우리는 마트 가판대에서 MSG를 만나게 되는 것이지요.

다만 시중에 파는 합성조미료 MSG는 다시마와 같은 식품을 우려내서 얻는 것이 아니라 사탕수수, 사탕무 등에서 나오는 포도당의 발효 반응을 통해 대량 생산하여 얻습니다. 이 미생물을 이용한 효소 과정은 요거트, 와인, 식초 등을 만드는 과정과 다를 바 없습니다.

FDA에서는 MSG를 먹어도 문제가 없는 GRAS(generally recognized as safe) 물질로 인정하고 있습니다. 수많은 동물실험과 인체를 대상으로 한 실험에서 MSG는 특별한 문제를 일으키지 않습니다. MSG에 아주 민감한 사람들의 경우 한 번에 3g 정도를 먹었을 때 메슥거림, 두통, 어지러움, 열감 등의 부작용이 일어날 수 있다고는 해요. 그런데 한 번에 3g의 MSG를 먹기란

FDA GRAS 인증 표시

거의 불가능하지요. 이러한 부작용이 있는 경우도 MSG가 들어간 식품을 먹지 않으면 증상이 사라지고 인체에 지속적인 해를 끼치지는

않습니다.

MSG가 식욕을 억제한다는 연구 결과가 있는가 하면 거꾸로 비만을 유도한다는 결과도 있습니다. 그러나 이런 연구들의 경우 표본의 선정, 연구의 진행 등에 의구심이 드는 경우가 많다는 것을 알 필요가 있습니다. 아직까지 MSG가 인체에 확실하게 나쁜 영향을 끼친다는 결과는 없습니다.

제 생각에는 MSG를 너무 악당 취급할 필요는 없을 것 같습니다. 실제로 저 같은 경우 중국 코스 요리를 먹고 나면 한 30분 정도는 머리가 멍합니다. MSG를 너무 많이 넣은 깍두기나 고깃국은 정말 맛이 없기도 하고 배가 더부룩해서 아주 괴롭습니다. 그런데 이게 MSG 때문인지, 이런 음식들을 내어놓은 식당들의 재료 문제인지 잘 모르겠습니다. MSG를 많이 넣는 식당의 경우 재료가 별로 좋지 않은 경우가 많거든요. 고기에서 나는 누린내를 가리기 위해 MSG 폭탄을 투여하고, 없는 손맛을 가리기 위해 감미료에 MSG를 왕창 넣은 김치, 깍두기를 만들어 내어놓거든요. 질긴 고기에 엄청난 양의 연육제를 집어넣어 마치 최상급의 고기인 것처럼 장난을 치기도 하지요. 이런 식당은 다시는 안 가면 그만입니다.

실제로 집에서 요리를 하다가 맛이 좀 안 나는 날, MSG를 조금만 넣어 주면 맛이 꽤 좋아지지요. 집에서 먹을 때는 배가 더부룩해지거나 머리가 멍해지는 일이 없는 것을 보면 어쩌면 신선하지 않은 재료, 연육제, MSG, 설탕의 '콜라보'가 모두 만족되어야 몸에 안 좋은 영향을 끼치는 것이 아닐까 싶군요. MSG 자체가 문제가 아니라,

MSG를 쓸 수밖에 없도록 하는 나쁜 재료가 문제일 수도 있다는 것이지요.

시중에는 MSG가 없다고 광고하는 요리 첨가물들이 판매됩니다. 이런 조미료도 실은 글루탐산은 아니지만 감칠맛을 내는 다른 아미노산을 가지고 있습니다. 물질만 다르지 그냥 아미노산 기반의 감칠맛 양념이라는 것은 동일합니다. 한마디로 MSG와 도긴개긴입니다.

공포 마케팅과 근거 없는 괴담에 너무 휘둘릴 필요는 없습니다. 좋은 재료로 정성껏 만들면 MSG 같은 물질을 많이 넣을 필요도 없을 것입니다. 과하지 않으면 문제는 없을 것입니다.

스테비아 토마토는 어떻게 재배하는 걸까?

스테비아는 스테비아 레바우디아나(stevia rebaudiana)라는 식물의 잎에서 추출한 스테비올 글리코사이드(steviol glycosides)라고 부르는 단맛이 나는 성분입니다. 여러 가지의 화합물이 섞여 있는 스테비아는 설탕보다 30~300배 정도 더 단맛을 내지요. 스테비올 글리코사이드 중 스테비오사이드는 다음과 같은 구조를 가지고 있습니다.

스테비오사이드의 구조

우리 몸은 이러한 스테비올 글리코사이드를 소화할 능력이 없습니다. 그러니 스테비아는 단맛만 내고 열량은 주지 못하는 물질입니다. FDA가 (먹어도 크게 문제가 없을 것 같다는 의미의) GRAS 물질로 구분해 놓은 제로 칼로리 감미료입니다. 하루에 체중 1kg당 4mg 정도를 섭취하는 것은 문제가 없다고 합니다. 그러니 체중 60kg의 성인은 하루에 240mg 정도까지 먹어도 괜찮다는 말이지요. 스테비아를 먹으면 부작용으로 배가 더부룩하고 가스가 차고 설사가 날 수 있습니다. 저혈압이나 저혈당으로 문제가 있는 분들은 스테비아 식품 섭취에 특히 주의해야할 것입니다. 특히 스테비아 토마토는 토마토에서 오는 포만감과 단맛 때문에 다른 식품의 섭취를 방해할 수 있습니다.

스테비아를 이용해서 과일의 단맛을 향상시키는 농사법은 꽤 오래전부터 있어 왔습니다. 스테비아 추출물을 밭에 뿌려서 그 성분을 뿌리가 흡수하여 과일까지 가도록 하는 것인데요. 토마토는 그런 식으로 하지는 못하고, 다 익은 토마토에 직접 스테비아를 주입하는 방법을 쓴다고 합니다. 또한 스테비아 토마토는 일반 토마토보다 빨리 상하기 때문에 비싼 값으로 팔 수밖에 없다고 합니다.

토마토 하나에 240mg 정도의 스테비아를 주입하는 것은 불가능해 보입니다. 일단 그렇게 되면 너무 달아서 사람들이 싫어할 것이니까요. 당장 시중에 나온 스테비아 토마토조차 너무 달아서 싫어하는 사람들도 있으니 말입니다. 그러한 이유로 건강한 사람이 스테비아 식품을 섭취하는 것은, 앞에서 언급한 부작용은 있을 수 있겠습니다만 크게 문제는 없을 듯합니다.

나물 반찬은 왜 빨리 상할까?

──────────── 박테리아가 잘 증식하기 위해서는 다음의 여섯 가지 조건이 만족되어야 합니다.

1. 음식(박테리아가 에너지를 얻고 세포분열을 할 수 있는 성분들이 있어야 하지요.)

2. 온도

3. 산소

4. 시간

5. 산성도

6. 물기

그러니 물기를 많이 함유하고 있고 단백질, 지방, 당분이 골고루 갖추어진 식품을 밀봉하지 않고 상온에 오래 둔다면 세균이 잘 증식할 수 있겠지요? 박테리아는 높은 산성도에서는 잘 못 자랍니다. 중성 근처의 식품에서는 잘 자랄 수 있고요.

우리가 먹는 고사리 중 청나래고사리(fiddlehead)는 100g 중 단백질이 4.55g이나 있고, 버섯에는 3g 정도가 있습니다. 우리가 나물이라 부르는 식품들은 단백질 함량이 꽤 높습니다. 또한 생고사리나 느타리버섯은 물기를 많이 함유하고 있지요. 고사리나 느타리버섯을 먹었을 때 신맛은 나지 않지요? 즉 산성도가 높지 않은 식품이라는 뜻입니다. 그러니 고사리나물이나 느타리버섯 볶음을 상온에 오래 두면 상할 확률이 아주 높습니다. 이런 식품은 먹을 만큼만 요리해서 드시거나, 요리 직후 밀봉하여 냉장고에 두고 먹을 만큼만 덜어서 데워 드시는 것이 좋겠습니다.

명절에는 음식을 많이 하고 또 남은 음식을 여럿이서 나누기도 하는데, 그러면 음식이 상온에서 오래 보관될 가능성이 많습니다. 영양가가 높은 음식도 많고요. 세균이 증식하기 딱 좋은 조건이 갖추어집니다. 녹두전과 같은 식품이 냉장고 속에 두었는데도 며칠 후면 상해 있는 데는 다 이유가 있는 것이지요.

명절이라도 먹을 만큼만 적당량 요리하고 남은 음식은 빨리 소진하는 것이 좋습니다.

제로 칼로리를 먹고 난 후
조심해야 할 것

─────────── '제로 칼로리'라는 말이 우리 일상에 들어
온 지 꽤 되었습니다. 열량은 없으나 단맛을 내는 인공 또는 천연 감
미료를 이용하여 만든 제품들을 통칭하여 제로 칼로리 식품이라고
그러지요. 이러한 감미료는 우리 몸이 소화시킬 수가 없어서, 즉 소
화 효소가 없어서 열량을 빼낼 수가 없습니다. 그러니 단맛인데 제
로 칼로리가 되는 것입니다.*

흔하게 쓰이는 인공감미료에는 아스파탐, 수크랄로스, 그리고 요
즘은 보기 힘든 사카린 등이 있습니다. 스테비아는 천연 감미료지만
이 역시 우리 몸이 소화를 못 시킵니다. 이 글의 끝에서 설탕 분자의

제로 칼로리 음료들

구조와 이들 인공감미료의 구조를 볼 수 있습니다. 화학 구조를 잘 모르시는 분도 그림을 뚫어져라 쳐다보면 하나의 공통점을 발견할 수 있습니다. -OH가 참 자주 나온다는 것이지요.

수소 원자 H가 전자를 아주 좋아하는 N, O, F와 같은 원자와 결합하게 되면 자신이 가지고 있는 전자를 많이 뺏깁니다. 그러면서 양이온의 성질에 가깝게 변합니다. 이 전자를 빼앗긴 수소 원자는 다른 분자에 있는 N, O, F 원자들과 상당히 강한 결합을 할 수 있는데 이것을 수소결합이라고 부릅니다. DNA가 이중나선 구조를 만들 수 있는 것도, 콜라겐이 3중 나선 구조를 가지는 것도 모두 수소결합 덕분입니다.

냄새나 맛을 느끼는 수용체 단백질도 마찬가지로 이 수소결합을 이용하여 냄새 분자나 맛 분자의 존재를 느낄 수 있지요. 그런데 수용체에 냄새 분자나 맛 분자의 수는 별로 없어도 아주 강하게 결합을 한다면 우리의 수용체는 강한 맛과 냄새를 느낄 수가 있습니다.

인공감미료의 원리는 단순합니다. 인공감미료 분자가 단맛 수용체와 강한 수소결합을 하여 아주 강한 단맛을 느끼게 하는 것이지요. 이런 원리로 극소량의 인공감미료를 이용하여 단맛을 내게 되는 것입니다. 그런데 인공감미료가 워낙 강하게 결합을 하잖아요. 그러니 쓴맛을 느끼는 수용체에도 강하게 결합을 할 수 있겠지요? 그런 이유로 단맛 이외에 쓴맛도 느껴질 수 있는 것이죠. 미각이 무딘 경우는 이러한 쓴맛을 잘 구분하지 못하기도 하지만 상당히 많은 수의 사람들은 인공감미료와 설탕의 맛 차이를 잘 알아챌 수 있어서 인공감미료에 대해 거부감을 가지기도 합니다.

인공감미료는 FDA에서 GRAS 물질로 분류를 한 경우만 식품에 사용할 수 있습니다. 인공감미료 식품을 섭취하면 일종의 공갈 설탕을 먹는 셈이니까 우리 몸은 설탕이 들어온 줄 알고 좋아했다가 가짜인 줄 알고 당 섭취를 더 갈구할 수 있습니다. 살 뺀다고 다이어트 콜라 하나 먹고 나서 저녁에 미친 듯이 밥 세 공기를 먹을 수 있다는 뜻입니다. 그러므로 제로 칼로리 음료수, 식품을 먹고 난 다음 본인의 행동을 객관적으로 유심히 관찰해 보는 것도 좋을 것 같습니다. 또한 앞에서 쓴 스테비아의 이야기처럼 저혈압, 저혈당의 건강상의 문제를 겪는 분들은 인공감미료 제품을 섭취할 때 조심하시기 바랍니다.

저의 경우는 제로 칼로리 음료를 마시면 맛도 다를 뿐만 아니라 기분이 별로 안 좋아지고 보상 심리로 다른 음식을 더 먹게 되더군요. 그럴 바엔 차라리 콜라 반 캔을 마시고 (평소에 잘 마시지도 않습니다만 피자 같은 음식을 먹으면 꼭 마시고 싶지요.) 달리기를 더 하는 것이 훨씬 낫다는 생각으로 살고 있습니다. 인공감미료에 대한 감수성은 개인차가 참 큰 것 같습니다. 여러분은 어떠신가요?

수크로스의 구조 [1]

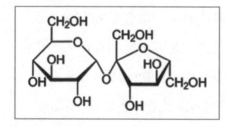

수크로스(sucrose, 설탕): 과당(fructose)과 포도당(glucose)이 한 분자씩 연결된 이당류(말 그대로 당 분자 두 개가 붙어 있다는 뜻입니다.)

아스파탐의 구조 [2)]

수크랄로스의 구조 [3)]

아스파탐(aspartame):
설탕 단맛의 200배. 최근 발암물질로
지정되었습니다.

수크랄로스(sucarloss):
설탕 단맛의 320~1,000배

스테비아의 구조 [4)]

사카린의 구조 [5)]

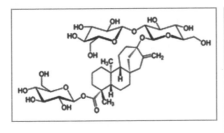

스테비아(stevia):
설탕 단맛의 30~300배

사카린(saccharin):
설탕 단맛의 550배

---

*설령 인공 감미료에 열량이 있더라도 극히 적은 양을 쓰기 때문에 '제로 칼로리'라고 부르기도
합니다.

GMO 음식을 너무 무서워하는 분들에게

여러분은 GMO라는 말을 들으면 어떤 느낌이 드세요? 영어로는 'Genetically Modified Organism', 즉 '유전자 조작 생물'이 되겠네요. 프랑켄슈타인이 떠오르는 사람도 많을 것 같습니다.

어떤 작물이 특정 병충해에 약하다고 해 봅시다. 다른 작물은 그렇지 않고요. 이럴 때 병충해에 피해를 입지 않는 작물의 유전자 중에 병충해를 이겨 내는 유전자를 잘라서 처음의 작물 씨앗에 집어넣게 되면? 그러면 병충해에 끄떡없는 작물이 생기겠지요? 이런 것을 GMO라고 합니다.

GMO를 만드는 방법: 왼쪽 그림은 말 그대로 유전 형질을 씨앗에 박아 넣은 것이고, 오른쪽의 그림은 유전 형질을 박테리아에 넣고 이 박테리아가 씨앗을 감염시켜 그 형질을 전달하게 하는 것이다. [6]

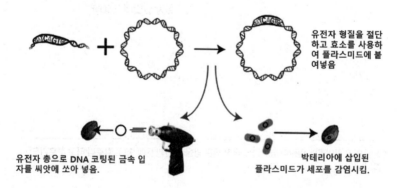

유전자 형질을 절단하고 효소를 사용하여 플라스미드에 붙여넣음

유전자 총으로 DNA 코팅된 금속 입자를 씨앗에 쏘아 넣음.

박테리아에 삽입된 플라스미드가 세포를 감염시킴.

사람들이 GMO를 두려워하는 이유는 크게 두 가지인 것 같습니다. 원래 생명체에 없는 유전자를 다른 생명체에서 가져와서 집어넣었기 때문에 이 유전자가 어떠한 짓을 할지 모른다는 것, 즉 어떤 이상한 물질을 만들어 내어서 건강을 해칠지 모른다는 것이죠. GMO 음식을 먹으면 거기에 들어 있는 유전자가 내 몸 세포 속 유전자로 들어와서 건강을 해칠 것만 같은 두려움이죠. 또 한 가지는 GMO 작물이 종의 다양성을 해친다는 것입니다.

FDA에서 안전하다고 판단하지 않은 GMO 식품은 판매할 수 없습니다. FDA에서 공지한 글의 골자만 소개하겠습니다. 건강 부분에만 집중해 봅시다.

'유전자 조작 식물을 먹어도 그 식물의 유전자가 내 몸 세포의 유전자에 들어오지는 않는다.'

우리가 소고기를 먹으면 소가 되나요? 돼지를 먹으면 돼지가 되나요? 같은 이유에서 GMO 식품을 먹는다고 우리가 이상한 존재가 될 리는 없습니다. 이 내용은 너무나 당연한 이야기지만 화학이나 생물을 공부하지 않은 분들에게는 당연한 이야기가 아닐 수 있으니 그렇게 공지를 하는 것입니다.

유전자 조작 콩, 옥수수나 유전자 조작을 하지 않은 콩, 옥수수나 동물이 섭취하는 영양 성분에는 차이가 없고, 이들 작물을 먹은 동물의 성장에도 차이가 없습니다. 또한 유전자 조작 작물을 먹어도 건강에 해를 끼친다는 증거는 찾을 수 없습니다.

실제로 우리가 마트에 가서 두부를 살 때 '국산 콩으로 만든 두부'라고 쓰여 있지 않은 제품이라면 GMO 콩으로 만든 두부일 수도 있을 것입니다. '국산 콩'이라고 하더라도 GMO가 아니라는 보장은 없지요. 국내에서 자란 콩이면 국산이니까요. 그 콩이 GMO인지 아닌지는 농사를 짓는 분도 모를 수 있습니다. 카놀라 기름, 콩, 옥수수, 감자, 사과, 파파야 등 굉장히 많은 GMO 식품을 우리는 이미 먹고 살고 있습니다. 맥도날드에서 먹는 감자튀김도 GMO 감자로 만들었을 것이고 그 감자를 튀긴 기름도 GMO 유래일 것입니다. 심지어 지금 입고 있는 속옷도 GMO 면화에서 나온 솜으로 만든 것일 것이고요. 만약 GMO 식품을 피하고 싶다면 외식은 포기하셔야 할 것입니다. 이미 GMO 식품은 우리 생활 속으로 깊게 침투해 있습니다.

아무리 FDA가 안전하다고 이야기를 해도 믿지 않는 분도 계실 것입니다. 이분들은 GMO 음식을 피해서 드시면 됩니다. 신념이 서로 다른 경우, 다른 사람들에게 너무 강요하지 않는 태도도 필요합니다. GMO파든 GMO 반대파든 싸울 필요가 없습니다. 사람마다 건강에 대한 관점과 인식이 다르고 처한 경제적 상황에 따라 선택의 폭도 아주 다르니 말입니다.

저는 종의 다양성을 해칠 수 있기 때문에 GMO를 거부하는 분들의 의견도 충분히 이해하고 존중합니다. 제가 GMO를 대변해서 무슨 이득이 있겠습니까? 다만 GMO 작물이 우리 몸에 들어와서 해를 끼치지 않는다는 정도의 정보만 제가 전달해도, 많은 분들의 근심 걱정 하나를 덜어 드릴 수 있다고 생각해서 이 글을 쓰는 것입니다.

GMO 작물의 장점도 아주 크다고 생각합니다. 만약 우리가 GMO 작물을 기르지 않는다면 수많은 사람들이 굶주림을 겪을 것입니다. 또한 경제 사정이 좋지 않은 사람들일수록 GMO 작물의 혜택을 많이 보게 됩니다. 값싸게 영양가 높은 음식을 먹을 수 있으니까요.

저는 마트에서 두부를 살 때 GMO 콩으로 만든 두부든 아니든, 국산이든 아니든 용도에 따라, 또 그날 먹고 싶은 두부 종류에 따라 눈에 보이는 대로 그냥 집어 듭니다. '맛있고 싼 거 고른다'가 제 기준인 셈입니다. 여러분은 어떠신가요?

다재다능한 팔방미인, 식초의 능력

──────────── 식초는 물에 아세트산이 녹은 것이지요. 식초를 이용하여 식품을 보존하고 세균을 죽이는 것은 고대로부터 이어져 내려온 지혜입니다.

여러 연구에서 3~5% 정도의 아세트산 농도에서 박테리아와 곰팡이균이 상당히 잘 죽는다는 것이 밝혀졌습니다. 1% 정도의 묽은 농도의 식초로 상처에서 증식하고 있는 균의 성장을 막을 수 있다는 연구 결과도 있습니다. 귀를 후빌 때 묽은 식초를 쓰면 좋다는 결과

식초는 능력자!

도 있네요. 사람들 참 별걸 다 생각하고 연구하네요.

시중에서 파는 식초의 농도는 다양하지만 대충 5% 언저리입니다. 화장실 청소, 부엌 싱크대 청소 등 살균 용도로 사용하시려면 식초를 묽히지 말고 식초 원액 그대로 사용해 보시기 바랍니다. 키 포인트는 '묽히지 않고' 사용한다는 것에 있습니다. 진하면 진할수록 박테리아나 곰팡이를 더 빠르게 죽일 수 있으니까요.

다만 주의 사항이 있습니다. 식초는 산성을 띠고 부식성을 가집니다. 따라서 주조철이나 알루미늄 냄비, 프라이팬, 창틀 등에 사용하면 표면을 녹여 내기 때문에 이런 재질에는 사용하지 마세요. 또한 식기세척기 내부에 있는 고무와 같은 성분도 식초에 취약하니 식기세척기에는 식초를 사용하지 않기를 바랍니다. 왁스 칠도 잘 벗겨 내니까 이런 것도 잘 고려하여 사용하세요. 대리석 표면 청소도 식초 사용 금지입니다.

식초의 좋은 점을 이야기하고는 하지 말라는 것만 잔뜩 늘어놓았네요. 세라믹, 즉 화장실 변기, 타일은 마음 놓고 식초로 청소해도 괜찮습니다. 또 유리 및 사기 그릇, 거울도 아무 문제 없이 식초로 살균할 수 있습니다. 청소에 유용하게 사용해 보시기 바랍니다.

또 한 가지, 식초로 과일이나 채소의 잔류 농약을 제거할 수 있다는 이야기 들어 보셨죠? 이에 대해 알아볼까요?

파키스탄에 있는 과학자들이 친절하게도 과일이나 채소에 남아 있는 잔류 농약을 씻어 내는 방법에 대해 연구하였습니다. 수돗물, 소금, 베이킹소다, 식초, 레몬즙 등 주방에서 쉽게 보는 재료들로 콜리플라워도 씻어 보고 시금치도 씻어 보았습니다. 이런 재료들이 녹은 수용액의 농도도 바꾸어 가면서 실험해 보았는데 간단하게 결론만 말씀드리지요.

1. 물로 씻는 것이 가장 효과가 없었습니다. 기껏해야 20% 정도의 농약이 제거됩니다.

2. 소금, 베이킹소다, 식초 중에 식초가 가장 효과가 좋았습니다. 하지만 소금물이나 베이킹소다 용액도 수돗물에 비해 현저하게 나은(두 배 이상) 농약 제거 능력을 보였습니다.

3. 미지근한 온도에서 10분 이상 담가야 합니다. 묽은 식초 물에 담그고 몇 번 헹구는 것으로는 부족하다는 뜻입니다.

4. 모든 경우에 있어 용액이 진할수록 효과가 좋았습니다. 이게 무슨 말인고 하니, 소금이나 베이킹소다의 경우 물에 안 녹을 때까지 부어 넣고 포화용액을 만들면 좋다는 뜻입니다. 식초의 경우 5~6% 농도의 양조식초를 그대로 써야 한다는 뜻이고요. 파키스탄 과학자들은 10% 식초를 썼을 때 최고의 효과를 거두었습니다.

어떤 농약은 염기성 조건에서 분해되기도 하고 또 어떤 농약은 산성 수용액에서 분해되기도 합니다. 따라서 과일을 정말 잘 씻어 드시고 싶다 하시는 분들은 이렇게 하면 되겠네요. 먼저 식초(산성)에 과일을 담갔다가 맹물에 씻고, 다시 베이킹소다나 생석회 녹인 물(염기성)로 씻고 다시 맹물로 씻는 거죠. 그러면 어지간한 농약 성분은 다 씻어 낼 수 있겠습니다.

과일이나 채소의 잔류 농약을 제거하는 것이 참 힘드네요. 위의 방법을 통해서도 농약을 100% 제거하는 것은 불가능합니다. 가장 많이 녹아 나가는 경우도 70~90%의 농약만 녹아 나가니까요. 하지만 과일이나 채소를 안 먹는 것보다는 농약이 다소 있더라도 먹는 것이 좋다고는 하니까 이 중 하나의 방법을 골라서 잘 씻어 내고 먹읍시다.

농사를 짓는 분들이 농약의 사용을 최대한 줄이고, 수확철이 가까워지면 농약을 사용하지 않고 잔류 농약 허용 기준치 아래로 상품을 내놓았으면 합니다. 정부 주관 부서가 잘 관리하여 국민이 안심하고 과일과 채소를 섭취할 수 있으면 좋겠습니다.

마지막으로 미국에서 공부할 때 실험실 동료 이야기를 하고 마치겠습니다. 데이비드 솜머빌이란 친구인데 사과를 그냥 옷소매로 쓱 닦더니 바로 먹더군요. 제가 깜짝 놀라서 "씻고 먹어야지" 그랬더니 "괜찮아. 양념으로 농약 좀 먹어도 돼" 하고 대답해서 웃었던 기억이 있습니다. 이 친구 아직 건강하게 잘 살고 있어요. 농약을 씻어 내려는 노력도 중요하지만 너무 건강 걱정에 매몰되면 정신 건강이 나빠집니다.

※ 식초의 강한 냄새가 싫은 분은 구연산을 사용해도 좋습니다. 구연산을 물에 녹여서 식초처럼 세척 및 살균 용도로 사용하면 됩니다.

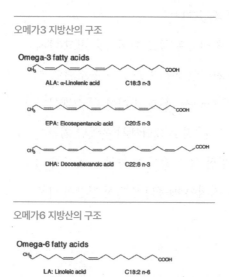

요리할 때
어떤 기름을 써야 할까?

요리할 때 어떤 기름을 써야 할까요? 저는 건강 전문가가 아니므로 하버드 의과대학에서 나온 글과 위키피디아의 정보를 종합 분석하여 정리해 보겠습니다.

오메가3에 대해 많이 들어 보셨을 겁니다. 부정맥을 방지하고 몸에 염증을 완화시켜 주며 혈전이 생기는 것도 방지하고 중성지방 수치가 높아지는 것도 막아 주는 불포화 지방산입니다.

많이 알려지지는 않았지만 오메가6도 있습니다. LDL 수치를 낮추고 HDL 수치를 높이는 좋은 역할을 합니다. 또한 혈당 수치를 조절해 주는 좋은 지방산입니다.

이 구조들에서 작대기가 두 개씩 그어져 있는 부분 보이시죠? 저기는 탄소에 수소가 하나만 달려 있습니다. 그런데 탄소에 수소가 두 개씩 붙어 있게 되면 포화지방산이라고 부릅

오메가3 지방산의 구조

Omega-3 fatty acids

ALA: α-Linolenic acid   C18:3 n-3

EPA: Eicosapentanoic acid   C20:5 n-3

DHA: Docosahexanoic acid   C22:6 n-3

오메가6 지방산의 구조

Omega-6 fatty acids

LA: Linoleic acid   C18:2 n-6

AA: Arachidonic acid   C20:4 n-6

DPA: Docosapentanoic acid   C22:5 n-6

니다. 포화지방산을 많이 먹으면 혈관에 콜레스테롤이 끼고 온갖 안 좋은 일이 생기기 시작하지요. 버터 조각 조금 먹는 것은 괜찮지만요.

이제 여러분의 머릿속에 '포화지방산을 줄이고 오메가3와 오메가6가 많은 기름을 먹으면 되겠구나' 하는 아이디어가 생겼을 것입니다. 그런데 고려해야 하는 것은 우리가 하루에 섭취하는 기름은 어느 정도 정해져 있다는 것입니다. 오메가3와 오메가6의 전체적인 비율을 잘 맞추어 주어야 하는데 오메가6 기름을 많이 먹어 버리면 오메가3의 섭취가 부족해질 수 있습니다. 또한 오메가9이라는 지방산 성분이 높으면 포화지방산 성분의 비율이 낮아져서 좋습니다(올리브유의 주성분입니다). 포화지방산이 많은 기름은 일단 피하는 것이 좋겠지요. 간단하게 요약하면 이렇습니다.

되도록 피해야 할 기름

팜유, 코코넛유: 포화지방산 비율이 각각 49.3%, 82.5%로 아주 높음. 팜유의 경우 과자를 만든다든지 할 때는 수소를 더 붙여서 포화지방산의 비율이 거의 88.2%까지 올라갑니다.

(몸에 좋을 수 있는) 오메가9 비율이 높은 기름

올리브유: 포화지방산 13.8%, 오메가9 71.3%, 오메가3 0.7%, 오메가6 9.8%

해바라기씨유: 포화지방산 9.0%, 오메가9 62.9%, 오메가3 0.16%, 오메가6 20.5%

카놀라유: 포화지방산 7.4%, 오메가9 61.8%, 오메가3 9.1%, 오메가6 18.6% (카놀라유는 오메가3도 6도 많아서 좋네요.)

아래 기름들은 좋은지 안 좋은지 구분이 잘 안 가지요? 하지만 이 기름들은 오메가6의 아주 좋은 공급원입니다. 굳이 피할 필요는 없습니다. 그렇다고 숟가락으로 막 퍼먹으면 안 됩니다. 살쪄요.

참기름: 포화지방산 14.2%, 오메가9 39.3%, 오메가3 0.3%, 오메가6 41.3%

옥수수유: 포화지방산 12.9%, 오메가9 27.3%, 오메가3 1%, 오메가6 58%

콩기름: 포화지방산 15.6%, 오메가9 22.6%, 오메가3 7%, 오메가6 51%

포도씨유: 포화지방산 10.5%, 오메가9 14.3%, 오메가3 0%, 오메가6 74.7%

호두기름: 포화지방산 9.1%, 오메가9 22.2%, 오메가3 10.4%, 오메가6 52.9%

요리 기름에서 오메가3가 참 드물지요? 오메가3는 비릿한 생선 기름에 많고, 호두, 아마씨, 치아 씨앗 등에도 있습니다. 요약합니다. 포화지방산이 많은 코코넛유, 팜유는 되도록 피하고 불포화지방산의 비율이 높은 기름을 사용하는 것이 좋겠습니다. 요리할 때는 해바라기씨유, 카놀라유가 좋아 보입니다. 올리브유는 드레싱으로 쓰고요. 다른 기름들은 많이만 안 쓴다면 오메가6의 좋은 공급원이 될 수 있습니다. 마지막으로 오메가3는 귀하니 찾아서 드세요. 견과류, 생선 등에 많은 기름이니 음식으로 섭취하고 부족한 부분은 보충제로 먹는 것이 좋겠습니다.

다양한 식물성 기름의 특성 7)

유형	가공 처리[3]	포화 지방산	단일불포화 지방산		고도불포화 지방산			ω-6:3 비율	발연점
			전체[1]	올레산 (ω-9)	전체[1]	α-리놀렌산 (ω-3)	리놀레산 (ω-6)		
아몬드									
아보카도[4]		11.6	70.6	52-66[5]	13.5	1	12.5	12.5:1	250 °C (482 °F)[6]
브라질너트[7]		24.8	32.7	31.3	42.0	0.1	41.9	419:1	208 °C (406 °F)[8]
카놀라[9]		7.4	63.3	61.8	28.1	9.1	18.6	2:1	238 °C (460 °F)[8]
캐슈나무									
치아씨									
카카오 버터 기름									
코코넛[10]		82.5	6.3	6	1.7				175 °C (347 °F)[8]
옥수수[11]		12.9	27.6	27.3	54.7	1	58	58:1	232 °C (450 °F)[12]
면실[13]		25.9	17.8	19	51.9	1	54	54:1	216 °C (420 °F)[12]
아마씨[14]		9.0	18.4	18	67.8	53	13	0.2:1	107 °C (225 °F)
포도씨		10.5	14.3	14.3	74.7	-	74.7	매우 높음	216 °C (421 °F)[15]
삼씨[16]		7.0	9.0	9.0	82.0	22.0	54.0	2.5:1	166 °C (330 °F)[17]
우라듐									
겨자기름									
올리브[18]		13.8	73.0	71.3	10.5	0.7	9.8	14:1	193 °C (380 °F)[8]
팜[19]		49.3	37.0	40	9.3	0.2	9.1	45.5:1	235 °C (455 °F)
땅콩[20]		20.3	48.1	46.5	31.5	0	31.4	매우 높음	232 °C (450 °F)[12]
피칸 기름									
들기름									
겨기름									
잇꽃[21]		7.5	75.2	75.2	12.8	0	12.8	매우 높음	212 °C (414 °F)[8]
참깨[22]	?	14.2	39.7	39.3	41.7	0.3	41.3	138:1	
콩[23]	부분 경화	14.9	43.0	42.5	37.6	2.6	34.9	13.4:1	
콩[24]		15.6	22.8	22.6	57.7	7	51	7.3:1	238 °C (460 °F)[12]
호두기름									
해바라기씨 (표준)[25]		10.3	19.5	19.5	65.7	0	65.7	매우 높음	227 °C (440 °F)[12]
해바라기씨 (< 60% linoleic)[26]		10.1	45.4	45.3	40.1	0.2	39.8	199:1	
해바라기씨 (> 70% oleic)[27]		9.9	83.7	82.6	3.8	0.2	3.6	18:1	232 °C (450 °F)[28]
면실[29]	경화	93.6	1.5		0.6	0.2	0.3	1.5:1	
팜[30]	경화	88.2	5.7		0				

영양 수치는 총 지방 무게 당 백분율(%)로 표현된다.

뜨거운 음식과 탄 음식은 암 유발자?

─────────────── 우리 몸의 다양한 생체 고분자(DNA, 효소 등)들은 수소결합 등에 의해 그 구조를 유지하고 있습니다. DNA의 이중나선 구조를 풀어 헤치려면 높은 온도에 두면 됩니다. 또한 달 걀흰자는 62도만 넘으면 하얗게 변하기 시작합니다. 우리 몸에 있는 생체분자들은 높은 온도에 아주 취약합니다.

우리 몸의 세포도 마찬가지입니다. 세포 속에 있는 분자들의 구조 가 높은 온도에 의해 변성이 되면 세포는 죽을 수 있습니다. 아주 뜨 거운 커피나 곰탕 국물을 마시면서 뜨거운 액체가 식도로 흘러 들어 갈 때 식도가 어떻게 생겼는지를 즉각 알 수 있을 때가 있죠? 이럴 때 식도의 세포들 일부는 죽습니다. 차라리 세포가 죽어 버리는 것 이 나을 수 있습니다. 살아남은 세포에서 DNA 이중나선 구조가 한 번 풀렸다가 중간에 염기가 하나 정도 바뀔 수도 있고, 그러다 운이 나쁘면 DNA에 돌연변이가 생기는 것입니다. 암이란 것이 무엇인가 요? DNA에 생긴 돌연변이에 의해 그 세포가 죽지 않고 계속 자라면 그게 암입니다. 상처가 생기면 염증이 생기는데, 뜨거운 것을 즐기 는 사람은 만성 염증을 달고 살 수 있고, 이러한 만성 염증은 암을 유 발할 수 있습니다. 위내시경을 할 때 위염이 있는지 위궤양이 있는 지 의사 선생님이 체크하지 않던가요? 암이 생길까 봐 걱정해서 그러는 것입니다. 만성 염증이 암을 유발한다는 것은 이미 많이 알려진 사실입니다.

간단하게 정리하겠습니다. 뜨거운 음식을 식히지 않고 "앗뜨뜨!" 하면서 즐기는 분들은 이것만 기억해 주시기 바랍니다. "뜨거운 음식은 식도암을 유발할 수 있다"

그렇다면 탄 음식은 어떨까요? 먼저 탄 음식을 먹으면 안 좋다는 이야기가 나온 근원인 아크릴아마이드(acrylamide)에 대해서 배워 봅시다. 아크릴아마이드는 몸속에서 독성이 아주 강한 글리시다마이드(glycidamide)로 변할 수 있고 신경 독성, 생식능력 저하, 암 유발을 할 수 있다고 알려져 있지요. 고기보다는 탄수화물을 고온에서 가열할 때 더 많이 만들어집니다. 이 화합물은 태운 토스트, 프렌치프라이와 같은 고온으로 가열한 음식에서 발견되는데, 우리가 즐겨 먹는 누룽지에도 당연히 들어 있겠네요. 고온으로 구운 빵에도 있겠지요? 심지어 우리가 매일 마시는 커피 속에도 들어 있습니다.

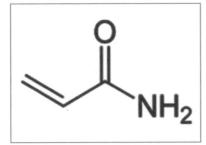

아크릴아마이드   글리시다마이드

당연히 무서우실 겁니다. 대체 뭘 먹고 살아야 한다는 건가 싶기도 하고요. 구글에 "Is burnt food bad for you?(탄 음식은 나쁜가?)"라고 검색해 보면 수많은 블로그, 신문 기사 등에서 '고온으로 요리한 음식에는 아크릴아마이드가 있고 이는 암을 유발하므로 절대 먹으면 안 된다'라고 주장합니다.

이럴 때 저는 끝에 .com으로 끝나는 도메인의 글은 다 걸러 버립니다. 이런 사이트에서는 공포 마케팅을 해서 소위 어그로를 끌고, 어떤 제품을 팔고 싶은 사람들이 글을 씁니다. 의사 단체나 공신력 있는 언론사는 남겨 두고요. 대신 .org나 .edu와 같은 도메인을 찾아서 글을 찾아봅니다. 그러면 과학적인 연구에 근거한 분석을 볼 수 있습니다. 암 예방 및 치료를 위해 존재하는 단체가 암을 유발하는 행위를 용인하지 않을 것이고, 하버드 의대와 같이 자칫하면 잃을 것이 많은 기관은 오류가 있는 내용을 발표하지 않을 것이니까요.

세세한 내용을 다 소개하기는 그렇고 제가 찾은 내용의 골자만 말씀드릴게요. 일단 탄 음식을 악마 취급하지는 말자는 것입니다.

1. 우리가 탄 음식에서 섭취하는 아크릴아마이드와 같은 화합물의 수치는 동물실험에서 암을 유발한 수치보다 현저히 낮습니다. 그러니 음식에 들어 있는 아크릴아마이드를 크게 걱정할 필요는 없습니다.
2. 숯불 바비큐, 토스트 등 탄 음식을 먹는 행위와 암 발생 간의 상관관계는 없어 보입니다. 때때로 즐기는 바비큐 정도로는 문제가 없습니다.

이제 여기서 살짝 트위스트가 들어갑니다.

1. 탄 고기(예를 들어 탄 스테이크)보다 가공육(소시지, 햄) 섭취가 더 위험합
   니다. 평소에 소시지가 들어간 핫도그, 햄 등을 즐기는 사람은(스테이
   크를 즐기는 사람을 포함하여) 비만이 되기 쉽습니다.
2. 프렌치프라이나 버터를 잔뜩 바른 토스트를 즐기는 사람은 비만이 되
   기 쉽지요.
3. 거꾸로도 역시 성립합니다. 비만인 경우 위의 음식들을 즐길 가능성
   이 큽니다.

하버드 의대에서도 말합니다. 탄 음식을 간혹 즐기는 것은 문제가
없겠으나 너무 자주 탄 음식을 즐기고 그것을 많이 먹는 행위는 피
하라고요. 이것은 결국 확률의 문제입니다. 탄 음식을, 또는 고온에
서 요리한 음식을 너무 자주 많이 먹으면 어떻게 되나요? 첫째, 많이
들어와서 좋지 않을 아크릴아마이드와 PAH라는 물질들을 많이 섭
취하게 되니 몸에 좋을 리는 없고요. 둘째, 더 중요한 이유인데, 살찌
잖아요. 살찌면 암에 걸릴 확률이 쭉 올라갑니다.

요약하면 이렇습니다. 탄 음식에 있을 유독성 물질은 그 수치가
매우 낮아서 간혹 즐기는 바비큐(우리로 치면 숯불갈비, 삼겹살 등)로는
암에 걸릴 만큼 많은 양을 섭취하지 않습니다. 그러니 탄 음식을 어
쩌다 먹어도 곧 죽을 것처럼 호들갑 떨 필요는 없어 보입니다.

그보다는 아무리 맛이 있어도 적당히 먹고 비만을 피해야 합니다.

탄 음식은 암과 상관관계를 찾아볼 수가 없으나 비만은 확실히 관계가 있으니까요. 또한 가공육(소시지, 햄 등)과 암과의 상관관계도 분명히 존재합니다. 그러니 곱창구이 집에 가서 탄 곱창을 먹어도 배가 터져라 먹지 말고, 운동을 하건 그다음 날 굶건 간에 정상 체중을 유지하는 것이 중요하겠습니다.

아래 그림은 암과 상관관계가 없는 것들과 암을 유발하는 인자를 표시해 놓은 것입니다. 암을 유발하는 인자를 정확히 알고 피하는 것이 중요하겠지요?

아, 물론 탄 음식에 있는 잠재적 위험 인자를 아예 피하거나 현저히 줄이는 방법도 있습니다. 고기를 삶아 먹거나 수육으로 먹으면 위에서 말한 무시무시한 물질이 애초에 안 만들어집니다. 토스트 같은 것도 겉이 노릇해지면 더 굽지 않으면 됩니다. 숯불고기, 가마솥 뚜껑 위의 삼겹살이 사라진 인생은 좀 밋밋하긴 하겠지만요.

암과 상관관계가 없는 요인과 있는 요인[8]

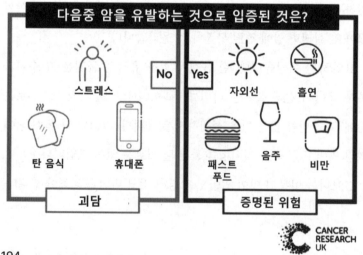

갱년기와 그 이후의 여성에게
유산균 섭취가 꼭 필요한 이유

여성이 태어나면서부터 자신의 몸에 가장 소중하게 보관하는 것이 무엇일까요? 그렇죠. 아기의 씨앗, 난자입니다. 여성의 난자는 개수가 정해져 있고 생리를 하는 순간부터 생리 주기마다 난자를 하나씩 내보냅니다. 자신이 가지고 있는 난자를 다 내보내고 나면 폐경이 오고 갱년기를 겪게 됩니다.

여성에게 있어서 임신은 정말 인생에서 가장 큰 이벤트가 아닐 수 없습니다. 임신을 하는 순간 뇌의 구조가 바뀐다고 앞에서 이야기했지요. 여성은 뇌의 구조도 바꾸고 몸에 스트레스 호르몬 코티솔의 농도를 높여 자신의 면역 체계를 희생시켜 가면서 새로운 생명을 보듬습니다. 아기가 태중에 있는 동안 몸은 너무나 많은 변화를 겪고, 아기가 태어나도 아기에게 젖을 주는 몸으로 변하여 아기가 생기기 이전과는 너무나 다른 상태로 지냅니다. 그러니 이 소중한 난자를 아무 정자하고 만나게 할 수는 없지 않은가요? 또한 똘똘한 정자를 만나기 전까지는 온갖 세균의 침입으로부터도 보호해야 합니다.

이런 이유로 외부와 접해 있는 여성의 생식기는 요새와 같아야 합니다. 세균이나, 어쩌다 들어왔지만 빌빌거리는 정자는 다 죽여 버리고, 아주 헤엄을 잘 치고 똘똘한 정자만 받아들여야 합니다. 그래서 백혈구가 마치 경호원처럼 생식기에 상주하며 지키고 있습니다.

또한 높은 산성 조건에서 세균은 잘 살 수 없으므로 가임기의 여성 생식기 내부는 유산균을 길러서 늘 pH 3.8~5 정도의 높은 산성도를 유지하여 세균 침입을 막습니다. 만약 가임기 여성의 생식기 내부의 산성도가 낮아진다면 이것은 여성의 몸에 이상이 생긴 것입니다. 그리고 아마 여성이라면 누구나 비누와 같은 세제로, 또는 물로 생식기 내부를 씻지 말라고 배웠을 것입니다. 비누의 알칼리성은 생식기 내부의 산성을 중화시켜 세균 감염의 가능성을 높이기 때문에 그렇습니다. 꼭 씻어야 한다면 반드시 전용 세정제를 사용하는 것이 좋습니다.

갱년기 여성은 몸에 여성호르몬 수치도 떨어지고 지켜야만 하는 소중한 난자도 더 이상 없습니다. 그렇기 때문에 몸이 더 이상 생식기 내부의 산성도를 높게 유지할 필요성을 못 느끼고 산성도를 pH 6~7로 만들어 버립니다. 이 정도의 산성도에서는 몸을 아프게 하는 세균이나 진균이 마구 침투할 수 있습니다. 비록 백혈구는 여전히 자리를 지키며 수문장 역할을 하지만 몰려드는 세균의 숫자가 너무 많을 때는 백혈구로서도 더 이상 도리가 없지요. 이런 이유로 갱년기 여성들의 생식기는 가임기 여성보다 세균, 진균 감염이 훨씬 쉽게 될 수 있는 것입니다. 생식기 바로 옆에는 소변을 보는 기관이 있고, 여성은 남성보다 요로가 짧기 때문에 생식기의 감염은 요로에서 화끈거리는 작열감 및 생활이 아주 불편해지는 요로감염 등으로 이어질 수 있습니다.

우리 몸의 표면, 피부와 내장의 내부 등에는 많은 수의 균이 살고 있습니다. 이 중 유산균이라는 녀석들은 우리 몸에 참 좋은 일을 많이 해 줍니다. 유산균은 대사활동을 하면서 젖산이라는 화합물을 내놓는데(김치의 시큼한 맛이 바로 이 젖산 때문에 생기는 것이죠), 젖산은 산이기 때문에 우리 몸의 표면이 높은 산성을 유지할 수 있게 해 줍니다. 피부에 다른 나쁜 균이 살지 못하게 막아 주기 때문에 피부도 건강하게 해 줍니다. 이 유산균이 생식기 내부에서 살게 되면 어떨까요? 당연히 높은 산성을 유지하게 해서 다른 나쁜 균이 못 살도록 하겠지요? 그러므로 유산균을 지속적으로 섭취하는 것은 갱년기 여성이 자신의 몸에 해 줄 수 있는, 실천하기 쉽지만 최고의 선물이 됩니다. 유산균은 가임기 여성에게도 좋지만 갱년기와 그 이후의 여성에겐 더 좋습니다.

당신이 지금 갱년기 여성이거나 갱년기가 지난 여성이라면 꼭 유산균을 계속 드시라고 말하고 싶습니다. 물론 건강 유지를 위해 다른 할 일도 많긴 하지만 유산균을 먹는 것만으로도 피부 건강도 챙기고 생식기 감염 가능성을 줄일 수 있으니 안 할 이유가 없습니다. 아프고 나서 후회하기 전에 당장, 지금 당장 시작하시길 바랍니다. 요즘은 유산균 제품들이 넘치게 많이 나와 있으니 아무거나 드셔도 될 것 같습니다. 아, 참. 비타민 C 챙겨 먹는 것도 잊지 마시고요. 비타민 C는 우리의 피부 세포가 콜라겐을 만들어 내는 데 반드시 필요한 성분이니까 말입니다. 얼마나 쉬운가요? 유산균과 비타민 C!

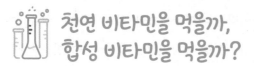

천연 비타민을 먹을까, 합성 비타민을 먹을까?

천연 비타민 C(왼쪽)와 합성 비타민 C(오른쪽)

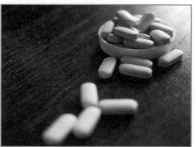

비타민 C는 'ascorbic acid'라는 영어명을 가지고 있고 다음과 같은 구조를 가집니다.

비타민 C의 구조

동물 중에는 체내에서 비타민 C가 합성이 되는 경우도 있지만 사람은 체내에서 비타민 C를 합성할 수 있는 능력이 없기 때문에 반드시 음식물에서 섭취해야 합니다. 음식물로 섭취하는 비타민 C가 부족한 경우 건강에 문제가 생길 수 있으므로 보조제를 통해 섭취해야 하지요.

우리가 약국이나 건강기능식품 몰에서 사 먹는 비타민 C는 합성을 하여 만듭니다. 2017년 전 세계에서 생산된 비타민 C의 95%는 중국에서 생산되었습니다. 옥수수 녹말로부터 포도당을 얻은 다음 이것을 역시 효소를 이용해 여러 단계를 거쳐 비타민 C를 합성합니다.

합성 비타민 C: 유기농이냐 아니냐?

이때 사용하는 옥수수가 유전자 조작을 한 GMO 옥수수가 아니고 유기농법으로 기른 옥수수면 '유기농 합성 비타민', GMO 옥수수에서 만들면 일반 합성 비타민이 되겠지요. 화학자의 관점에서 보았을 때 GMO 옥수수에서 만들었건 유기농 옥수수에서 만들었건 포도당은 같은 포도당이고 기를 때 사용했던 농약 성분은 다 제거가 되었을 것이니 둘의 차이는 없습니다. 위에서 이야기했듯 95%의 비타민 C는 중국에서 만듭니다. 이 경우 중국산이 나쁘다는 것이 아닙니다. 전 세계 어떤 비타민 C도 별반 다를 것이 없을 것이라는 말씀을 드리는 것입니다.

천연 비타민

그러면 천연 비타민 C는 무엇일까요? 말 그대로 천연입니다. 오렌지나 베리류를 드시면 그 속에 비타민 C가 들어 있지요? 음식물로 섭취하는 것이 바로 천연 비타민이지요. 알약 형태의 비타민을 천연 비타민이라고 누군가 팔고 있다면 이것은 식품에서 여러 비타민 복합체를 추출한 것일 것입니다. 그걸 천연이라고 비싼 돈을 들여 살 필요는 없어 보입니다. 때로는 비타민 C가 많이 함유된 식품의 가루를 환 형태로 만들어 팝니다. 이건 유기농이자 천연 비타민 C일 수는 있겠네요. 하지만 저라면 그냥 맛있는 과일로 천연 비타민 C를 섭취하겠습니다.

물론 천연 비타민을 섭취할 때와 합성 비타민을 섭취할 때의 차이가 있습니다. 천연 비타민 C는 자연스레 음식물 속에 있는 다른 비타민이나 플라보노이드와 같은 물질과 같이 섭취됩니다. 이들이 함께 들어와서 몸에서 어떤 일을 하는지는 잘 밝혀져 있지 않지만 이렇게 음식물로 섭취해야 좋다는 의견을 가진 분들도 있습니다. 한편 합성인 경우 유기농이든 아니든 간에 순수한 아스코브르산(또는 아스코르브산나트륨, sodium ascorbate)만 섭취하게 됩니다.

제 의견으로는 믿을 수 있는 제약사에서 만든 비타민 C라면 그것이 유기농이든 아니든 크게 신경 쓰지 않아도 될 것 같습니다. 가장 좋은 것은 균형 잡힌 식습관을 통해서 비타민 보충제를 안 먹고도 음식에서 비타민을 충분히 섭취하는 것이겠죠.

비아그라는 어떻게 탄생되었고, 어떻게 작동되는 걸까?

──────── '비아그라라고? 아유, 망측해라' 하시는 분도 있을 것 같네요. 하지만 독자들은 이제 어떤 주제라도 과학적으로 분석하고 논의할 만큼 성숙한 과학자가 되어 가는 중이니 용감하게 한번 다루어 봅니다.

상품명 '비아그라(Viagra)'로 팔리는 실데나필(sildenafil)이 원래는 혈압을 낮추는 약으로 개발이 되었다는 것을 아는 사람은 많지 않습니다. 다른 혈압약에 비해 별다르게 나은 점이 없었음에도 불구하고 임상에 참가한 남성들이 이상하게 그 약을 더 원하길래 자세히 조사해 보니 '기적의 기능'이 있음을 알게 된 화이자(Pfizer, 맞습니다. 우리가 맞은 코로나 백신을 만든 그 회사. 비아그라도 만들었습니다)가 급하게 용도를 변경하여 FDA에 승인 요청을 하

화이자 사에서 만든 비아그라

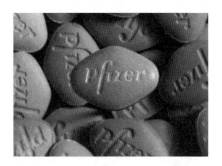

실데나필의 화학 구조

였고, FDA에서 긴급 승인을 해 줘서 지금 누구나 사용할 수 있는 약이 되었습니다.

그러면 비아그라는 대체 어떤 원리로 작동할까요? 아래 그림을 한번 자세히 봅시다. 심리적인 흥분 상태에서 신경은 NO(nitric oxide, 산화질소)를 방출합니다. 이 NO는 혈관을 느슨하게 만들어 주는 역할을 한다고 비트즙 이야기할 때 배운 것 기억나시죠? 이 NO는 남성의 혈관상피세포 옆에 있는 부드러운 근육 세포로 들어가서 cGMP라는 물질을 만듭니다. 이 물질이 많으면 혈관은 느슨해지고 피가 가득 차서 남성은 성적 준비 상태가 되는 것입니다.

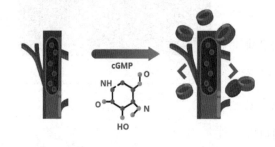

cGMP에 의해 혈관이 느슨해지고 피가 가득 찬다.

이 물질의 양이 많은 채로 유지가 되면 성적 준비 상태가 지속되지만 이 물질이 근육 세포에서 빠져나가 버리면 원래대로 돌아가는 것입니다. 비아그라는 이 cGMP를 분해하는 효소를 작동하지 못하게 합니다. 시알리스나 다른 비슷한 용도의 약들도 같은 원리로 작동합니다. 비아그라의 농도가 충분히 유지되는 한 cGMP의 농도도 충분히 높은 상태로 유지되며 성적 준비 상태도 지속되는 것입니다.

이제 이 약의 원래 용도와 작동 원리를 공부했으니 주의할 점을 생

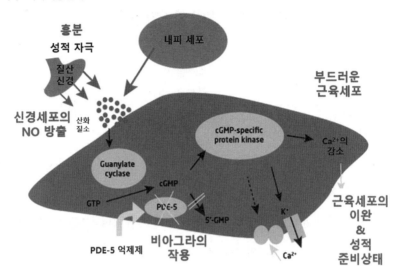

각해 봅시다. 이 약이 원래 고혈압을 치료하기 위해 개발되었다는 것을 안다면 무엇을 조심해야 하는지도 알 수 있습니다. 특히 다음의 경우에 본인이 해당한다면 반드시 의사와 상의 후 복용해야 할 것입니다.

- 이미 고혈압 약을 처방받아 복용하고 있다면 이 약을 사용하기 전에 반드시 복용량 등에 대해 의사와 상의해야 할 것입니다. 심각한 저혈압 상태가 되어 위험할 수도 있습니다.
- 협심증 등의 문제로 NO를 방출하는 약을 복용하고 있다면 마찬가지 문제가 생깁니다. cGMP 양이 많아져서 혈압이 너무 많이 낮아질 수 있습니다.
- 저혈압 환자의 경우 의사와의 상담이 우선시되어야 합니다.

전립선 약이 어떻게 탈모인의 희망이 되었나?

———— "남자한테 참 좋은데, 남자한테 정말 좋은데, 어떻게 표현할 방법이 없네. 직접 말하기도 그렇고…"

이 광고 기억하시는지요? 참 재미있게 만든 광고였다고 생각합니다. 저 광고에 나온 산수유 건강기능식품보다 더 확실하게, 비대해진 전립선 문제를 해결하는 의약품들이 있습니다. 그중에서도 피나스테리드(finasteride)와 두타스테리드(dutasteride)는 각각 '프로페시아', '아보다트'라는 이름으로 팔리고 있습니다. "응? 그거 탈모 치료제 아냐?" 하시는 분도 계실 텐데, 맞습니다. 탈모 치료제 프로페시아, 아보다트는 원래 전립선 비대증을 치료하기 위해 만든 약입니다.

대체 어떤 원리로 이 약들이 탈모를 치료하는지 알아봅시다. 탈모는 여러 가지 종류가 있지만 그중에서도 남성형 탈모는 남성호르몬 테스토스테론에 수소 원자 두 개가 더 붙은 디히드로테스토스테론(dihydrotestosterone, DHT) 때문에 생깁니다. 이 분자는 왼쪽 그림과 같이 생겼습니다.

머리카락이 자라는 모낭

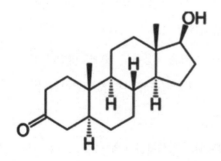

디히드로테스토스테론의 구조

(follicle)에는 이러한 남성호르몬과 결합하는 수용체가 붙어 있는데 어쩌다 유전적으로 문제가 생기면 이 수용체들이 남성호르몬에 좀 과하게 반응하게 됩니다. 사람의 체모는 자라다가 가늘어지고 빠지고 쉬는 사이클이 있는데, DHT는 남성호르몬 수용체에 붙어서 모낭이 빨리 시들시들해지고 머리카락이 빠지도록 유도합니다.

모낭만 살아 있으면 머리털은 다시 난다.

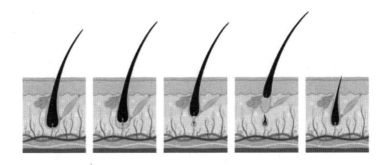

DHT는 또한 전립선을 너무 비대하게 만들어서 소변이 시원하게 못 나오고 쫄쫄거리면서 나오게 만들 수도 있습니다. 전립선은 정액을 일부 만들어 공급하는 곳이니 꼭 필요하지만 너무 비대해지면 소변보는 것이 불편해집니다.

그러면 지금쯤 짐작이 될 것입니다. 남성호르몬 테스토스테론이 DHT로 바뀌는 과정을 막아 버리면 전립선도 문제가 없고 남성형 탈모도 치료될 것이라는 것을요. 맞습니다. 프로페시아나 아보다트는 테스토스테론을 DHT로 바꾸는 효소인 5알파 환원효소(5α

-reductase)의 활동을 막아서 DHT가 생성되지 않도록 합니다.

아주 간혹 이 약품은, 여기에서 말하기는 좀 곤란한 부작용이 있다고 합니다. '머리카락을 지킬 것이냐? 말하기 곤란한 부작용을 피할 것이냐?'의 딜레마에 빠진 분들을 위해 부작용이 없는 더 확실한 탈모 치료제가 빨리 나왔으면 하는 바람입니다.

※ 남성형 탈모는 남성호르몬이 넘쳐서 생긴다고 흔히들 오해합니다. 물론 그런 사람도 있겠지만 만약 모든 사람에게 다 적용되는 것이라면 사춘기 남자들은 머리털이 다 사라지고 없을 것입니다. 사춘기에 남성호르몬의 분비가 가장 많으니 말입니다. 안타깝게도 탈모는 모낭의 남성호르몬 수용체가 너무 민감하게 반응해서 생기는 것입니다. 남성호르몬 수치가 낮아도 탈모는 얼마든지 생길 수 있습니다. 그러니 중년 남성이 운동을 많이 해서 남성호르몬 수치가 너무 높아질 것을 걱정할 필요는 없을 것 같습니다.

※ 여성의 탈모는 남성형 탈모와 다른 이유로 생길 수도 있습니다. 특히 원형 탈모와 같은 경우는 철분 부족과 같은 의외의 이유로 생길 수 있으니 탈모가 생기는 즉시 병원에서 검사받도록 합시다. 쉽게 치료가 될 수도 있으니까요.

여성 피임약을
남성이 대신 먹어 준다고?

───────────── '타이레놀이 남성, 여성 가리나? 그냥 아플 때 먹는 거지. 여성 피임약 그냥 남자가 먹어 주면 안 되나?'라고 생각하는, 파트너를 사랑하는 큰 마음과 땅콩보다 작은 뇌를 가진 남성도 세상 어딘가에는 있지 않을까요?

여성 피임약의 주성분은 에스트로겐과 프로게스테론입니다. 난자를 성숙하게 하고 배란과 자궁 착상을 도와주는 두 호르몬이죠. 생리가 시작될 때 여성의 체내에서는 이 두 호르몬의 수치가 아주 낮습니다. 뇌는 이 두 호르몬의 수치가 낮은 것을 감지하고 나서 '아, 이제 새로운 난자를 하나 꺼내서 성숙시켜야 하겠구나'라고 생각하고 생리의 시작과 동시에 난자를 하나 성숙시킬 준비를 합니다.

아이가 자궁에 들어서면 에스트로겐과 프로게스트론의 수치가 높아지는데, 생리를 시작하자마자 피임약을 먹으면 몸속의 에스트로겐과 프로게스테론의 수치가 높아지고 뇌는 임신을 했다고 속게 됩니다. 감쪽같이 속은 뇌는 더 이상 새로운 난자를 성숙시킬 필요성을 못 느끼게 되죠. 약을 매일 한 알씩 21일 동안 먹고 원래 생리가 시작하는 일주일 전 시점에 중단하거나 위약(placebo)을 먹게 되면 자궁벽은 다시 헐고 새로운 생리 사이클에 접어들게 됩니다(날짜를 헷갈리지 말라고 마지막 일주일은 가짜 약을 줍니다. 이렇게 21일분은 진짜 약, 마지막 7일분은 가짜 약이 들어 있는 피임약도 있고, 그냥 21일 치만 있는 피임약도 있습니다. 원리는 동일합니다). 난자를 하나 아끼면서 한 달을 버틴 셈이죠.

큰 사랑과 땅콩 크기의 뇌를 가진 남성이 여성을 아끼는 마음에 피임약을 대신 먹는다면 어떤 일이 벌어질까요? 어쩌면 자신이 가진 땅콩 크기의 뇌를 후대로 물려주게 될 수도 있습니다.

피임약에 들어 있는 에스트로겐은 기껏해야 $30\sim50\mu g$(마이크로그램) 정도인데 이 양으로는 남성의 생식 기능을 완전히 막을 수 없습니다. 다음 표는 성전환을 하기 위해 투여하는 호르몬의 수치를 보여 주는데 피임약에 들어 있는 호르몬 양보다 100~1,000배 정도 더 많습니다. 또한 정자 생산을 막기 위해서는 남성호르몬의 작용을 막아 버리는 다른 약물도 써야 합니다. 이 정도는 되어야 가슴도 나오고 정자 생산도 완전히 멈출 수 있습니다.

성전환을 하기 위해 투여하는 호르몬의 수치 [9]

	호르몬 치료 Hormone Treatment (HT)	정량
여성화 HT		
에스트로겐	Estradiol, oral Estradiol, transdermal Estradiol Cypionate, IM Estradiol Valerate, IM	2-6 mg/일 100-400 mcg, 2 mg 매 2 주, 20 mg 매 2 주
항안드로겐	Spironolactone Cyproterone Acetate	50-400 mg/일 50-100 mg/일
프로게스테론	Medroxyprogesterone acetate Micronized progesterone	2.5-8 mg/일 100-200 mg/일

여성의 피임약을 먹은 남성은 소기의 목적은 달성하지 못하고 체내 에스트로겐의 갑작스러운 증가로 인해 짜증을 내거나 머리가 아프거나 하는 부작용을 겪을 수 있습니다. 꾸준히 장복하면 배도 나오고 어쩌면 축 처진 가슴을 획득할 수 있을지도 모릅니다. 이로 인해 파트너가 혐오감을 느끼고 떠나 버릴 수도 있으니 원래의 목적인 피임이 가능해질 수도 있겠네요.

※ 링 형태의 기구도 피임에 사용되는데, 그 원리는 동일합니다. 링에서 에스트로겐과 프로게스테론이 흘러나와서 한 달 동안 피임할 수 있는 것입니다. 알약을 매일 먹지 않아도 되는 것이 이 기구의 장점이지요.

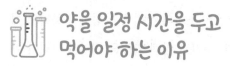

약을 일정 시간을 두고 먹어야 하는 이유

'이 약은 하루 한 알 아침에 드세요.'

'이 약은 아침, 저녁마다 한 알씩 드세요.'

'열이 나면 이 약을 여섯 시간 간격으로 한 알씩 드세요.'

약사에게 이런 복약 지도를 많이 받아 보셨을 것입니다.

우리가 먹는 약들은 참 다양한 형태로 존재합니다. 어떤 약은 몸에 들어오자마자 바로 다 녹아 버리는 경우도 있고, 어떤 약은 서서히 녹아서 약물을 방출하는, 즉 서방형인 경우도 있습니다. 위 점막 같은 곳을 통해 바로 흡수될 수도 있고, 소화기관에서 서서히 흡수될 수도 있겠지요. 또한 약을 먹으면 바로 효과가 나오기보다는 먹고 나서 일정 시간이 지나야 효과가 있습니다. 당연한 소리지요. 약이 몸 전체에 퍼져서 세포 곳곳에 들어가는 데는 시간이 걸리니까요.

약의 작용 대상이나 작동 방법은 다양합니다. 효소에 결합하는 약의 경우를 예로 들어 보겠습니다. 이미 잘 아시다시피 효소는 특정 분자와만 결합하여 분해하거나 합성합니다. 어떤 효소가 어떤 호르몬 분자를 너무 많이 만들면 몸에 이상이 생기겠지요? 이럴 때 이 호르몬을 만드는 효소의 기능을 떨어트리면 문제가 완화될 수 있습니다. 다음의 그림을 한번 봅시다.

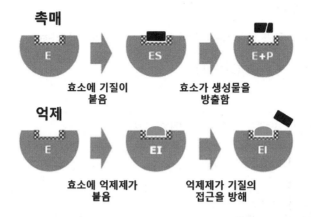

촉매

효소에 기질이
붙음

효소가 생성물을
방출함

억제

효소에 억제제가
붙음

억제제가 기질의
접근을 방해

위에 표시된 것과 같이 회색으로 보이는 효소에 까만 네모로 표시된 분자가 들어와 잘려서 우리 몸에 작용하는 호르몬 등을 만든다고 생각해 봅시다. 만약 아래 파란색으로 보이는 분자가 효소에 미리 붙어 있다면 어떨까요? 호르몬 분자가 만들어지지 않겠지요? 이 파란색으로 표시된 방해꾼이 바로 약(drug)입니다. 그런데 많은 경우에 약 분자는 효소에 붙었다 떨어졌다 합니다. 효소 주변에 약 분자가 더 많으면 많을수록 약이 효소에 붙어 있을 확률이 높겠지요? 약 분자가 너무 적으면 효소를 붙잡을 수가 없어서 몸에 있는 문제가 해결되지 않습니다.

자, 그런데 원래 이 약 분자가 우리 몸에 있던 것인가요? 원래부터 없는 경우가 많고 우리 세포 입장에서는 쓸모가 없는 것이지요. 그래서 소변 등을 통해 우리 몸 밖으로 배출해 버립니다. 간에 가게 되면 이 분자들을 분해하는데, 그 과정에서 독성 물질이 생기면 간에 부담을 줄 수도 있고요. 어쨌든 시간이 지나게 되면 약은 우리 몸에서 배출됩니다.

따라서 우리 몸에 약이 들어오면 몸이 느끼는 약의 농도는 아래와 같이 시간에 따라 변합니다.

우리 몸에 약이 들어왔을 때 몸이 느끼는 약의 농도 변화

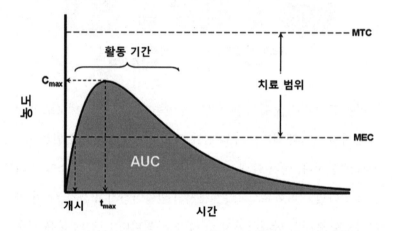

시간이 지나면 약의 농도가 너무 낮아져서 약은 더 이상 효과적으로 작용을 할 수가 없습니다. 몸 안에 있는 약의 농도를 일정 수준 이상으로 계속 유지시키기 위해서 약을 일정한 간격으로 먹어야 하는 것이지요. 위 그래프에서 가로로 선 두 개가 보일 텐데 그 두 선 사이에 약의 농도가 유지되어야 합니다.

술의 예를 들어 볼까요? 소주 한 잔 마시자마자 바로 취하나요? 물론 그런 사람도 있겠지만 보통 취기는 서서히 올라옵니다. 몇 잔 마시면 이제 알딸딸해지고, 이야기를 하면서 한 잔씩 계속 마시다가

다 마시고 집으로 돌아오는 길에는 취해서 휘청일 수 있습니다. 그러다가 시간이 한참 지나면 취기가 사라지지요. 깨고 나서 황급히 카톡창을 들여다보고 이불킥을 할 수도 있지요.

약도 똑같은 것입니다. 먹자마자 금방 효과가 나타나지 않고 (대부분 그렇다는 것이고 금방 효과가 있는 것도 있습니다) 약효가 지속되다가 일정 시간이 지나면 약효가 없어집니다.

고혈압 환자의 경우 아침에 일어나서 활동하기 시작하면 혈압이 서서히 오릅니다. 밤에 잘 때는 혈압이 다시 낮아집니다. 그러면 언제 혈압약을 먹는 것이 가장 좋을까요? 그렇지요. 아침에 일어나서 먹으면 됩니다. 약이 몸속에서 일정 농도 이상으로 올라가서 효과를 나타낼 때까지 시간이 걸리니까 아침에 먹으면 대낮의 높은 혈압을 막을 수 있겠지요? 참고로 먹는 시간에 상관없이 일정한 시간에만 먹으면 된다는 의견도 있습니다.

약사들은 이러한 몸속의 약의 농도와 효과를 고려하여 복약 지도를 합니다. 그러므로 약을 먹을 때는 의사, 약사의 말을 잘 듣는 것이 참 중요합니다. 시키는 대로 먹어야 간 독성이 생기는 것도 최소화하고 약의 효과도 최대로 얻을 수 있습니다.

타이레놀을 먹었다가 약이 잘 들지 않는다고 이부펜을 바로 먹는 사람도 있지요? 이 병원에서 지은 약 한 봉투를 다 먹고 마음에 안 든다고 전에 지어둔 약을 한 번 더 먹는 사람도 있을 것입니다. 자신의 간을 죽이는 행위일 뿐입니다. 의사나 약사는 병의 치료와 약의 성질에 대해 통달한 사람들입니다. 전문가지요. 이 사람들 말은 꼭 들으세요.

몰핀, 니코틴, 카페인의 공통점은?

──────────────── 몰핀(morphine), 니코틴(nicotine), 카페인(caffeine)의 공통점은 무엇일까요?

몰핀	니코틴	카페인

- 중독성이 있다.

- 식물이 만들어 낸다.

- 한 번에 많이 섭취하면 죽는다.

모두 정답입니다. 이 물질들은 식물의 체내에서 아미노산에서 출발하여 만들어진 것으로 알칼로이드(alkaloid)라고 부르는 대사 산물입니다. 식물 자체가 살아가는 데는 직접적으로 필요치 않으나, 식물들은 이러한 물질을 박테리아, 곰팡이, 동물들로부터 스스로를 보호하는 데 사용합니다. 여기에 예시로 든 물질은 식물 유래 알칼로이드지만 동물 유래 알칼로이드도 많이 존재합니다. 불개미의 독이 대표적인 동물 유래 알칼로이드입니다. 전갈의 독 성분의 일부도 마찬가지로 알칼로이드입니다. 복어의 독에도 알칼로이드가 들어 있습니다.

사람들은 알칼로이드를 여러 가지 용도로 사용하고 있습니다. 마취제, 진통제, 각성제, 환각제 등 우리가 잘 아는 그런 용도들 말입니다. 또한 꽤 많은 알칼로이드는 독성이 아주 강한데 인류는 이러한 알칼로이드 독을 이용하여 동물을 사냥하거나 정적(political enemy)을 제거하는 데도 써 왔습니다. 그중 가장 광범위하게 퍼져 있는 알칼로이드는 아마도 카페인일 것입니다. 세상에는 수많은 카페인 음료가 존재합니다. 콜라, 핫식스, 레드불, 박카스, 커피, 녹차, 홍차 등 넘치고 넘칩니다. 필자를 포함하여 많은 사람들이 카페인 중독에 빠져 있는 것 같습니다.

우리가 마약으로 잘 알고 있는 코카인, 메스암페타민(히로뽕, 필로폰이라고도 불립니다)도 알칼로이드입니다. 얼마 전에는 필로폰 운반책이 동남아로부터 한국으로 필로폰을 들여오기 위하여 뱃속에 필로폰이 든 봉지를 삼키고 들어왔다가 봉지가 터져서 사망에 이른 내용이 뉴스에 나오기도 했지요.

동식물이 자신을 보호하기 위해서 만든 독성 물질이자 그들에게는 쓸모없는 대사 산물을 인간이 자신의 쾌락을 위하여 사용한다는 것이 참으로 흥미롭습니다. 때로는 자신의 영혼과 목숨까지 담보로 하고 말입니다.

알약 한 알에 들어 있는 분자의 개수

─────────── 고용량 비타민 C 1g 한 알에는 몇 개의 분자가 있는지 한 번 알아봅시다.

구글이든 네이버든 '아스코르브산'(ascorbic acid, 이것이 비타민 C의 화합물 이름입니다)이라고 치면 이 분자의 분자량을 알 수 있습니다. 분자량이란 분자가 1몰(1몰=6×10²³)개 있을 때의 질량인데, 아스코르브산의 분자량은 176.12g이라고 나옵니다.

비타민 C 1g에 들어 있는 분자의 개수를 알고 싶으면, $176.12 : 6 \times 10^{23} = 1 : x$의 비례식을 세워서 x를 구하면 됩니다. 비타민 C 1g 속에는 대략 3.40×10^{21}개의 분자가 있습니다.

우리 몸속에는 몇 개의 세포가 있는지 알아봅시다. 역시 구글 검색창에 'total cell count in human body'라고 치면, '37.2 trillion cells(3.72×10^{13})'라고 바로 답이 나오고, 그 출처 논문도 찾을 수 있습니다.

아주 무식한 가정을 해 봅시다. 비타민 C 알약을 삼키면 그 비타민 C 분자들이 몸에 들어 있는 세포에 균등하게 들어간다는 가정입니다. 물론 절대로 그렇게 되지는 않습니다. 몸속에는 다양한 종류의 세포가 있고, 이러한 약을 먹었을 때 약이 침투하는 세포도 있고 그렇지 않은 세포도 있으며 약은 상당히 빠른 속도로 소변을 통해 몸

밖을 빠져나갈 수도 있기 때문입니다. 당연히 몸속에서 약이 분해될 수도 있습니다. 그럼에도 불구하고 이런 생각을 해 보는 것은 실제 상황을 좀 더 구체적으로 이해하는 것을 도와줍니다.

비타민 C 1g 한 알을 먹으면 총 3.40×10^{21}개의 분자가 몸속으로 들어오고 이 분자들은 3.72×10^{13}개의 세포로 퍼져 나갑니다. 위의 가정을 그대로 적용하면 세포 하나당 9.13×10^7개의 분자, 즉 거의 1억 개의 분자가 세포 하나에 들어가는 것입니다. 세포 입장에선 갑자기 비타민 C 폭풍이 몰아치는 것이죠. 다행히 세포가 살아가는 데 필요한 비타민 C이니 망정이지 몸에 안 좋은 물질이라고 생각하면 끔찍한 일입니다.

혈압약의 경우 용량이 10mg과 같이 양이 별로 안 되는 것처럼 보이는 약들도 있습니다. 10mg이라면 1g의 100분의 1입니다. 그러나 이 약들의 분자량이 비타민 C의 분자량 근처라고 생각하고 계산해 보면 약물이 세포를 구분하지 않고 들어가는 경우라도 대략 세포 하나당 백만 개나 되는 분자가 들어가게 됩니다. 10mg의 알약이 성인의 수축기 혈압 150mmHg를 120mmHg까지 떨어뜨린다고 해 봅시다. 이러한 혈압약을 몸무게 5kg도 안 되는 강아지가 주워 먹게 되면 어떻게 될까요? 저혈압으로 바로 사망에 이를 수 있습니다. 실제로 혈압약 14개를 먹고 15세의 소녀가 사망한 경우도 있었습니다.

평소에 우리는 건강 보조제나 병원 처방 약물들을 아무 생각 없이 취하고 있지만, 몸의 세포 하나에 들어가는 분자의 개수를 생각해 본다면 좀 더 주의해서 복용하게 되지 않을까 생각합니다.

광팔도사 Q&A

Q. 삶은 메추리알을 껍질째 씹어 먹는 사람이 있던데 그래도 괜찮나요?

A. 괜찮아. 메추리알 껍질의 주성분은 탄산칼슘이라 위에 들어가면 다 녹아. 그냥 칼슘 보충제 먹는 거랑 똑같은 거야. 그리고 삶을 때 껍질에 있을지도 모르는 세균이 다 죽기 때문에 아무 문제 없어.

Q. 저는 MSG가 너무 무서워요.

A. 나는 맛없는 음식이 더 무섭던데. 밖에서 먹으나 배달 요리를 먹으나 어차피 MSG 다 들어 있어. 맛집의 비결은 의외로 MSG라는 거 알면서 그래. 집밥 맛없다고 밖에 나가서 먹으면 MSG를 더 먹게 될 수 있으니 집에서 적당히 쓰는 게 나아.

Q. 대체 유산균은 왜 먹으라고 하나요?

A. 우리 몸에 살 수 있는 균의 양은 정해져 있어. 유산균을 충분히 먹으면 장에서 유산균이 많아지니까 몸에 해로운 대장균 같은 놈들이 잘 못 살지. 그러니 자꾸 먹으라고 하는 거야.

Q. 저는 비트즙을 먹으면 머리가 핑 돌아요. 건강에 좋다는데 왜 그럴까요?

A. 비트즙은 혈압을 좀 낮춰 줘. 그러니 저혈압이 있는 사람이 비트즙을 많이 먹으면 핑 돌 수도 있겠지? 모든 사람에게 좋은 음식은 아냐.

Q. 아침에 일찍 출근해서 여유롭게 뜨거운 커피 한잔. 멋지죠?

A. 응. 멋있긴 한데 벗겨진 입 천장과 식도는 어찌할꼬? 멋도 좋지만 암 안 걸리려면 식혀서 먹어.

Q. 천연 비타민은 합성 비타민보다 많이 비싼데 비싼 값을 하겠지요?

A. 비싼 값을 하지. 지갑을 더 빨리 비게 하는 효과가 있지. 그 외에는 효과, 성분 차이 없으니 그냥 가격이 저렴한 합성 비타민 사 먹어.

Q. GMO 무서워요.

A. 나는 세상을 음모론의 시각으로 보는 사람들이 더 무섭다. GMO 먹어도 사람 몸의 유전자는 안 변해.

4장

생활의 달인 만드는
살림 속 실용 화학

친환경 세제 삼총사: 베이킹소다, 구연산, 과탄산소다

───────────── 베이킹소다, 구연산(구연산 대신 식초를 쓰기도 하죠), 과탄산소다 이 세 가지는 많은 주부들에게 '친환경 세제 삼총사'로 알려져 있죠. 아래에 물질의 성질별로 분류해 보았습니다.

염기성 물질

물에 녹아서 OH^-를 내어놓는 염기성 물질은 단백질 분해, (비누화 반응을 통하여) 지방 분해를 할 수 있습니다. 베이킹소다 $NaHCO_3$는 염기성 물질이라서 이런 일을 할 수가 있지요. 그러나 $NaOH$(수산화나트륨)의 경우 염기성이 너무 강하여 (변기 청소나 배수구 청소 이외에) 가정에서 일반적인 청소용으로 사용하는 것은 권하지 않습니다.

한편 기름기를 없애는 데는 워싱 소다가 참 훌륭한 물질입니다. 기름기가 많은 그릇, 냄비, 환풍구 거름망 등을 청소하는 데는 워싱 소다가 정말 대단하게 좋습니다. 제가 네이버에 연재하고 있는 '모두를 위한 화학'에서 워싱 소다의 다양한 사용법에 대해서 배우실 수 있습니다.

산성 물질

구연산, 식초 등은 -COOH를 가지고 있습니다. 이러한 기능기를 가지면 물에 녹아서 H⁺를 내어놓기 때문에 산성 물질입니다. 산성에서는 세균이 잘 살 수 없어요. 그래서 구연산이나 식초 등은 세균을 죽이는 데 좋습니다.

O 라디칼 생성 물질

과탄산소다나 과산화수소는 O 라디칼을 내어놓을 수 있습니다. 이 O 라디칼은 반응성이 좋아서 색깔 분자를 파괴하기도 하고 세균을 죽일 수도 있습니다. 따라서 세균을 죽이거나 표백을 할 때 아주 유용하게 쓰입니다. 락스의 좋은 대체재입니다.

식초와 베이킹소다, 또는 구연산과 베이킹소다를 섞으면 CO_2 기체가 발생합니다. 이 CO_2 기체가 격렬히 발생하면서 배수구 벽에 있는 찌꺼기를 떨어지게 만들 수 있습니다. 베이킹소다에 식초를 섞건 구연산을 섞건 CO_2가 발생한다는 점에서는 같지만, 구연산은 물에 녹여서 반응시켜야 한다는 점이 다릅니다.

이 반응에서 -COONa 물질(염)이 생기는데, 이 물질의 경우 세척력 자체는 크지 않습니다. 하지만 이 염의 -COO⁻ 부분이 리간드(비공유 전자쌍을 금속에게 나누어 주는 음이온이나 중성의 분자로, 금속화합물의 성질을 결정짓는 데 있어 중요한 역할을 함)로 작용하여 금속 표면에 붙을 수 있습니다. 이 두 물질을 광택이 사라진 금속 표면에 뿌려서 염이 생기게 한 다음 수세미로 문질러 녹을 제거하는 데 활용할 수는 있습니다.

그런데 인터넷상에서 세제, 베이킹소다, 식초를 일정 비율로 섞어 '만들어 두고', 이를 '슈퍼 세제'로 사용하라고 알려 주는 게시물들이 많습니다. 화학자로서 한마디만 하겠습니다. 아무 근거 없는 이야기입니다.

식초의 주성분인 아세트산과 베이킹소다(탄산수소나트륨)의 반응식은 아래와 같아요.

$$CH_3COOH + NaHCO_3 \rightarrow CO_2 + H_2O + CH_3COONa$$

둘이 반응하면 이산화탄소가 발생하고 물이 생기고 물에 잘 녹는 염인 CH_3COONa가 만들어집니다. 이 물질은 세척력이 거의 없습니다. 만약 식초를 베이킹소다의 당량보다 많이 넣게 되면 이는 '식초 + CH_3COONa + 물 + 세제'이고 당량보다 적게 넣으면 '베이킹소다 + CH_3COONa + 물 + 세제'가 만들어질 뿐입니다. 소위 '슈퍼 세제'를 만드는 과정 중에 이산화탄소는 다 날아가 버릴 것이고요.

다만 아세트산과 베이킹소다가 서로 반응하여 CO_2를 만드는 성질을 이용하면 더러운 배수구를 깨끗하게 청소할 수 있습니다(아세트산과 베이킹소다가 반응할 때 CO_2가 발생하는 원리로 청소하는 것이기 때문에, 이 물질들을 만들어 두고 세제로 사용하는 것은 의미가 없는 것입니다). 간단한 계산을 해 볼게요.

$$CH_3COOH + NaHCO_3 \rightarrow CO_2 + H_2O + CH_3COONa$$

식초의 아세트산 비율은 약 5%이며, 아세트산의 몰 질량은 60.05g/mol이므로, 식초에 있는 아세트산의 몰 농도는 (5g/kg)(~1kg/L)/(60g/mol) = 0.83M입니다. 100mL 식초와 1:1 당량의 탄산수소나트륨은 (0.083mol)(84.01g/mol) = 7g이며, 이들의 반응으로 발생하는 이산화탄소의 양은 0.083mol, 약 2L에 달합니다.

쉽게 말해 종이컵으로 식초 반 컵에 베이킹소다 한 스푼을 섞으면 이산화탄소 2L가 갑자기 발생하게 됩니다. 이렇게 갑자기 많은 양의 기포가 생성되는 현상을 이용하여 배수구처럼 손이 닿지 않는 곳에 엉겨 있는 더러운 때를 제거할 수 있겠지요?

적절한 양의 세제와 물을 이용하여 베이킹소다를 분산시키고 이를 싱크대의 배수구에 흘려 넣은 다음 식초와 같은 약한 산을 부어 넣으면 거품이 꽤 격렬하게 발생하며 배수구 파이프 청소를 잘 할 수 있습니다. 식초를 한 번에 다 부어 넣지 않고 몇 번에 걸쳐 부어 넣으며 거품 발생의 양을 조절할 수 있고요.

이러한 행위가 너무 위험하다고 경고하는 인터넷 사이트들이 있는데 이것도 그냥 걸러 들으시고요. 보안경(또는 안경)을 끼고 사용하는 양을 몇 번 테스트해 보면 됩니다. 실제로 어린아이들에게 산과 염기의 반응에 대해 재미있게 가르쳐 줄 있는 아주 좋은 과학 실험 주제지요. 직접 해 보세요. 꽤 재미있어요.

구연산으로 물때 탈출

요즘 인덕션 주전자 많이 쓰시지요? 오래 쓰다 보면 내부에 얼룩이 많이 생깁니다. 물만 끓이면 비교적 괜찮지만 차를 우려내면 속이 많이 지저분해지지요. 주전자 속을 세제를 써서 닦는 것도 찜찜하고, 그렇다고 매번 청소하는 것도 답답한 일이고, 그런데 또 때가 끼면 수세미로 열심히 밀어도 잘 닦이지도 않고…. 이걸 어떻게 하나 고민되실 것입니다. 간단한 방법을 알려 드릴게요.

1. 먼저 주전자에 물을 가득 채우고 끓입니다.

2. 구연산을 몇 숟가락 넣습니다.

3. 5~10분을 기다립니다.

4. 대부분의 더러움은 이미 사라졌을 것입니다. 그냥 써도 될 정도로요. 그래도 만족하지 못하신다면 수세미의 부드러운 부분으로 남아 있는 찌꺼기를 가볍게만 문질러 주면 다시 원래대로 깨끗해질 것입니다. 핸들이 달린 수세미를 쓰면 편합니다.

5. 물로 몇 번 헹구면 끝. 구연산은 레몬의 신맛을 내는 성분이라 안전합니다.

목이 좁고 긴 텀블러나 보온 물병 등도 위와 같은 방법으로 세척하면 됩니다.

구연산은 아래 그림처럼 생긴 산입니다. 주전자나 텀블러, 보온 물병 등의 물때는 $CaCO_3$와 같은 석회석 성분인 미네랄이 주성분입니다. 이러한 미네랄과 탄닌 등이 같이 섞여 있는 덩어리가 속을 더럽게 보이게 하지요. $CaCO_3$와 같은 미네랄은 구연산과 같은 산성 물질이 녹아 있는 산성 용액에서 잘 녹는데, 녹으면서 다른 색깔 성분들도 주전자 벽에서 함께 떨어져 나오게 되는 것입니다.

구연산의 구조

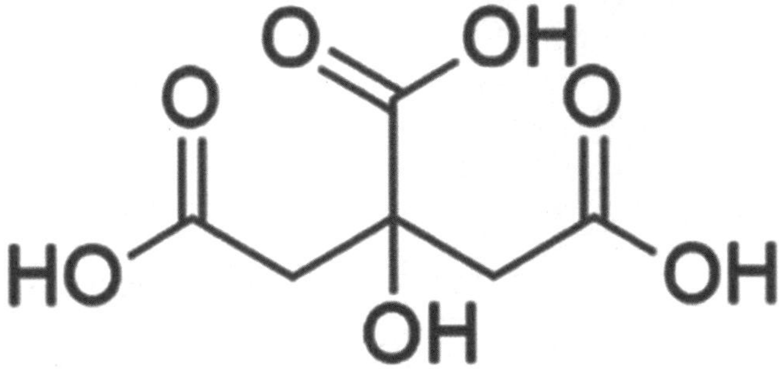

다른 종류의 기기에서 생기는 물때도 똑같은 방법을 응용하면 됩니다. 예를 들어 식기세척기나 세탁기는 구연산을 같이 넣고 돌리면 되고, 가습기 가열 부위의 물때는 구연산을 녹인 물을 티슈나 면봉에 적셔 닦아 내면 됩니다.

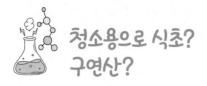

청소용으로 식초?
구연산?

앞에서 배수구 청소용으로 쓸 때 식초와 구연산을 서로 대체할 수도 있다고 했죠. 이렇듯 청소용으로 식초를 많이 쓰기도 합니다. 사람들이 흔히 하는 착각이 '냄새가 심하면 청소가 더 잘될 것이다'입니다. 고약한 식초 냄새를 맡으면서 욕실 벽 등을 청소한 다음에 깨끗해진 표면을 보면서 '이렇게 독한 물질이니까 세균도 잘 죽을 거야. 깨끗하네'라고 생각하며 홀로 뿌듯하실 수도 있어요. 락스에 식초를 섞으면 나오는 유독성 기체 염소 Cl_2의 매캐한 냄새를 맡으면서 몸이 병드는 줄도 모르고 거품 나서 청소 잘된다고 좋아하시는 분들도 많으시더라고요.

레몬의 신맛은 구연산 때문!

다음에 아세트산과 구연산의 구조를 그려 놓았습니다. 작대기 두 개 긋고 그 위에 O를 달아 놓은 것이 보이고 -OH라는 부분도 보이지요? 이 부분이 이 물질들을 산성을 띠게 합니다.

아세트산   구연산

식초나 구연산이나 산의 강하기는 별반 차이가 없어요. 식초는 냄새만 심하게 날 뿐 구연산보다 세정 효과가 더 좋지도 않지요. 다만 식초는 아세트산이 이미 물과 섞여 있으니 쓰기가 조금 더 편리합니다. 구연산을 청소에 쓰려면 투명한 결정 덩어리를 물에 녹여야 쓸 수 있으니 말입니다. 그런데 구연산은 물에 무지 잘 녹습니다. 정말 작은 수고니까 지금까지 청소할 때 식초를 썼다면 식초 대신 구연산을 써 보세요. 냄새도 나지 않고 식초가 한 일을 다 할 수 있으니까요. 레몬의 신맛은 구연산이 만드는 것이니까 구연산을 두려워할 필요도 없어요.

바로 앞의 글에서 구연산을 사용하여 주전자 청소를 하는 것을 알려 드렸지요? 샤워룸의 유리도 구연산을 녹인 물로 닦으면 깨끗하게 청소를 할 수 있어요.

욕실 청소할 때 식초에 소금을 넣어서 청소를 많이 하시는데 좋은 생각입니다. 식초는 생각보다 세균을 잘 죽이지는 못해요. 그래서 전에 제가 식초로 세균을 죽이려면 묽히지 말라고 그랬지요. 진

한 소금물에는 세균이 잘 살지 못해요. 그러니 식초와 소금을 물에 녹여 스프레이를 하면 세균을 죽이는 데 도움이 됩니다. 그런데 앞에서 제가 뭐라고 말했나요? '식초 대신 구연산을 고려하라'라고 했습니다. 그러니 구연산, 소금을 함께 물에 녹여서 사용해 보세요.

구연산에는 식초보다 더 훌륭한 기능이 하나 숨어 있답니다. 구연산은 환원제입니다. 세균 속에 있는 단백질의 구조를 바꿀 수도 있어요. 이렇게 생각해 보죠. 사람의 몸에서 한쪽 팔에 깁스를 하면 잘 움직일 수 없고 팔의 기능을 잘 못하겠지요? 이야기하자면 세균의 팔을 비틀어 버릴 수 있는 것이 구연산이랍니다. 식초는 그것을 못해요. 식초보다 구연산이 세균을 더 잘 죽일 수 있다는 뜻입니다.

다음과 같이 권합니다.

- 구연산과 소금을 물에 녹여서(최대한 진한 용액을 만들 것) 화장실 청소를 한다.
- 구연산, 소독용 에틸알코올, 물을 섞어서 스프레이를 만들고(약 1:1:2~4 정도의 비율) 욕실 거울, 창문 등의 유리 청소를 한다.

이 글이 냄새 없이 깨끗하고 기분 좋은 청소의 시작이길 바랍니다.

주방의 119,
베이킹소다 꼭 옆에 두세요

프라이팬의 기름에 불이 붙으면 어떻게 하면 될까요? 불을 끄려고 물을 붓는다? 큰일 납니다. 기름은 물에 뜨지요? 물 위에 뜬 기름은 계속 불에 탑니다.

이때 불을 끄려고 물을 부으면 큰일난다.

아마 이런 이야기를 들어 본 적 있으실 것입니다. '상추나 배추처럼 이파리가 큰 채소로 덮으면 불이 꺼질 수도 있다.' 네, 그렇게 될 수 있습니다. 이러한 이파리는 물을 함유하고 있어서 잘 타지 않고 불을 덮어 버리니까 산소 공급이 잘 안 되어서 불이 꺼질 수도 있어요. 그런데 불이라는 것이 희한하게도 이런 이파리 채소가 없을 때 잘 나잖아요? 요행을 바라지 않고 늘 준비하는 자세! 그것이 우리에게 필요합니다.

베이킹소다에 열을 가하면 다음과 같이 분해하여 이산화탄소가 발생합니다.

$$2NaHCO_3 \rightarrow Na_2CO_3 \rightarrow H_2O + CO_2$$

그렇습니다. 불붙은 프라이팬에 베이킹소다를 왕창 부으면 즉각적으로 이산화탄소가 생겨서 산소 공급을 막아 불을 꺼 버립니다. 베이킹소다는 빵이나 팬케이크 반죽에도 들어가는 물질입니다. 따라서 부엌에 둬도 아무 문제 없습니다. 냉장고에 두면 냉장고 냄새를 없애는 것도 잘 아시지요? 그러니 냉장고 속에 베이킹소다를 넣어 두고 가스레인지 바로 옆이나 찬장에 베이킹소다를 두면 아주 든든합니다. 소화기를 바로 옆에 두는 것이니까요.

불났을 때 소화기 분말을 가스레인지에 뿌린다고 한번 상상해 보세요. 그거 어떻게 다 치우나요? 그냥 베이킹소다 부어 버리면 작은 불은 깔끔하게 진압할 수 있고 나중에 청소하는 것도 무지 쉽지요. 그냥 물에 씻어 버리면 끝!

아, 참! 베이킹소다와 베이킹파우더를 헷갈리시면 안 됩니다. 베이킹파우더에는 녹말도 들어 있고 이걸 불에 부으면 불이 더 커져요. 절대 헷갈리지 마시고요. 항상 '베이킹소다'를 손 닿는 곳에 둡시다.

베이킹소다는 불 끄는 용도 말고, 찌든 기름때를 제거하는 데에도 효과적입니다. 주방의 환기구나 오래된 프라이팬에 들러붙어 있는 찌든 기름때를 쉽게 없애는 방법을 하나 알려 드릴게요.

베이킹소다는 $NaHCO_3$의 화학식을 가지고 있는데, 베이킹소다 가루를 넓게 펴서 200도 정도로 가열된 오븐에서 한 시간 정도 구워 주면 상당히 강한 알칼리성을 가지는 워싱 소다(washing soda) Na_2CO_3로 바뀝니다. 광파오븐이나 프라이팬에서 구워도 상관없습니다(단 가루를 흡입하지 않도록 조심!). 굽기 싫으면 인터넷 쇼핑을 통해서 바로 살 수도 있습니다.

이제 이 워싱 소다 가루에 물을 조금 섞어 넣어서 걸쭉한 반죽을 만들어서 기름때에 찌든 부분에 바르고 수세미로 쓱쓱 닦아 보세요. 식기세척기에 기름기가 많은 접시나 프라이팬을 넣고 돌릴 때에도 워싱 소다를 넣고 세척하면 좋아요.

그럼 대체 워싱 소다가 기름때를 제거하는 원리가 뭐냐고요?

비누를 만들 때 어떻게 하나요? 기름과 강한 염기 NaOH를 반응시키지요? NaOH가 물에 녹으면 생기는 OH⁻가 지방산과 반응을 하는 과정을 통해 비누가 만들어집니다.

비누화 반응

| 지방
Triglyceride | 염기
Sodiumhydroxide | 비누
Soap | 글리세롤
Glycerol |

워싱 소다의 작용도 결국 같은 원리랍니다. Na_2CO_3가 물에 녹으면 다음과 같은 평형반응에 의해 OH⁻를 만듭니다.

$$CO_3^{2-} + H_2O \rightleftarrows HCO_3^- + OH^-$$

이 OH^-가 지방과 반응해서 비누를 만들게 됩니다. 다만 워싱소다는 $NaOH$만큼 염기성이 강하지는 않아서 비누화 반응 자체는 아주 빠르지는 않지만 지방이 일부 비누로 변하니 기름때가 잘 제거되겠지요?

다만, 다음과 같은 주의 사항을 꼭 기억하세요.

1. Na_2CO_3는 꽤 강한 염기성이라서 기름때 제거 시 장갑을 끼고 하세요.
2. 또한 알루미늄 용기 청소에는 사용하면 안 됩니다. 스테인리스 등 철 제품 등에 사용하는 것은 무방합니다.
3. 가루 흡입 금지!

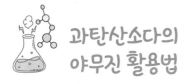

과탄산소다의 야무진 활용법

옥시크린의 주성분이 바로 과탄산소다이다.

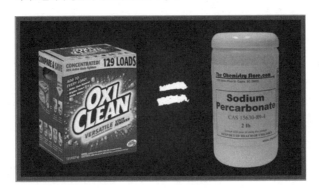

━━━━━━━━ 한때 많이 판매되던 옥시크린 기억나시나요? 바로 옥시크린의 주성분이 과탄산소다입니다. 옥시크린에는 과탄산소다, 탄산나트륨, 계면활성제 등이 들어 있지요.

과탄산소다는 $Na_2CO_3 \cdot 1.5H_2O_2$의 분자식을 가지는데 자세히 보시면 H_2O_2 부분이 있습니다. 물에 녹으면 과산화수소가 생기지요. 이 과산화수소가 바로 살균 작용을 하는 것입니다.

과산화수소는 금속 이온의 존재하에 쉽게 산소라디칼과 물 분자로 쪼개지는데 이 산소라디칼은 산소 분자로 변할 수도 있고 세균을 공격하여 죽일 수도 있습니다.

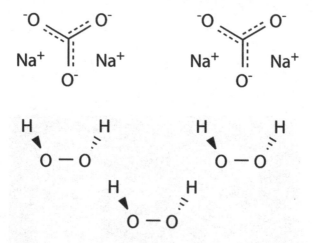

더러워진 주방 후드 등 스테인리스스틸 주방 기구를 과탄산소다를 이용하여 살균하는 것은 좋은 선택입니다. 스테인리스스틸은 과산화수소에 의해 부식이 되지 않고, 과탄산소다가 분해하여 생기는 탄산나트륨은 먹어도 아무 문제가 없기 때문이죠.

또한 과산화수소나 과탄산소다는 산소계 표백제입니다. 이 물질에서 생기는 산소 원자 라디칼이 세균도 죽이고 옷도 표백하지요. 산소계 표백제는 염소계 표백제보다는 살균 또는 표백하는 힘이 약합니다. 이 힘이 약하다고 나쁜 것은 아닙니다. 덕분에 색깔 옷의 색상을 더욱 선명하게 하는 데 산소계 표백제를 쓸 수 있지요.

염소계 표백제인 락스는 색깔 옷을 다 흰색으로 만들어 버립니다. 락스는 또한 부식성이 강해서 스테인리스스틸을 녹여 낼 수 있고 녹도 슬게 만드니까 스테인리스스틸에는 락스를 쓰면 안 됩니다. 꼭 기억하세요.

'천연 해수풀'이라는 수영장은
뭐가 다를까?

──────────── 사람이 높은 농도의 염소 기체에 노출되면 사망에 이를 수 있습니다. 그러나 낮은 농도의 염소는 좋은 소독제가 될 수 있습니다.

일반적으로 수영장 물은 염소(Cl_2)를 이용하여 소독합니다. 'trichor'라는 알약 형태의 물질을 물에 넣으면 염소 기체가 생깁니다.

염소 기체가 녹아 있는 액상의 소독제를 쓰기도 합니다. 염소 기체 중 일부는 물과 반응하여 차아염소산

trichor 구조

과 염산을 만들어 냅니다. 차아염소산은 인체에 독성이 거의 없고 (또는 없고) 세균을 죽이는 물질로 잘 알려져 있지요?

그런데 Na^+와 Cl^-이온이 많이 녹아 있는 해수(바닷물)를 전기분해하면 역시 Cl_2 기체가 생성됩니다. 이 염소 기체 중 일부가 물과 반응하여 차아염소산과 염산을 만들어 냅니다.

요약하면, 두 방법 모두 염소 기체를 이용하여 수영장 물을 소독하는 것입니다.

소금물을 전기분해하여 수영장 물을 소독하려면, 전기분해 장치를 도입해야 하는데 이 비용이 큽니다. 하지만 염소 소독제를 사지 않아도 되므로 결국 시간이 지나면 비용적인 측면에서는 차이가 없다고 합니다. 그러면 왜 해수풀 입장료가 더 비쌀까요? 초기에 발생하는 높은 비용을 소비자가 떠맡게 하여 수익을 극대화하는 것이지요.

해수풀의 염소 농도는 전기분해 장치를 가동하는 시간을 조절할 수 있으므로 일정하게 유지될 수가 있습니다. 알약 형태나 액체의 염소 소독제를 조금씩 쪼개어 붓는 것이 불편해서 한 번에 넣을 수도 있으니, 이 경우는 염소의 농도가 들쑥날쑥할 수도 있겠군요. 이러한 차이점을 부각시켜 마케팅에 쓰는 거죠.

꼭 아셔야 하는 것은, '천연 해수풀이라고 해도 소금으로 살균하는 것이 아니라 염소로 한다'는 것입니다. '천연' 해수라…. 엄마들이 딱 혹하기 좋지 않나요?

수영장에는 참 다양한 사람들이 들어갑니다. 피부병이 있는 사람이 들어갈 수도 있고 아기들이 쉬야 및 응가를 할 수도 있지요. 암모니아 성분과 염소가 만나면 클로라민이라는 유독성 물질이 생기는데 이 클로라민이 사람들의 눈을 충혈되게 하고 호흡기 질환을 유발한다고 합니다.

소독 방법보다도 수영장 물이 투명한지 탁한지를 살펴보시기 바랍니다. 수영장 물을 정기적으로 갈아 주지 않으면 역한 냄새가 분명히 날 것입니다. 그런 곳은 피하면 되겠습니다.

※ 해수풀 전기분해 장치와 동일한 원리를 적용한 것이 바로 요즘 가정에서 많이들 사용하는 변기 살균수 제조 장치입니다. 변기 수조 물을 전기장치로 살균수로 만들어 주는 기계죠. 해수풀 전기분해 장치든 변기 살균수 제조 장치든 물이 소독되는 원리는 동일합니다. $NaCl$이 전기분해하여 Cl_2가 생기고, 이게 물과 반응하여 생기는 차아염소산으로 물이 소독되는 것이죠. 다만 변기 수조에 소금($NaCl$)을 부어 주어야 이 장치의 효과를 제대로 볼 수 있다는 것 잊지 마세요.

※ 그런데 이 차아염소산은 인터넷에서 아주 싸게 살 수 있어요. 굳이 몇십만 원 하는 전기분해기 안 써도 된다는 이야기지요. 변기 수조에 끼는 물때가 너무 마음에 안 들면 차아염소산을 가끔씩 조금만 부어서 수조 관리를 해도 됩니다.

청소할 때 섞어 쓰면 위험한 물질들

─────────────── 의외로 청소를 하면서 실명, 화상, 폐 질환 등으로 건강을 잃는 경우가 많답니다. 다음 금기 사항은 반드시 알고 실천해야겠습니다. 다음과 같은 행위는 절대로 하지 마세요.

트래펑, 뚜러펑에 있는 염기 NaOH에 의해 입은 화상

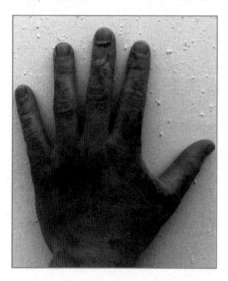

여러분이 화학 상식을 많이 아시는 것은 저도 좋습니다만 집에서 실험해 보는 것은 권하지 않습니다. 우리나라 사람들 참 뭘 잘 섞습니다. 찌개 문화 때문일까요? 생활의 달인, 살림 9단들은 뭘 그리 자꾸 섞는지 모르겠습니다. 절대 No! No! No!

- 락스와 창문 및 거울 청소용 윈덱스(암모니아가 녹아 있음)를 같이 사용하면? 클로라민이라는 유독성 물질이 생깁니다.
- 락스를 화장실 변기 물에 부어 두고 소변을 보면? 클로라민이라는 유독성 물질이 생깁니다.

- 락스와 과탄산소다(또는 과산화수소)를 섞으면? 격렬히 반응하면서 폭발할 수 있습니다. 실제로 이 두 가지 물질을 섞어 배수구를 청소하는 제품이 있습니다만 젤을 이용하여 반응이 아주 느리게 만든 제품입니다. 집에서 흉내 낸다고 락스와 과산화수소를 섞으면 잘못될 경우 응급실에 가야 합니다.

- 락스와 산(염산, 식초, 구연산 등)을 섞으면? 유독성 기체 Cl_2가 생깁니다. 염소 기체가 소량 생기면서 물에 녹으면 소독제인 HOCl 이 생기지만 많은 양의 락스와 산이 만나면 아주 위험합니다. 집에서 이것을 실험해 보지는 마세요.

- 과산화수소(과탄산소다도 마찬가지)와 트래펑, 뚜러펑과 같은 강한 염기를 섞으면? 많은 열이 발생하며 폭발합니다.

- 과산화수소(또는 과탄산소다)를 식초와 섞으면? 과산화아세트산(peracetic acid)이라는, 피부와 눈에 아주 강한 자극을 주는 물질이 생깁니다.

- 강한 산과 염기를 섞으면? 많은 열이 발생하면서 폭발할 수 있습니다. 약한 산인 식초와 약한 염기인 베이킹소다를 섞어서 배수구 청소를 할 수 있습니다. 이때도 혹시나 튈지 모르니 보안경을 쓰고 청소하세요.

집에 있는 수많은 산·염기, 표백제 물질들 중에 제가 '배수구 내에서 섞어도 될 것이다. 단 조심해서'라고 하는 조합은 딱 두 가지입니다.

식초 + 베이킹소다

구연산 + 베이킹소다

그 이외에는 절대로 섞어서 쓰지 않으시길 바랍니다. 위의 리스트가 혹시 기억하기 힘드시면 간단하게 요약해 드릴게요.

1. 염소계 표백제 락스는 다른 물질과 섞지 않는다.

2. 산소계 표백제 과산화수소와 과탄산소다는 다른 물질과 섞지 않는다.

3. 염소계 표백제 락스와 산소계 표백제와 섞지 않는다.

4. 배수구 클리너는 다른 물질과 섞지 않는다.

그래도 기억하기 힘드시다고요? 집에 있는 표백제, 배수구 클리너, 식초 등 그냥 퍼먹거나 마시면 죽을 것 같은 느낌이 드는 물질들은 절대로 다른 물질과 섞지 않습니다. 이러면 무조건 안전합니다.

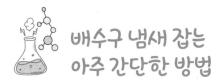

배수구 냄새 잡는
아주 간단한 방법

산더미같이 쌓인 그릇을 깨끗하게 설거지하고 주방 싱크대까지 수세미로 닦고 물기까지 싹 제거하면 기분이 아주 상쾌하시지요? 자, 그런데 말입니다. 설거지 마지막에 물을 많이 틀면서 그릇을 닦잖아요? 그러면 배수구에 갇혀 있는 물에는 세제가 별로 없겠지요?

우리 주방에서 가장 더러운 곳이 어디일까요? 네, 맞습니다. 눈에 보이지는 않지만 배수구가 가장 더럽습니다. 싱크대도 반짝반짝, 그릇도 반짝반짝하지만 설거지가 끝나는 순간 배수구에서는 세균이 무럭무럭 자랍니다. 세균이 증식하면서 여러 부산물들을 만들어 내면 주방에서 불쾌한 냄새가 나겠지요? 또한 기름때와 같은 것도 배수구 벽에 많이 묻어 있어요. 음식물 찌꺼기도 거기에 있지요. 마치 콜레스테롤이 쌓여 혈관을 막듯이 이러한 찌꺼기들은 다른 찌꺼기가 더 잘 들러붙게 해서 나중에는 배수구가 막혀 버릴 수도 있어요. 주방만 그런 것이 아닙니다. 세면대나 화장실 배수구에도 끈적끈적하고 불쾌한 덩어리들이 모여 있지요.

이걸 간단하게 해결해 봅시다. 별거 아닙니다. 설거지가 끝나면 설거지 세제를 조금만 배수구에 부어 두세요. 세면대도 화장실도 마찬가지입니다. 세면대나 화장실의 경우 바디워시나 액체형 빨래 세제를 부어 두어도 됩니다. 여러분이 외부에서 일을 보는 동안 이 세제는 더러운 덩어리가 생기지 않게 해 주고, 또 이 더러운 덩어리를 씻겨 내려갈 수 있는 형태로 만들어 줄 것입니다. 세균은 세제 속에서 자랄 수 없어요. 그러니 불쾌한 배수구 냄새도 이제 안녕~ 할 수 있어요.

이 단순한 행위로 배수구에서 불쾌한 냄새가 올라오거나 배수구가 막히는 것을 많이 해소할 수 있답니다.

배수구에 과탄산소다를 조금 뿌려 두어도 좋습니다. 과탄산소다가 서서히 녹으면서 과산화수소를 생성시키고 이 과산화수소가 살균 작용을 하여 세균을 죽이니까요.

콜라의 재발견,
먹지 말고 청소에 양보하세요

──────────── 콜라의 pH는 2.5입니다. 우리 위에 있는 위산은 음식물의 유무에 따라 pH가 1.5~3.5 정도가 되지요. pH가 7이면 중성, 그 이하면 산성입니다.

그러면 콜라의 산성은 대체 어떤 물질 때문에 가능한가요? 인산(H_3PO_4)때문이지요. 인산은 철의 산화물 Fe_2O_3, 즉 녹과 만나서 다음과 같이 반응을 할 수 있습니다.

$$Fe_2O_3 + 2\,H_3PO_4 \rightarrow 2FePO_4 + 3H_2O$$

'아 뇨, 이게 대체 무슨 소리야?' 그러시겠지요. 콜라가 녹을 만나면 그것을 부서지기 쉬운 $FePO_4$로 바꾼다는 뜻입니다.

이걸 생활에 적용해 보죠. 녹이 슨 주물 프라이팬, 녹이 슨 공구, 화장실 바닥의 스테인리스(스테인레스도 락스와 같은 것을 뿌리면 녹이 습니다. 락스와 스테인리스는 상극입니다. 락스면 무조건 좋은 줄 알고 마구 사용하는 분들이 있습니다) 배수구 덮개 같은 것을 짧게는 몇십 분, 길게는 몇 시간을 콜라에 담가 두세요. 김이 빠진 콜라면 더 좋아요. 녹이 슨 표면에 김이 빠진 콜라가 더 잘 접촉하니까요. 충분히 기다린 후에 수세미로 녹이 있는 부분을 콜라 속에서 힘차게 닦아 주세요. 녹이 싹 사라집니다. 인산의 PO_4^{3-}는 철의 표면에 붙어서 표면을 녹이 잘 슬지 않게 해 주는 보호막도 만들어 줍니다. 콜라는 녹도 제거해 주고 철 제품이 잘 녹슬지 않게 해 주는 두 가지의 역할을 동시에 하는 것입니다.

콜라는 많이 마시면 몸에서 뼈를 녹여 냅니다. 하지만 몸 밖에서는 꽤 쓸 만하군요.

지저분한 표면을 마법처럼 쓱쓱, 매직 블록의 원리

━━━━━━━━━ 혹시 2008년 중국에서 일어났던 멜라민 분유 사태 기억하시나요? 분유에 단백질이 얼마나 들어 있는지 알아내기 위해서 질소의 함량을 측정해요. 아미노산에는 질소가 들어 있으니까요. 그런데 이 단백질의 함량을 부풀리기 위해서 양심에 털이 난 분유 업자가 멜라민(melamine)이라는 분자를 분유에 섞어 넣습니다. 이렇게 해서 단백질이 아주 많은 고급 분유로 둔갑시켜 팔았고 이걸 먹은 아이들이 죽거나 많이 아팠지요. 그 업자는 사형을 당했다고 기억합니다.

그런데 이 멜라민이라는 분자는 실은 아주 유용한 분자입니다. 포름알데하이드와 멜라민 분자를 중합하면 멜라민 수지가 만들어집니다. 스펀지 형태로 만들어서 단열재로 쓰기도 하고, 잘라서 '매직 블록'이라고 하여 청소 용품으로 팔기도 합니다. 찬장 문으로 만들어 쓰기도 하고요.

이 스펀지의 구조를 한번 볼까요? 다음 페이지의 오른쪽 그림과 같이 구멍이 숭숭 뚫려 있는 구조를 가집니다. 근데 이 멜라민 스펀지를 그냥 쓰기도 하고 높은 온도에서 열 처리를 하여 스펀지를 부분 탄화시켜서 쓰기도 해요. 탄화가 더 많이 될수록 더 딱딱해집니다.

탄화시킨 멜라민 스펀지(a)와 멜라민 스펀지의 구조(b) [1]

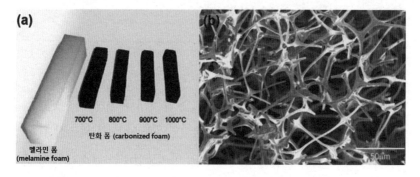

멜라민 스펀지는 우리가 제거하고 싶은 오염 물질보다는 더 딱딱하고 그 오염 물질이 올라가 있는 표면보다는 일반적으로 더 말랑말랑하기 때문에 표면에 상처를 내지 않고 더러운 물질만 제거할 수 있습니다. 그리고 이 스펀지는 무독성(non-toxic)입니다. 걱정하지 않고 사용하셔도 됩니다. 목재를 사포(sand paper)질을 하여 표면을 반질반질하게 만들 수 있지요? 매직 블록은 스펀지 형태로 생긴 사포라고 생각하시면 됩니다.

　　주의 사항: 표면보다 더 딱딱한 스펀지를 이용하여 표면의 오염 물질을 제거하면 표면에 상처가 생깁니다. 예를 들어서 테플론 코팅이 된 프라이팬을 이 멜라민 스펀지로 박박 문지르면 코팅에 상처가 생기겠지요. 그런 점만 유의하여 사용하면 큰 문제가 없을 것입니다.

성격 급한 사람은 화장실 곰팡이를 이길 수 없다

──────────── 타일과 타일 사이, 욕조와 벽 사이 이음매에 생긴 검은 곰팡이는 정말 없애기 힘들지요. 식초, 옥시크린, 락스 등을 들이부어도 참 질기게도 자국이 남아 있습니다. 대체 어떻게 해야 할까요?

먼저 세균이나 곰팡이에게 독한 정도를 따져 봅시다. '염소계 표백제 〉 산소계 표백제 〉 식초 또는 구연산'의 순서로 독하지요. 그러니 락스를 붓고 박박 문질러도 안 없어지면 대체 어쩌란 거냐 싶으실 것입니다. 이런 것을 해결하기 위해 화학 지식이 필요합니다.

화학 반응을 아주 간단하게 생각해 봅시다. 달걀을 서로 부딪치게 하여 껍질이 깨지는 상황을 생각해 보지요. 아주 살살 부딪치면 안 깨지죠? 당연히 서로 세게 부딪치면 깨질 겁니다. 세게, 그리고 여러 개가 부딪치면 당연히 여러 개가 깨지겠지요.

액체 속의 분자는 온도가 높아지면 높아질수록 더 빨리 움직입니다. 분자가 액체 속에 많으면 서로 더 세게 부딪치고 더 자주 부딪치겠지요? 그러니 온도가 높아지고 농도가 높아지면 당연히 반응은 더 빨리 진행될 수 있습니다. 그러나 어떤 화합물은 온도를 높이면 분해되어 독성이 있는 물질이 생길 수도 있어서 온도를 높이면 안 되는 경우도 있어요. 많은 분들이 여기까지는 생각하시는데, '시간'까지는 생각을 안 하세요. 독한 화학 약품이니까 많이 들이붓기만 하면 금방 무슨 마법처럼 청소가 될 것이라고 생각하는데, 곰팡이 제거와 같은 어려운 작업은 '시간'을 들여야 합니다. 락스 분자가 곰팡이에 1초에 한 번 부딪친다고 한다면, 1분 동안은 60번밖에 안 부딪치지만 1시간이면 3,600번이고 24시간이면 86,400번을 부딪칩니다. 자꾸 부딪치다 보면 언젠가는 곰팡이가 깨지겠지요? 말 그대로 뜸을 들여서 세제 속의 화합물이 곰팡이에 작용할 시간을 충분히 주어야 합니다.

이제 짐작하시겠지요? 화장실에 낀 정말 오래되고 지워지지 않는 검은 곰팡이는 요즘 나오는 젤 스프레이로 판매되는 락스로 덮어 버리세요. 그리고 신경 쓰지 말고 하룻밤이든 며칠이든 내버려 두세요. 만약 샤워를 하면서 그 부분이 씻겨 나가면 락스 젤을 또 덮으세요. 오로지 그 방법밖에 없습니다. 시간을 들이는 것. 성격 급하게 파닥파닥 하면 절대로 이 검은 곰팡이를 없앨 수 없습니다.

물리력으로 박박 긁어낼 수 있는 것도 있지만 오로지 오랜 시간 동안 화학작용만이 해결할 수 있는 문제도 있으니 말입니다. 아무리 울화통이 터져도 때로는 기다리셔야 합니다. 화학 세제가 청소를 대신 해 주는 동안에 더 가치 있는 것(예를 들어 차를 한잔 마시면서 책을 읽거나 음악을 들으면서 인생을 즐기는 것)을 하시면 되지요. 아시겠죠?

색깔 얼룩 소탕 작전

──────────── 태국 음식점에 가서 음식은 잘 먹었는데 고추기름을 옷에 묻히고 왔을 때 갑자기 기분이 나빠집니다. 또한 토마토나 당근 물이 흰옷에 배었을 때, 하얀 식탁보에 와인 얼룩이 생겼을 때 어떻게 색깔을 없앨 수 있을까요? 화학을 이용한 다음 두 가지 방법 중 하나를 쓰면 됩니다.

첫 번째, 소독용 알코올에 얼룩 부분을 담급니다. 알코올은 기름에 잘 녹는 물질도 녹이고 물에 잘 녹는 물질도 녹이지요. 위에서 이야기한 색소들은 모두 기름에 잘 녹는 성분이랍니다. 따라서 알코올로 제거할 수 있습니다.

고추의 색소는 다음과 같은 구조를 가지는 화합물에서 나오는데 구조를 자세히 보면 선이 하나, 둘 번갈아 가면서 보이지요? 탄소-탄소 단일결합과 이중결합이 반복하여 나오는 구조인데 이런 구조

고추의 색소를 내는 화합물의 구조

를 가지면 물에는 안 녹고 기름에 잘 녹습니다.

두 번째, 묽은 락스 용액에 색이 묻은 하얀 천을 담그세요. 락스는 위에 있는 화합물의 탄소-탄소 이중결합을 끊어 내고 산화를 시킬 수가 있어요. 산화가 된 화합물들은 물에 더 잘 녹기도 하고 화학구조가 바뀌어서 색깔도 없어지거든요. 하지만 이 방법은 원래 색이 있던 천에 사용하면 안 됩니다. 옷의 원래 색깔조차 다 사라지게 하여 옷을 망칠 수도 있으니 흰색 천에만 사용해야 합니다.

색깔 옷에서 얼룩을 없애기 위해서는 락스 대신 조금 더 순한 과산화수소를 사용하면 됩니다. 과탄산소다를 따뜻한 물에 녹여서 사용해도 같은 효과를 얻을 수 있습니다.

그럼 옷에 풀의 초록 물이 묻었을 땐 어떻게 해야 할까요?

흰옷에 어쩌다 잔디의 초록 물이 배게 되면 무척 난감합니다. 이건 어떻게 해야 세탁을 잘 할 수 있을까요? 식물의 초록색은 엽록소 때문입니다. 여러 가지 엽록소가 있지만 공통점은 다음과 같이 금속 이온이 질소 원자를 가지는 유기화합물에 잡혀 있는 모양을 가

엽록소의 구조

진다는 것입니다. 그러면 여기에 들어 있는 금속 이온을 쏙 빼 버리면 왠지 색깔이 사라질 것 같다는 생각이 들지 않나요?

맞아요. 여기에 산을 부어 주면 금속의 양이온이 쏙 나오면서 색이 사라져 버립니다. 산에 들어 있는 H^+가 금속 양이온 대신 질소 원자에 붙어 버리면 금속 양이온은 더 이상 그 자리에 있을 수가 없지요. (하림이 부릅니다. '사랑이 다른 사랑으로 잊혀지네')

그러니 흰옷에 풀의 초록색 물이 들어도 당황하지 마세요. 그냥 식초를 부어 주고 (그리고 기다리고) 헹구고 일반 세탁을 한 번 하면 됩니다. 빛나는 흰색을 살리는 방법, 참 쉽지요? 식초 대신에 구연산을 녹인 물도 가능해요.

또 하나, 피 묻은 옷은 어떻게 깨끗하게 만들까요?

식물은 엽록소를 이용하여 광합성을 하고 산다고 했지요? 동물은 먹이를 먹고 산소를 이용하여 연소 반응을 해서 살아갑니다. 우리가 폐로 호흡을 하면 적혈구들이 그 산소를 몸속 구석구석으로 보내고 세포들은 그 산소를 받아서 연소 반응을 하지요.

이 적혈구라는 녀석을 자세히 들여다보면 그 속에는 헤모글로빈이라는 단백질이 있답니다. 그 헤모글로빈이라는 단백질 속에는 헴 (heme)이라는 엽록소하고 아주 비슷하게 생긴 넓적한 구조가 있고 그 한가운데에 철(Fe)의 원자가 잡혀 있답니다. 이 철 원자와 산소가 결합하여 산소를 몸속으로 보내 주는 것이지요. 그리고 이 철 원자 때문에 피는 빨간색을 띱니다.

그러면 피가 묻은 옷을 깨끗하게 만들려면 어떻게 해야 할까요? 철 원자가 떨어져 나오게 하면 되겠지요? 엽록소에서 금속 원자를 떼어낼 때 식초를 사용하면 되는 것에 힌트를 얻어서 "식초를 쓰면 됩니다"라고 대답하신 분은 '화학잘알'이시네요.

그런 방법을 써도 되고 더 확실하게 피 묻은 옷을 깨끗하게 만드는 방법은 과탄산소다나 과산화수소를 사용하는 것이랍니다. 과탄산소다는 과산화수소를 만들어 낼 수 있는 것은 다들 아시지요? 과산화수소에서 떨어져 나오는 힘세고 사나운 산소 원자가 철 원자를 붙잡고 있는 고리 형태의 분자를 변형시킨답니다. 그러면 당연히 철 원자는 빠져나올 수 있겠지요?

표백제 과탄산소다를 녹인 물 또는 과산화수소 용액에 피가 묻은 옷을 담가 두었다가 색이 없어지면 일반 빨래를 한 번 더 하면 됩니다. 피가 묻었을 때 너무 오래 두면 굳어 버려서 세탁하기가 어려우니까 피가 묻은 옷은 즉시 이런 방법으로 빨래를 하세요. 옷을 아끼는 방법이지요.

초록색 채소를 데칠 때
더 푸르게 만들어 주는 '킹'

초록색 나물을 데칠 때 꺼내는 시간을 조금 놓쳐서 예쁜 초록색이 죽어 버리면 너무 속이 상합니다. 특히 쓴맛이 많이 나는 나물의 경우엔 오래 끓여야 하는데 오래 끓이면 색이 죽어 버리고 참 난감하지요. 이것을 방지하기 위해 'OOOOO' 한 꼬집을 넣으면 됩니다. OOOOO은 과연 무엇일까요?

식물의 초록색은 모두 아시다시피 엽록소 때문에 생기는 것입니다. 이 엽록소에는 마그네슘 Mg^{2+}금속 이온이 들어 있는데 금속 이온은 산성 조건에서 빠져나와 버리죠. 금속 이온이 빠지면 예쁜

엽록소

초록색은 사라져 버립니다. 이 원리로 풀의 초록 물이 든 흰옷을 세탁하는 것 기억하시지요?

자, 이제 저 앞의 문장에서 힌트 얻으셨는지요? 산성 조건이 아니면 마그네슘 이온이 안 빠져나오겠지요? 산성의 반대는? 네. 맞습니다. 염기성입니다.

집에 있는 물질 중에 염기성인데 먹어도 되는 물질이 뭐가 있나요? 딩동댕. 네, 맞습니다. 베이킹소다. ○○○○○은 베이킹소다입니다! 그렇다고 숟가락으로 막 퍼먹으면 안 돼요!

푸른 채소나 나물을 데칠 때 베이킹소다를 물에 조금 넣은 다음에 데쳐 보세요. 시간을 좀 놓쳐도 염기성의 물에서는 엽록소의 마그네슘 이온이 빠져나오지 않아서 채소의 색이 그대로 유지됩니다.

베이 '킹' 소다. 정말 킹 맞죠?

아, 그리고 간을 맞추기 위해 소금을 더 첨가하는 것은 아무 문제가 없어요. 베이킹소다와 소금은 반응을 하지 않으니까요. 소금을 넣으면 채소가 숨이 더 빨리 죽습니다. 삼투압 효과 때문에 채소의 수분이 밖으로 빨리 빠져나오기 때문이지요. 지금까지 여러분께서 소금을 넣고 채소를 데쳤을 텐데 숨이 빨리 죽으니 데치는 시간을 줄여 주는 효과는 있었을 것입니다. 하지만 소금이 엽록소의 구조를 안정하게 만드는 것은 아니랍니다.

냉장고에 과일과 채소를 보관하는 스마트한 방법

에틸렌(ethylene, CH_2CH_2)이라는 기체는 식물의 호르몬과 같은 역할을 합니다. 과일과 채소들은 다른 과일과 채소와 에틸렌을 이용하여 서로 소통합니다. 그렇다면 에틸렌은 어디에 있을까요? 많이 숙성된 과일에 있지요. 다 익은 과일은 에틸렌 기체를 마구 뿜어내면서 덜 익은 과일더러 빨리 익으라고, 널 버리고 갈 수는 없다고 재촉합니다. 과일들 중에서도 토마토, 키위 같은 녀석들은 익었을 때 배출하는 에틸렌의 양이 어마어마하지요.

그런데 파릇파릇한 채소가 익는다는 것이 무슨 뜻인가요? 이파리가 누렇게 뜨고 변색이 되는 것이 바로 익는 것입니다. 특히 우리가 자주 먹는 배추, 상추, 브로콜리, 콜리플라워와 같은 채소는 에틸렌을 내뿜는 과일 옆에 두면 상태가 아주 빨리 나빠집니다.

그러면 살림고수들이 지켜야 할 수칙에 대해 이야기하겠습니다.

이러면 될까요? 안 될까요?

1. 냉장고에서 과일과 채소를 분리하여 보관합니다. 채소를 랩에 싸서 에틸렌 기체로부터 격리시키는 것은 꽤 좋은 생각입니다. 아이들을 키우면서 질 나쁜 친구들과 교류하지 않게 하기 위해 부모들이 얼마나 노심초사하나요? 마찬가지입니다. 채소들도 다른 채소나 과일의 꼬임에 넘어가지 않도록 만들면 됩니다. 배와 같이 오래 두고 요리에 쓰고 싶은 과일도 랩에 싸두면 좋겠지요?

2. 키위, 토마토는 다른 과일 옆에 두지 않습니다. 단 덜 익은 과일을 빨리 익히려면 다 익은 키위, 토마토를 옆에 두는 것도 좋겠지요? 일반적으로 열대 과일은 냉장고에 두지 않는 것이 좋습니다. 냉해를 입어 과일의 속살이 상하니까요. 바나나, 키위 이런 녀석들은 선선하게 보관하는 것은 괜찮으나 섭씨 0도 가까이에서 보관하면 물컹물컹해져 버립니다.

3. 숙성시킬 목적이 아니면 익은 과일과 덜 익은 과일을 분리하여 보관합니다. 담배를 피우는 좀 껄렁껄렁한 친구를 아이가 만나고 있다면 아이도 엄마 아빠 몰래 담배를 피우고 있을 확률이…? 같은 공간에 보관하더라도 같은 상자 안에는 두지 않고 베란다 같은 곳에서 환기를 잘 시켜 주면 됩니다.

요약하지요. 과일은 익은 녀석 안 익은 녀석 분리하고, 채소는 과일로부터 분리해 보관합니다. 이 원리를 역으로 이용하면 설익은 과일을 빨리 숙성시킬 수도 있습니다. 종이봉투나 비닐봉지에 덜 익은 바나나를 완전히 익은 토마토나 키위와 함께 넣어 두세요. 밤에 넣어 두면 다음 날 아침에 먹을 만한 상태로 변해 있을 것입니다.

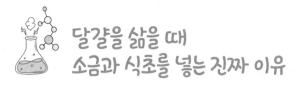

달걀을 삶을 때
소금과 식초를 넣는 진짜 이유

──────────── 이 질문은 단순해 보이지만 실은 심오한
화학이 숨어 있어요. 한번 배워 봅시다.

달걀의 구조

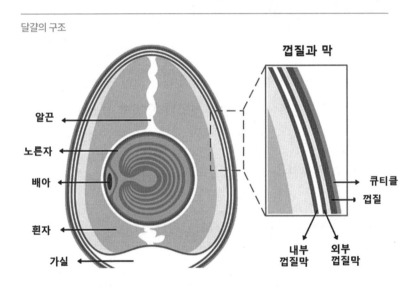

껍질과 막

알끈

노른자

배아

흰자

가실

큐티클

껍질

내부
껍질막

외부
껍질막

먼저 달걀의 구조를 봅시다. 달걀 껍질의 맨 바깥에는 큐티클 층
이 있고 달걀 껍질의 대부분은 조개껍질, 석회석의 성분이기도 한
$CaCO_3$입니다. 그 안으로 더 들어가면 막이 있어요. 달걀을 삶고 나
면 껍질이나 흰자 위에 붙어 있는 막이지요. 그 속으로 들어가면 흰
자가 있습니다.

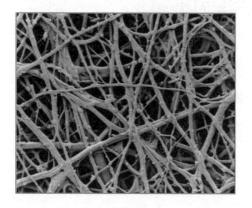

달걀 껍질에 붙어 있는 막을 현미경으로 본 모습

달걀의 껍질과 막에는 우리 눈에는 보이지는 않지만 작은 구멍들이 있어요. 이 구멍을 통해서 달걀 안에 산소가 공급될 수가 있어요. 산소가 있어야 알이 숨을 쉬고 나중에 병아리가 나올 수 있겠지요?

달걀을 삶고 나서 껍질을 잘 분리해 내는 것이 때로는 어려워요. 이것을 위해 소금과 식초를 넣는 것입니다. 먼저 식초는 아세트산(CH_3COOH)이 물에 녹아 있는 것입니다. 산은 $CaCO_3$ 성분과 반응해서 녹여 낼 수 있어요.

$$2CH_3COOH + CaCO_3 \rightarrow Ca(CO_2CH_3)_2 + H_2O + CO_2$$

이런 식으로 반응해서 달걀 껍질에 있는 $CaCO_3$ 성분을 조금 녹여 내어 달걀 껍질을 얇게 만들기도 하고, 눈에는 안 보이는 작은 구멍을 더 크게 뚫게 됩니다. 이제 식초의 아세트산과 소금이 물에 녹아 만들어지는 이온들이 달걀의 흰자에 도달할 수 있습니다. 식초에 있는 수소이온은 흰자에 있는 단백질의 수소결합을 흐트려 놓습니다. 그러면서 단백질들이 원래의 구조를 잃고 서로 엉기게 만듭니다.

소금은 흰자에 있는 물 성분을 빼앗아요. 그러면서 단백질들이 원래 가지고 있던 구조를 잃고 서로 엉기게 만들지요. 여기에 높은 온도 역시 단백질 안에 존재하는 수소결합을 끊어 내어 단백질들이 서로 엉기게 만듭니다. 원 투 쓰리 펀치네요.

요약하면 식초와 소금은 흰자를 더 빨리 굳게 만드는 것입니다. 이걸 사용하면 반숙을 만들 때 아주 유용하겠지요? 소금은 거기다 한 가지 일을 더 합니다. 다들 삼투압 아시지요? 소금물은 짜요. 계란 안의 물이 바깥으로 좀 빠져나오면서 소금물을 덜 짜게 만들려고 하지요. 그러면 달걀 안의 단백질이 차지하는 전체 부피가 조금은 줄어들겠지요? 즉 소금은 삼투압 현상을 통해 달걀 흰자의 크기를 조금은, 아주 조금은 더 작아지게 만듭니다.

마지막으로 달걀 껍질을 벗길 때 달걀을 찬물에 넣습니다. 껍질 부분은 부피 변화가 적지만 달걀의 흰자는 제법 많이 수축합니다. 1)소금에 의해 물을 뺏겨 조금 부피가 작아지고, 2)식초에 의해, 소금에 의해, 그리고 열에 의해 굳어진 흰자가 3) 찬물에 의해 더 수축이 되고, 4)식초 때문에 흐물흐물해진 껍질에 둘러싸여 있으니 좀 더 쉽게 껍질을 벗겨 낼 수 있겠지요?

엄청난 화학과 물리가 숨어 있네요. 그렇지요?

※ 팁! 갓 사 온 달걀 말고 냉장고에 비교적 오래 둔 달걀을 삶아 보세요. 껍질 떼어 내기가 훨씬 쉬워요.

과일 갈변을 막고 주스의 예쁜 색을 지키는 아주 간편한 방법

───────────── 잘라 놓으면 금방 갈변을 하는 과일들이 있습니다. 사과, 복숭아, 배 등이 바로 그것이지요. 이러한 과일들의 세포에는 페놀과 폴리페놀 산화효소가 있는데 세포가 산소에 노출되면 페놀이 산화되어 폴리페놀로 변하지요. 우리가 잘 알고 있는 탄닌도 폴리페놀의 일종입니다.

폴리페놀은 상처받은 부분을 자외선으로부터 보호할 수도 있고, 세균 침입을 막는 코팅이 되기도 하고, 초식 곤충의 소화효소를 망가뜨리는 독이 되기도 합니다. 동물들이 과일을 먹는 것을 방해하여 씨앗이 싹틀 때까지 보호하는 것이지요. 어떤 과일은 덜 익었을 때는 떫은맛이 나는 탄닌이 많다가 다 익으면 탄닌이 사라지게 해서 동물이 먹도록 유도하여 씨앗이 동물의 변을 비료 삼아 잘 자라게도 하지요. 덜 익은 감이 얼마나 떫은지는 다들 잘 아시지요.

하지만 폴리페놀 때문에 썰어 놓은 과일이나 주스가 보기 싫게 된다든지 떫은맛이 나면 짜증이 나는 것은 사실이니 이 폴리페놀이 안 생기게 하는 방법을 알려 드립니다. 가장 직관적인 방법은 산소와의 접촉을 막는 것이지만 그게 쉽나요? 두 번째 방법은 산화 반응을 방해하는 것입니다.

산화의 반대 반응이 무엇인가요? 그렇지요. 환원 반응입니다. '항산화제'를 들어 보셨을 것입니다. 항산화제가 바로 환원제이고 산화 반응을 막습니다. 비타민 C가 그 대표적인 예입니다. 구연산도 항산화제지요. 레몬에 많이 들어 있습니다.

그러면 답은? 과일을 잘라서 소풍을 가고 싶다면 과일을 담은 지퍼백에 레몬즙을 짜서 넣으세요. 레몬즙이 과일 조각을 코팅하여 과일이 갈변되는 현상을 막아 줍니다. 사과나 배 주스를 만들고 싶으시다고요? 마찬가지로 레몬즙을 조금 짜 넣거나 그냥 고용량 비타민 C 한 알을 같이 넣고 믹서기로 갈아 버리세요. 아주 예쁜 색을 띠는, 그리고 그 색이 변하지 않는 주스가 만들어질 테니까요.

비타민 C의 구조

구연산의 구조

정수기 필터의 활성탄과
이온 교환 수지 성분이 하는 일

───────── 우리가 먹는 수돗물은 정수장을 떠날 당시는 상당히 품질이 우수합니다(깨끗하다는 뜻입니다). 그러나 집으로 오는 길에 파이프나 정수조에 있는 녹이나 다른 오염 물질이 유입될 수 있어 많은 분들이 집에서 정수기 필터를 사용하여 수돗물을 걸러 먹거나 생수를 사서 드시지요. 혹여 물속에 항생제 성분이 녹아 있다든지 중금속이 녹아 있을지 모르니 필터로 걸러서 먹는 것이 정신 건강에는 좋겠지요.

필터는 물에 녹지 않는 큰 건더기 외에도 물에 녹아 있는 유기물도 걸러내고 중금속 이온도 걸러낼 수 있습니다. 필터의 주성분은 활성탄과 이온 교환 수지인데 이들이 무슨 역할을 하는지 알아봅시다.

활성탄의 큰 구멍, 작은 구멍에 갇힌 유기 분자들

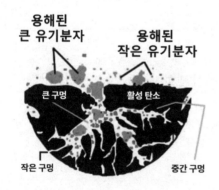

활성탄은 구멍이 숭숭 뚫린 구조를 가지고 있고 -OH, -COOH 와 같은 기능기도 가지고 있습니다. 물속에 녹아 있는 유기 분자들은 크기에 따라 큰 구멍, 작은 구멍에 갇힙니다. 유기물들과 활성탄 사이에는 pi-pi 결합이나 반데르발스 인력이 있을 수 있는 데(이것이 무엇인지 몰라도 아래 글을 읽는 데는 아무 문제 없으니, 이런 것이 있다는 정도만 알아 두시면 됩니다) 이들 작용에 의해 유기 분자들이 활성탄 표면에 상당히 강하게 들러붙게 됩니다.

또한 활성탄에 있는 -COOH 에 의해 구리와 같은 금속 이온도 잡힙니다. 탄소 분자의 -COO⁻가 리간드로 작용하여 금속 이온에 결합이 되는데 이런 방식으로 잡힌 금속 이온은 잘 떨어져 나오지 못하지요.

정수기 필터에는 주로 양이온 교환 수지를 사용합니다. 수지가 원래 가지고 있던 Na⁺이온 같은 것과 물에 녹아 있는 칼슘, 철, 구리, 그리고 다른 중금속의 양이온과 바꾸는 것입니다. 물속에 있던 양이온

물속에 있는 Ca 양이온을 이온 교환 수지가 체포하는 모습

을 이온 교환 수지가 꽉 붙들어 버리는 것입니다.

활성탄도 이온 교환 수지도 오염 물질로 가득 차게 되면 더 이상 물을 깨끗하게 거를 수 없어요. 일정 시간 사용하고 나서는 반드시 새것으로 바꾸어 사용해야 합니다. 물맛 좋은 하루 되세요.

실리콘 코팅된 종이호일,
몇 도까지 써도 안전할까?

먼저 종이호일에 코팅된 실리콘의 영어 단어는 'silicone'으로, 반도체 소자를 만드는 실리콘 'silicon'과는 다른 물질입니다. 'silicone'은 실리콘 원자와 산소 원자가 번갈아 연결된 고분자인데 Si 원자에 CH_3 즉 메틸기가 두 개 매달려 있어요. 내열성이 좋고 환경호르몬도 안 나오고 생체에 삽입 시에도 부작용이 적어서 젖병 꼭지로도 쓰이고, 가슴 성형수술을 할 때 보형물로도 쓰이고, 열에 강해서 장갑이나 오븐용 베이킹 용기로도 쓰이고 뒤집개에도 쓰입니다. 용도가 참 다양하지요?

실리콘의 구조

요즘 이 실리콘이 코팅된 종이호일을 온갖 요리를 하는 데 다 쓰고 있더군요. 그러나 사용하는 적정 온도가 정해져 있으니 알고 사용하면 좋겠습니다.

이 물질은 산소 존재하에서 섭씨 200도 정도가 되면 분해되기 시작하여 적은 양의 포름알데하이드(HCHO)를 만듭니다. 이때 생성되는 포름알데하이드의 양은 미미하여 건강에 큰 문제를 일으키지는 않을 것 같습니다만 포름알데하이드가 나온다는 것은 알고 계시기 바랍니다. 새집 증후군을 일으키는 포름알데하이드 말입니다.

대류현상을 이용하는 오븐의 경우 보통 180도 정도까지만 올라가니까, 실리콘으로 만든 용기 안에서 또는 실리콘 코팅된 종이호일 위에서 빵이나 생선을 굽는 것은 문제가 없을 것입니다.

섭씨 250도에 이르면 분해가 많이 일어납니다. 당연히 포름알데하이드도 많이 생깁니다. 만약 종이호일에 불을 직접 접촉하게 된다면 포름알데하이드가 꽤 많이 생길 것입니다. 프라이팬에 기름을 두르지 않고 바로 실리콘 코팅된 종이호일을 올리고 무엇을 굽는다든지 하면 포름알데하이드는 확실히 생길 것입니다. 튀지 않아서 좋다고 많이들 사용하는데 저는 그렇게 안 쓰겠습니다. 섭씨 200도가 넘어가는 어떤 표면에도 실리콘 제품을 닿게 하지 않을 것입니다(비접촉 온도계로 물체의 온도를 확인해 보세요. 달구어진 프라이팬의 온도가 얼마인지 꼭 확인해 보시기 바랍니다). 또한 코팅지 아래에 불을 직접 가져다 대는 행위는 절대로 하지 않을 것입니다. '나는 죽어도 써야겠다'라고 생각하신다면 반드시 환기를 잘 하시기 바랍니다. 가족의 건강을 위해 하는 모든 노력이 헛수고가 될 수도 있으니까요.

그리고 종이라서 친환경이라고 하는데 친환경 아닙니다. 실리콘을 만드는 과정이 친환경적이지는 않거든요. 그리고 이 물질을 땅에 묻으면 몇 백 년이 지나도 분해되지 않습니다. 종이호일의 진실, 잘 알고 사용하시기 바랍니다.

안전하다는 테플론 코팅 프라이팬, 얼마만큼 안전할까?

──────────── 테플론은 기름도 물도 싫어하는 고분자입니다. 핸드폰 필름, 프라이팬 논스틱 코팅, 등산복 등 쓰임새가 정말 많습니다. 테플론은 열에 꽤 안정한 편입니다. 350도 미만의 온도에서는 분해를 하지 않습니다.

테플론의 구조

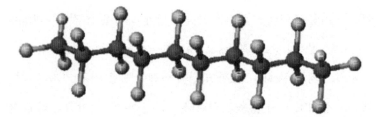

Teflon, $-(CF_2CF_2)-$

PFAS 물질 중 하나

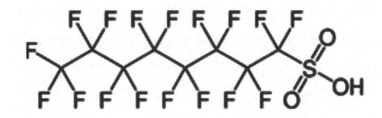

그런데 요즘 '테플론이 정말 안전한가?'라는 질문이 자꾸 나오고 있어요.

예전에 만들어진 테플론 코팅 제품들은 테플론 이외에도 PFAS(polyfluoroalkyl substances)라고 통칭되는 물질들이 포함되어 있었습니다. 왼쪽 그림은 PFAS 물질의 한 예인데, PFAS는 수천 가지가 넘게 존재합니다.

문제는 PFAS들은 생명체가 전혀 분해하지 못한다는 것입니다. 영원히 분해되지 않는 화합물이라고 해서 'forever chemical' 즉 영원한 화합물이라고 부릅니다. 지금 강, 바다, 땅, 그리고 수많은 생물들의 체내에 점차 축적되고 있는 중입니다. 그 와중에 우리 몸에 들어오게 되면 저체중 출산, 성조숙증, 뼈의 기형, 전립선암·신장암·고환암 발병률 증가, 고콜레스테롤증·비만 등의 다양한 문제를 일으킬 수 있습니다.

현재 출시되는 테플론 제품들에는(반드시 잘 알려진 회사 물건을 사야 합니다) 이러한 PFAS 물질이 남으면 안 된다고 FDA에서 규정하고 있습니다. 만약 테플론 코팅이 물리적 마모로 인하여 벗겨져서 떨어져 나오면 우리 입으로 들어갈 텐데 우리 몸은 그것을 소화하지는 못하고 대변으로 배출할 것입니다.

지금 사용하고 있는 테플론 코팅 프라이팬을 당장 버릴 필요는 없을 것입니다. 다른 제품에 비해 테플론 코팅 제품만의 장점도 있으니까요. 다만 다음은 꼭 지켜서 사용하시면 좋을 것 같습니다.

1. 350도가 넘어가는 고온에서는 테플론 코팅이 분해하여 PFAS 물질로 변합니다. 이것이 우리 몸에 들어가면 절대 안 되겠지요? 따라서 프라이팬을 아주 높은 온도로 달구어서 사용하는 것을 절대 금해야겠습니다.

2. 테플론은 고분자입니다. 연약합니다. 따라서 세척할 때 세제와 부드러운 스펀지로 닦아야 합니다. 바닥을 주걱으로 박박 긁어 대면 테플론 고분자는 대변을 통해 환경으로 가서 결국 PFAS 물질이 되어 버릴 것입니다.

현재 다양한 단체들이 꼭 필요한 경우가 아니면 테플론을 상업적으로 사용하지 못하게 하자는 운동을 벌이는 중입니다. 테플론 자체는 안전하다고 하나 테플론은 PFAS를 사용하여 만들어야 하고 테플론이 환경에서 PFAS로 변할 수 있다는 우려가 있거든요. 과연 이 운동이 어떻게 결말이 날까 궁금합니다.

알루미늄 캔은 정말
건강에 문제가 없을까?

───────── 신장 기능에 문제가 있는 사람은 몸에 알루미늄 성분이 축적되기가 쉽다고 합니다. 또한 알루미늄은 뼈의 건강 등에 악영항을 끼칠 수도 있습니다. 체내에 알루미늄이 들어와서 신경계에 문제를 일으켜 알츠하이머를 유발할 수 있다는 의혹도 받고

알루미늄 캔, 괜찮을까?

있지요. 따라서 60kg의 성인의 경우 1mg/kg 즉, 1일에 60mg 이상을 섭취하지 않도록 권고되고 있습니다. 미국인의 경우 하루에 10mg 정도의 알루미늄을 다양한 경로를 통해 섭취하게 된다고 하는군요.

한 연구에 따르면 탄산음료를 담은 알루미늄 캔 하나에서 녹아 나오는 알루미늄의 양이 0.8mg이라고 합니다. 그러므로 하루에 수십 캔을 마시지 않는 이상 알루미늄 캔으로부터 녹아 나오는 알루미늄의 양은 크게 걱정하지 않아도 될 것 같습니다. 단 콜라, 사이다 같은

탄산음료를 많이 드시면 몸에 좋을 일이 없으니 가끔씩만 드세요.

그러나 알루미늄은 고온 및 산성 조건에서 산화가 되어 가루가 되거나 녹아 나올 수 있습니다. 베이킹소다와 같은 염기성 물질 또한 알루미늄 표면의 산화막을 녹여 낼 수 있답니다.

아주 신 음식, 예를 들어 레몬즙을 알루미늄 컵에 담아 둔다든지 하는 행동은 바람직하지 않습니다. 알루미늄 호일로 감자나 고구마를 구운 다음에 그 알루미늄 호일을 드시진 않지요?

겨드랑이에서 땀이 심한 경우 바르는 데오드란트 제품의 경우 의외로 알루미늄이 많이 들어 있을 수 있답니다. 신장에 문제가 있는 분들은 데오드란트 사용 시 의사와 꼭 상의해 보세요.

그럼 알루미늄을 가장 많이 섭취하게 되는 경로는 무엇일까요? 바로 속 쓰릴 때 먹는 제산제를 통해서랍니다. 속이 쓰려서 먹는 제산제들이 알루미늄 성분을 많이 가지고 있지는 않은지 꼭 확인해 보세요. 특히 신장이 안 좋은 분은 반드시 확인하셔야 하고 의사 선생

제산제를 복용하다가 알루미늄도 함께 섭취할 수 있다.

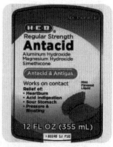

Drugmaker's Laboratori...
ANTACID | Drugmaker's La...

Drugs.com
Equate antacid maxim...

FDA.report
ANTACID- aluminum hy...

님과 상의 후에 드실지 말지를 결정하세요.

알루미늄 호일이나 냄비로 조리를 하는 것은 안전할까요?

우리가 일상적으로 알루미늄을 섭취하는 양은 건강에 해가 될 정도는 아니라고 말씀드렸지요? 그러나 우리가 무심코 하는 행동 때문에 아주 많은 양의 알루미늄을 섭취할 수도 있답니다.

알루미늄은 공기와 맞닿으면 금방 Al_2O_3 산화물 피막이 생깁니다. 이 피막 때문에 알루미늄이 녹이 슬지 않는 것입니다. 이걸 거꾸로 이야기하면 '피막을 벗겨 내면 녹이 슨다'겠지요? 알루미늄의 막은 산, 염기에 약합니다. 또한 알루미늄이라는 금속 자체가 반응성이 아주 높습니다. 일단 피막이 벗겨진 알루미늄은 산화 반응을 할 준비가 되어 있습니다. 즉 녹이 슬 조건이 충족되는 것입니다. 그러니 산성이 강한 음식이나 염기성이 강한 음식을 호일이나 냄비에 넣고 조리하면 당연히 알루미늄 피막이 녹아 나오고 알루미늄을 더 많이 녹여 낼 수 있는 상황을 만들겠지요? 피막이 녹고 노출된 알루미늄이 산화되고 또 녹고…. 이 과정의 무한반복입니다.

생선이나 스테이크를 알루미늄 호일에 올리고 오븐에서 굽는 경우가 있죠? 고온에서 달구어진 알루미늄 호일 위에 있는 요리에 레몬즙과 같은 산성 물질을 뿌려서 식탁에 내기도 합니다. 다음 실험 결과를 보시면 그 생각이 완전히 바뀌실 것 같군요.

먼저 알루미늄 호일을 작게 잘랐습니다. 여기에 물을 넣고 소금한 숟가락에 구연산을 서너 숟가락 넣었습니다. 구연산은 레몬에 들어 있지요? 극적인 시연을 위해서 구연산을 많이 넣었습니다. 그리

고 전자레인지에서 8분 동안 돌렸습니다. 그 결과를 보시지요.

알루미늄 호일이 다 녹아 버렸네요. 꽤 충격적인 결과지요? 물론 레몬과 같은 산성 식품에 엄청난 양의 산성 물질이 들어있지는 않습니다. 하지만 상황에 따라서 꽤 많은 양의 알루미늄이 녹아 나올 수 있다는 것! 그것만 기억하면 되겠습니다.

한강에 운동하러 나가 보면 편의점 앞에 라면을 끓여 먹을 수 있는 일회용 알루미늄 용기를 들고 줄을 서 있는 사람들을 봅니다. 간혹 가다 이러한 알루미늄 용기로 음식을 해 먹는 것은 큰 문제가 없을 것이지만 매일 집에서 알루미늄 냄비로 밥도 해 먹고 찌개도 해 먹고 그러는 것은 피하는 것이 좋겠습니다. 웬만하면 알루미늄 냄비를 안 쓰는 것이 더 좋겠지요? 또한 오래된 전기밥솥을 보면 알루미늄으로 만든 내솥이 들어 있어요. 그런 것도 이제 버리는 것이 좋겠습니다. 우리 몸에 필요 없는 알루미늄을 섭취할 경로를 추가로 만들 필요는 없어요.

요약해 드립니다. 알루미늄 호일이나 냄비에 강한 산, 염기 식품이나 물질을 넣고 가열하면 절대 안 됩니다!

스테인리스 제품 표면의 연마제를 어떻게 제거해야 할까?

──────────── 탄화규소(SiC) 가루는 아주 단단하여 금속 제품 표면을 연마하여 반짝거리게 만들 수 있습니다. 문제는 이런 탄화규소 가루가 제품에 묻어 있는 채로 출시된다는 것입니다.

탄화규소는 물에도 기름에도 녹지 않습니다. 또한 산성 용액에도 염기성 용액에도 녹지 않습니다. 그러니 인터넷에 떠도는 '식초를 이용하라, 베이킹소다를 이용하라' 하는 정보는 잘못된 것입니다.

탄화규소 가루의 현미경 이미지

이 탄화규소를 떼어 내는 방법은 오로지 물리적인 방법을 이용하는 것밖에 없습니다. 몇 가지를 생각해 볼 수 있겠네요.

1. 식용유를 스테인리스 표면에 바르고 페이퍼타올로 닦아 냅니다. 이후 세제를 이용하여 식용유를 제거합니다. 식용유를 바르는 이유는 탄화규소 가루가 식용유와 혼합물이 되라고 바르는 것입니다. 흙먼지와 기름을 섞을 수 있죠? 마찬가지로 탄화규소 가루를 기름과 섞어 혼합물이 되게 하고 그 기름 혼합물을 닦아 내면 대부분의 탄화규소가 닦

여져 나올 것입니다. 물에 푼 세제는 기름때를 만나면 마이셀을 만들어서 기름때를 가둘 수 있지요? 탄화규소 가루가 기름 덩어리 안에 갇히고 그 기름 덩어리가 다시 마이셀에 갇히고 이 마이셀이 물에 분산되어 씻겨 나오게 하면 됩니다.

2. 이산화탄소의 힘을 빌려 봅시다. 텀블러나 냄비에 물과 베이킹소다를 넣고 이후에 식초를 부어서 거품이 격렬하게 생기도록 해 보세요. 거품이 나면서 탄화규소 가루를 스테인리스 제품의 표면에서 떨어져 나오도록 할 것입니다.

3. 또 다른 방법으로는 a)베이킹소다와 소량의 물을 섞어 만든 반죽, b)밀가루, c)치약 등을 이용하여 수세미, 페이퍼타올, 칫솔 등으로 표면을 닦아 내면 탄화규소 가루를 물리적으로 떼어 낼 수 있을 것입니다. 언급한 물질들의 연마력을 이용하여 스테인리스 표면의 다른 물질을 긁어 내는 것이지요.

4. 매직 블록을 이용하여 표면을 닦아 낼 수도 있을 것입니다.

2, 3, 4의 경우로 처리한 이후에도 세제를 이용하여 닦아 내면 더 좋겠네요.

다시 정리해 드립니다. 스테인리스 제품 표면의 탄화규소 가루는 오로지 물리적 방법으로만 제거할 수 있습니다. 탄화규소는 산이나 염기에 그리고 기름과 물에 안 녹기 때문입니다.

반짝반짝 은의 광택을
사수하는 방법

─────────── 은의 변색은 음식이나 공기 중에 있는 분자들에 들어 있는 황 성분이 은과 반응하여 Ag_2S, 즉 황화은이 만들어져서 생기는 것입니다. 황화은은 물에도 심지어 산에도 잘 녹지 않기 때문에 이걸 녹이려면 노력을 많이 해야 합니다.

은은 황을 좋아합니다. 그러면 이미 붙어 있는 황 성분 대신에 황 원자가 붙어 있는 다른 물질을 사용하여 치환을 시켜 볼까요? 사랑은 다른 사랑으로 잊혀지듯이. 이런 물질(thiourea라고 부릅니다)을 사용해 보면 어떨까요? S가 황입니다.

황 원자가 붙어 있는 물질

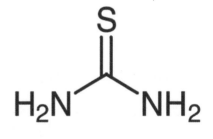

또한 황화은은 산에도 잘 녹지는 않지만 이런 물질이 황화은 표면에 붙어서 은을 잡아 뜯어내는 상황을 만들고, 산성 용액을 사용해 봅시다. 이젠 황화은 성분이 좀 녹아 나올 수 있겠지요? 실제로 이 물질이 들어 있는 황산을 이용해서 은의 검은 녹을 녹여 낼 수 있습니다.

시판되는 제품의 성분 또한 황화은에서 은의 양이온과 결합을 잘

하는 리간드가 있을 것이고 강한 산 또한 존재할 것입니다. 리간드와 산을 특정할 수는 없지만 손에 접촉되면 안 될 정도로 부식성이 강할 것입니다. 이런 제품을 사용하면 은 제품의 표면에서 녹이 제거될 텐데 이 녹은 은 양이온을 포함하기 때문에, 녹이 슨 은 제품을 처리하여 광택을 낼 때마다 은의 양이 조금씩 줄어들게 됩니다. 그렇다면 은의 광택은 살리지만 은은 손실없이 그대로 보존되는 방법은 없을까요?

알루미늄은 아주 쉽게 산화되는 성질을 가지고 있습니다. 만약 황화은과 알루미늄 금속을 직접 접촉시키면 다음의 반응이 일어나게 되고 은의 광택이 복원됩니다.

$$2Al + 3Ag_2S \rightleftharpoons 6Ag + Al_2S_3$$

문제는 이 반응이 일어나려면 두 가지 조건이 충족되어야 한다는 것입니다. 조건과 그 조건을 충족하는 방법에 대해 알아봅시다.

1. 알루미늄 금속이 황화은에 접촉이 되어야 합니다. 그런데 우리가 사용하는 알루미늄 호일은 실제는 산화알루미늄(Al_2O_3)의 피막으로 덮여 있습니다. 그러므로 이 피막을 벗겨 주어야 알루미늄 금속이 노출될 수 있습니다. 산화알루미늄 막의 제거는 베이킹소다로 할 수 있습니다. 베이킹소다는 물에 녹으면 OH^-를 내어 놓는 염기인데 OH^- 성분이 산화알루미늄을 녹입니다.

2. 이제 노출된 알루미늄은 황화은과 직접 접촉이 되어야 합니다. 그런데 여러분이 어떤 방식을 쓰더라도 알루미늄 호일의 표면이 황화은 표면의 원자를 빠짐없이 덮을 수는 없습니다. 이때 물리적으로 어느 정도 떨어져 있는 두 표면 사이에서 전자를 이동시켜 주는 통로가 필요한데 그 일을 소금 용액과 같은 전해질이 해 줄 수 있습니다.

그러면 이제 구체적인 방법을 알려드리겠습니다.

은 광택 복원 방법 1

1. 물에 소금과 베이킹소다를 충분히 넣고 저어서 녹입니다. 소금과 베이킹소다가 녹지 않고 남아 있을 정도로 많이 녹일수록 은에서 녹이 제거되는 반응이 빠릅니다.
2. 은 제품을 알루미늄 호일로 잘 감싸고 그 호일에 바늘로 구멍을 많이 냅니다. 인내심이 있다면 작은 구멍을 수백 개 뚫어도 좋습니다.
3. 알루미늄 호일로 감싼 은 제품을 소금과 베이킹소다가 녹은 물에 담급니다. 용액이 잘 스며들 수 있도록 물속에서 호일을 벗겼다가 다시 싸 주면 더욱 좋습니다.
4. 은 제품을 용액 속에 담근 상태로 6시간 이상 둡니다.

그런데 너무 오래 걸리죠? 이제 인터넷에서 찾아볼 수 없는 새로운 손쉬운 방법을 하나 알려 드리지요. 여기까지 참을성 있게 읽은 독자들만을 위한 비밀의 레시피입니다.

은 광택 복원 방법 2: 비밀의 레시피

1. 알루미늄 호일로 녹이 슨 은 제품을 쌉니다. 물이 스며들 구멍은 남겨 두세요.
2. 유리 그릇에 은 제품이 들어 있는 알루미늄 호일을 넣고, 구연산과 소금을 붓고(한두 숟가락씩 적당히 넣어 보세요), 물을 부어서 호일이 물에 완전히 잠기도록 합니다(주의! 알루미늄 호일은 반드시 물 속에 완전히 잠겨야 합니다. 그러지 않으면 다음 단계에서 폭발이 일어날 수도 있습니다).
3. 전자레인지에 2번의 그릇을 넣고 2분 정도 돌립니다. 물이 끓을 정도까지 돌리면 됩니다. 꺼내서 1~2분 후에 나무젓가락으로 알루미늄 호일을 벗기고 은 제품의 상태를 보세요. 광택이 완전히 살아났으면 그냥 빼내면 되고 은의 녹이 아직 남았으면 전자레인지에 넣고 다시 돌리고 식히는 과정을 반복합니다. 녹이 아주 심한 경우가 아니면 두어 번만 하면 충분할 것입니다.

원하는 결과가 안 나왔을 때 또는 전자레인지 안에서 호일을 넣고 돌리는 것이 너무 무서운 경우

※ 위의 순서를 좀 바꾸어도 됩니다. 전자레인지 사용 가능한 바닥이 평평한 그릇에 구연산, 소금, 물을 넣고 전자레인지로 끓을 때까지 가열합니다. 여기에 알루미늄으로 싼 은 제품을 담그고 5~10분 내버려 둡니다. 은의 녹이 다 없어지지 않은 경우 제품을 꺼내고 용액을 다시 가열하고 은 제품 넣고 내버려 두면 되겠지요?

※ 은의 녹이 없어진 곳도 있고 아닌 곳도 있을 수 있습니다. 없어지지 않은 부분은 알루미늄 호일이 제대로 감싸지지 않아서 그런 것입니다. 알루미늄 호일의 위치를 조금 조정하여 더러운 부분에 잘 맞댈 수 있도록 하여 위의 실험을 진행합니다.

※ 은의 녹이 아주 심한 경우는 중간에 한 번 아주 부드러운 수세미로 제품 표면을 닦으세요. 그리고 다시 위의 과정을 반복하면 됩니다.

※ 아주 중요한 사항이 하나 빠졌네요. 은과 다른 금속이 섞인 합금과 같이, 순수한 은인 줄 알았는데 아닌 경우는 도와드릴 방법이 없습니다. 은이 아닌 제품을 판 사기꾼을 응징하세요.

구연산이 은의 녹을 제거하는 원리

어떤 원리로 이렇게 되는지 알려 드릴게요. 먼저 구연산은 알루미늄 산화물 막을 녹여 낼 수 있습니다. 베이킹소다가 했던 일을 할 수 있지요. 소금이 하는 일은 앞에서 이야기하였듯이 전하의 이동을 돕습니다. 그런데 구연산이 하는 일이 하나 더 있답니다. 구연산은 아주 좋은 환원제예요. 은의 양이온을 구연산이 환원을 시켜 은을 원자 상태로 돌아가게 합니다. 질산은과 구연산을 이용하여 처리하면 은 나노입자도 만들 수 있답니다.

그러므로 구연산, 소금 용액 속에 알루미늄 호일로 은 제품을 싸고 물속에서 가열을 하면,

$$+\ 2Ag^+ \longrightarrow$$

$$+\ 2Ag^0 + CO_2 + 2H^+$$

1) 황화은의 황 성분이 알루미늄 쪽으로 이동

2) 은 양이온이 은 원자로 환원

  이 두 가지 과정의 시너지 덕분에 훨씬 빨리 은의 광택이 복원되는 것입니다. 이 방법의 장점은 명확합니다. 쉽게 구할 수 있는 재료들, 위험하지 않은 간단한 실험 방법, 그리고 은의 손실이 없다는 것이지요.

자외선 칫솔 살균기는 정말 살균 효과가 있을까?

──────────── 자외선 칫솔 살균기는 정말 살균 효과가 있을까요? 자외선(UV) 살균기에서 어떤 UV 파장이 나오느냐에 따라 답이 달라집니다. 빛은 파장이 짧아질수록 에너지가 커집니다. 가시광선보다는 UV가 더 짧은 파장을 가지니까 UV는 가시광선보다 에너지가 큰 것은 맞습니다. 그러나 모든 UV 파장대가 세균과 바이러스를 죽이는 것은 아닙니다. 아래 그림에서 UV-C라고 부르는, UV 중에서도 짧은 파장대의 UV만 세균과 바이러스에 대해 충분한 살균 효과가 있습니다. UV-C는 빛의 강력한 에너지를 이용하여 세포 안의 다양한 화합물의 화학 결합을 끊어 버릴 수도 있고 활성산소종의 농도를 급격히 높여서 세포를 죽일 수 있습니다. 그러니 장치가 UV-C를 방출할 때만 대답이 'yes'가 될 것입니다.

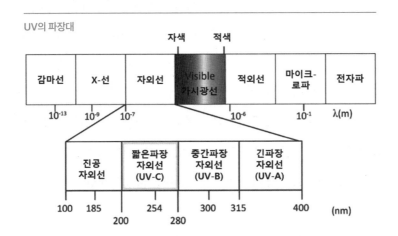

UV의 파장대

이러한 자외선 살균기 제품을 이용하여 칫솔이나 그릇, 마스크 등을 살균하고자 할 때 반드시 고려해야 하는 사항들이 있습니다.

1. UV 출력이 충분한가? 짧은 파장의 UV를 쓴다고 해도 빛의 세기가 약하면 살균 작용의 효과는 떨어집니다.

2. UV가 살균하고자 하는 모든 영역을 비추고 있는가? 빛이 물체에 가려져서 살균하고 싶은 영역을 비추지 못하면 아무 소용이 없습니다. 예를 들어 장치 내에 물컵이 있는데 물컵 옆에서 빛이 비춰지고 있다면 물컵 안에서는 살균 작용이 전혀 일어나지 않습니다. 그러니 UV 살균 장치 내의 물건이 UV에 지속적으로 노출되도록 설계되었는지를 반드시 따져 보시기 바랍니다.

3. UV는 눈에 보이지 않습니다. 장치에 따라 제품의 문을 열어도 UV가 계속 방출될 수 있는데, 이런 경우 UV가 나오는 지점을 쳐다본다면 눈에 심각한 문제가 생길 수 있습니다.

식초는 살균 작용을 하므로, 식초에 칫솔을 담가 헹구어 내는 것만으로도 충분히 살균 및 세균 증식 억제를 할 수 있습니다. 구연산 용액이나 가루를 식초 대신 써도 되겠지요? 빛의 직진성과 투과도에서 오는 제약(단점), 그리고 화학 용액 내의 전방위적 물질 이동(장점)을 생각하여 보면 어떠한 방식이 더 효과가 좋은지는 자명할 것입니다. 자외선 살균기의 사양을 정확히 알고 적절한 용도로 쓰면 분명히 쓸모는 있을 것입니다. 그러나 그 성능에 대하여 맹신하지는 않았으면 합니다.

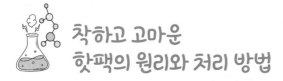

착하고 고마운
핫팩의 원리와 처리 방법

—————————— 핫팩은 추운 날 야외 활동을 할 때 꼭 챙겨야 하는 물건입니다. 겉 포장지를 떼고 세게 흔들어 주면 조금 후에는 후끈후끈 열이 납니다. 대체 뭐가 들었는지, 원리는 무엇인지 알아볼까요?

핫팩에는 철 가루, 소금, 활성탄, 질석, 톱밥이 들어 있습니다. 이 중 하나도 버릴 것이 없어요. 그 역할에 대해 알아봅시다.

1. 철가루: 철은 공기 중의 산소를 만나면 안정한 산화철이 되면서 열을 내어놓습니다. 일반적으로 이 철의 산화 과정은 느려서 철이 녹슬면서 열이 많이 발생하지 않아요. 그런데 핫팩 안에서는 열이 많이 나지요? 철 가루의 산화가 아주 빨리 일어나서 그런 것입니다. 그러면 산화가 빨리 일어나도록 해 주는 무엇인가가 있겠지요?

2. 질석(vermiculite): 다음 페이지의 그림은 질석의 구조를 옆에서 본 것입니다. 이 광물은 물을 많이 함유할 수 있습니다. 질석은 물을 전달해 줄 뿐만 아니라, 뒤에서 이야기하겠지만 단열재의 역할도 합니다. 질석은 건조한 토양에 물을 공급해 줄 수 있는 아주 훌륭한 광물이라서 농업에 많이 사용되고 있습니다.

질석의 구조를 옆에서 본 모습

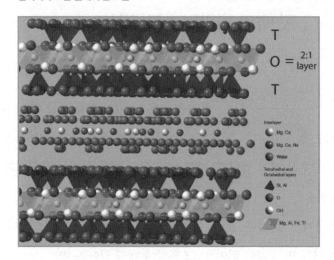

3. 소금: 질석에 있는 물과 힘을 합하여 철을 빠르게 부식시킵니다. 철의
부식은 철의 산화와 같은 말입니다. 겨울날 염화칼슘을 뿌린 길을 많
이 다닌 차는 하부가 부식되기 쉽습니다. 또한 바닷가의 차체가 부식

물속에서의 철의 부식. 전해질이 녹아 있으면 이 과정이 촉진됨. 즉 소금이 있으면 더 빨리 부식됨

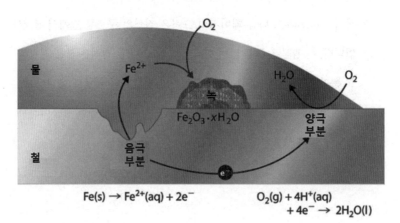

이 잘 되지요. 같은 원리입니다. 철은 소금기가 있는 물에서 산소를 만나면 아주 빨리 부식됩니다. 나트륨 이온과 염소 이온이 전해질로 작용하여 부식 작용을 촉진시킵니다.

4. 활성탄: 철이 산소를 잘 만나야 산화가 잘 되겠지요? 활성탄은 부피가 아주 큰 탄소 물질이라서 산소를 많이 흡착(붙는다는 뜻)할 수 있어요. 산소를 철 가루에 원활하게 공급하는 역할을 합니다.

5. 톱밥: 톱밥은 단열재로 쓰입니다. 철 가루가 빨리만 산화되면 너무 뜨거워서 화상을 입겠지요? 우리 몸이 견딜 수 있을 만큼만 열을 전달해 주는 중요한 역할을 합니다. 질석 또한 단열재입니다. 톱밥과 질석이라는 단열재들이 힘을 합하여 적당한 온도를 만들어 주는 것이지요.

핫팩에 쓰이는 어떤 물질도 환경에 악영향을 주는 것은 없습니다. 그러나 재활용될 수 있는 물질도 아무것도 없어서 쓰레기봉투에 담아 버리면 소각장에서 소각하여 처리하는 것이지요.

핫팩은 포장지를 뜯는 순간부터 산소가 투입되어 반응이 시작됩니다. 만약 핫팩을 오전에 쓰다가 오후 늦게 다시 쓰고 싶으면 지퍼백에 넣고 공기를 빼고 밀봉하여 두면 됩니다. 열이 나는 과정에는 산소가 반드시 필요하니까 산소의 공급을 막아서 재사용 시점을 늦출 수 있는 것이지요. 그러나 지퍼백의 밀봉 효과를 너무 믿지는 마세요.

다들 마음 편하게 핫팩을 사용하시기 바랍니다.

비누와 액체 핸드워시의
차이는 무엇일까?

먼저 고체 비누나 액체 핸드워시나 계면 활성제가 주성분이라는 점은 동일합니다. 고체 비누의 제법은 식물성이든 동물성이든 기름과 수산화나트륨(NaOH)을 반응시키는 것입니다. 비누는 RCOONa 의 구조를 가지지요? 이 구조는 지방산 RCOOH와 NaOH를 반응시켜도 만들어지는데 RCOOH는 약한 산이고 NaOH는 강한 염기입니다. 약한 산과 강한 염기가 만나서 염을 만들면, 얻어지는 염은 자연스럽게 약한 염기성을 띠게 됩니다. 즉 비누는 약한 염기성을 가집니다.

비누화 반응

$$CH_2 — OOC — R$$

$$CH_2 — OOC — R \quad + \quad NaOH \quad \longrightarrow \quad R — COONa \quad + \quad CH_2 — OH$$

$$CH_2 — OOC — R \qquad\qquad\qquad\qquad R — COONa \qquad\qquad CH_2 — OH$$

| 지방 | 염기 | 비누 | 글리세롤 |
| Triglyceride | Sodiumhydroxide | Soap | Glycerol |

핸드워시에는 고체 비누보다는 탄소 사슬의 길이가 좀 더 짧은 RCOONa 성분이 녹아 있고, 라우릴 베타인(Lauryl Betaine, 저는 로릴 베타인으로 읽습니다만^^)과 같은 성분도 녹아 있습니다. 아래 구조를 보면 -도 있고 +도 있습니다. 이런 구조는 정전기가 생기지 않도록 막아 줍니다. 우리의 피부는 동물의 가죽과 마찬가지로 정전기가 잘 생길 수 있습니다. 그러므로 이런 성분을 이용하여 정전기 발생을 막아 주는 것입니다.

라우릴 베타인의 구조

비누나 핸드워시나 향기가 나는 물질도 들어 있고 보습 효과를 주는 물질도 첨가되어 있을 수 있습니다.

비누든 핸드워시든 손에 묻은 세균을 제거하고 손을 깨끗하게 만드는 데는 차이가 없을 것입니다. 다만 핸드워시는 '손의 피부 세정에 좀 더 적합하게 만들어졌다. 정전기 발생을 막는다' 정도로 말씀드릴 수 있겠네요.

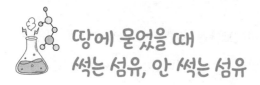

땅에 묻었을 때
썩는 섬유, 안 썩는 섬유

──────── 섬유가 썩을지 말지를 판단하는 간단한 기준은 자연에서 재료를 얻었는지 사람이 만들었는지를 따져 보는 것입니다. 자연에서 온 섬유는 미생물의 효소 작용이 가능하고 합성 섬유는 불가능합니다.

자연에서 온 섬유들

면, 린넨, 마와 같은 섬유들은 공통점이 있어요. 네, 맞아요. 셀룰로오스로 만들어졌지요. 셀룰로오스는 글루코오스(포도당)가 사슬 모양으로 연결되어 있는 고분자입니다.

울, 실크도 공통점이 있네요. 그렇죠. 단백질로 구성되어 있어요. 아미노산이 -NHCO- 결합을 가지면서 연결된 고분자가 바로 단백질입니다.

포도당이나 아미노산은 생명체가 살아가는 데 필요한 에너지원으로 쓰일 수도 있고 신체를 이루는 데도 사용될 수 있지요. 그러니 위에서 이야기한 섬유들을 땅에 묻으면 땅속에 사는 미생물들이 자기들 몸속에 있는 효소를 이용해서 '아유, 좋아라. 먹을 게 왔네' 그러면서 포도당 분자를 하나하나 뜯어내고 아미노산 분자를 하나하나 뜯어내면서 먹겠지요? 그게 바로 '썩는다', '분해된다'라고 이야기하는 과정입니다.

다른 측면에서 생각해 봅시다. 미생물은 언제 잘 자라나요? 고온다습하면 잘 자랍니다. 그러니 습기 차고, 환기도 잘 안 되고, 벽에 검은 곰팡이도 낀 그런 방에 옷을 두면 옷이 썩을 수 있겠지요? 옷을 잘 보관하려면 이런 점을 잘 고려하면 됩니다.

합성섬유들

자, 그러면 나일론을 한번 볼까요? 나일론도 -NHCO- 결합을 가지는 고분자입니다. 그러나 그 결합을 잘라 낸다고 해도 자연에 존재하는 아미노산이 만들어지지 않습니다. 미생물이 어찌어찌 이 결합을 잘랐다고 하더라도 잘라 내고 보니 먹을 수가 없는 것이라면 잘 자르지 않겠지요?

폴리에스터와 같은 고분자도 마찬가지입니다. 미생물이 먹을 수가 없으니 자르지를 않는 것입니다.

좀 더 진실에 가깝게 이

나일론 46

폴리에스터

야기한다면 '대부분의 생명체에는 이런 물질을 자를 수 있는 효소가 없다'입니다. '나일론 분해 효소, 폴리에스터 분해 효소가 없으니 이들 합성섬유를 자를 수가 없다' 이런 말입니다. 상황이 이렇다 보니 합성섬유는 땅에 묻으면 수십 년, 수백 년이 지나도 안 썩는 것입니다.

그러면 이런 생각을 가지시는 분도 있을 것입니다. '아, 왜 잘난 과학자들이 그런 효소를 만들면 될 것 아냐? 그런 것도 못하면서 잘난 척은. 아직 노벨상 하나 못 따오는 주제에….' 음. 그게 그렇게 쉬운 것이었으면 얼마나 좋을까요? 생명체들이 지구에 나타나서 35억 년 동안 갈고 닦아 만든 단백질 분해와 당 분해 효소 구조들인데 우리가 이제 조금 뭘 안다고 몇십 년 안에 그걸 할 수 있을까요?

DNA 구조를 알게 된 것도 100년이 채 안 되었습니다. 어린아이가 수십 년 무술을 갈고닦은 무도가와 싸움을 하면 그게 상대가 됩니까?

과학자들이 일반인들보다 자연 원리에 대해 조금 더 알 뿐이지 뭐 대단한 존재는 아닙니다. 너그러운 마음으로 과학자들의 미숙함을 이해해 주시기 바랍니다. 우리 독자분들은 실험실에 처박혀서 햇빛도 제대로 못 보고 뭘 좀 발견해 보겠다고 애쓰는 과학자들을 따뜻한 시선으로 바라봐 주시는 분들이라 굳게 믿습니다.

합성섬유 및 플라스틱을 분해하는 미생물을 찾는 노력

물론 아주 괴식을 하는 미생물도 있어요. 플라스틱을 분해하는 아주 특이한 녀석들도 있답니다. 이러한 미생물을 많이 배양하고 플라스틱을 잘 분해하도록 개량한다면 플라스틱을 땅에 묻어도 다 분해되어 자연에 해를 안 끼칠 텐데 말입니다. 과학자들은 이러한 플라스틱을 분해하는 특이한 미생물을 찾고 이들을 배양하고 개량하는 연구도 한답니다. 이런 기술이 상용화가 되기 전까지는 땅에 합성섬유나 플라스틱을 묻는 일은 되도록 하지 않아야겠습니다.

유리는 다
재활용할 수 있다?

———————— '유리면 다 재활용할 수 있는 것 아니야?'

그러면 참 좋겠지만 유리라고 다 재활용할 수 있는 것이 아니랍니다. 와인잔이나 양주잔으로 쓰이는 크리스털 글라스도 재활용할 수 없는 유리 중에 하나입니다.

두드렸을 때 '챙!'하고 아주 청아한 소리를 내는, 크리스털(crystal)이라고 부르는 글라스는 실은 '결정(crystal)'이 아닙니다. 다이아몬드, 루비, 사파이어 등과 같은 물질들은 원자들이 아주 일정한 배열을 가지고 있고 이를 '결정'이라고 불러요. 우리가 크리스털이

예쁜 크리스탈 잔, 그런데 버릴 땐?

라고 부르는 글라스는 이와 같은 결정 구조를 가지지 않고 일반적인 유리처럼 불규칙한 원자들의 배열을 가집니다. 일반적인 유리의 성분에 납, 바륨, 포타슘 등의 성분이 추가되어 있을 뿐이지요. 이런 불순물 때문에 재활용이 불가능한 것이고요.

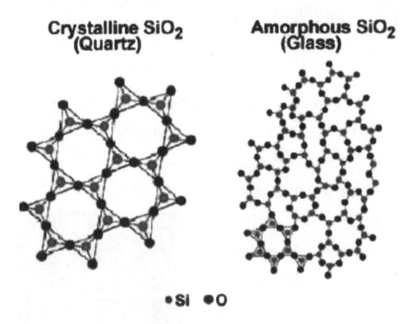

아, 그럼 대체 왜 크리스털 글라스라고 부르냐고요? 입으로 바람을 불어 넣어서 만드는 고급 수공예 유리 제품을 뜻하는 이탈리아어 'cristallo'에서 왔어요. 결정(crystal)도 아닌 주제에 이름을 'crystal'이라고 불러서 괜히 헷갈리게 만드네요.

우리는 분리수거장에 여러 가지 유리 제품들을 버리지만 그중 재활용이 되는 유리는 일부입니다. 크리스털 잔은 재활용의 측면에서 보면 '예쁜 쓰레기'일 뿐입니다.

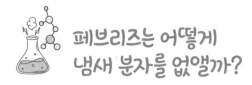

페브리즈는 어떻게 냄새 분자를 없앨까?

생선찌개 냄새, 고기구이 집에서 나는 냄새, 오래된 소파에서 나는 찌든 냄새, 자동차 카시트의 찌든 냄새…. 그것뿐인가요? 사람 몸에서 나는 냄새도 옷으로 옮겨 갑니다. 오랫동안 세탁하지 않은 옷에는 사람 몸에서 나는 악취도 같이 붙어 있습니다.

사람 몸에서 냄새가 나게 하는 분자들

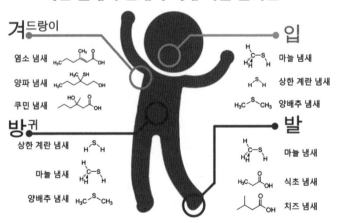

이런 냄새를 풍기는 옷을 입은 누군가가 엘리베이터에 타면 짜증이 마구 밀려옵니다. 하지만 고약한 냄새가 나는 옷이나 가구에 냄

새 제거 스프레이를 칙칙 뿌려 주고 좀 기다리면 기적과 같이 냄새가 사라지지요. 대체 어떤 원리로 냄새가 없어질까요?

냄새의 근원을 그대로 두고 향수만 뿌리면 더 고약한 냄새가 날 수 있으므로 냄새 분자를 근원적으로 제거해야 합니다. 우리 주변에서 냄새를 내는 분자들은 $-NH_2$를 가지는 아민, $-COOH$를 가지는 유기산, $-SH$를 가지는 분자들이 대부분입니다. 이러한 냄새 분자를 냄새가 나지 않는 분자로 바꾸어 버린다든지 공기 중으로부터 잡아서 가두어 버리면 냄새가 안 나겠지요? 즉 화학적으로 구조를 바꾸든지 화학적 상호 작용을 이용하여 물리적으로 가두는 방법을 이용하면 됩니다.

대표적인 냄새 제거제 페브리즈의 주요 구성 요소를 한번 들여다보지요. 페브리즈의 경우 특허를 어마어마하게 많이 그리고 광범위하게 잡아 두었습니다. 따라서 다른 회사가 이 제품의 구성 성분을 이용하여 새로운 제품을 판매하는 것이 거의 불가능하지요.

하이드록시프로필 사이클로덱스트린

$R=$

구연산나트륨: pH를 맞추어 주어서 의도한 반응이 잘 일어나도록 해 줍니다.

하이드록시프로필 사이클로덱스트린: 다양한 냄새 분자를 수소결합을 통해 가운데에 가두어 버려서 공기 중으로 달아나지 못하게 합니다.

PEI-700: 냄새 분자를 포획하여 가두는 역할을 합니다. 냄새나는 유기산을 잡는 데 특효약이겠군요.

다양한 알데하이드 분자들: 공기 중의 아민과 반응하여 냄새나지 않는 분자로 바꿉니다.

PEI-700

이 제품의 특허 정보도 인터넷에서 좀 뒤져 보았습니다. 특허 항목에서는 제품 홈페이지에는 안 보이는 성분들도 좀 보이는군요. 기업 비밀인 셈이지요. 시판되는 제품에 첨가되어 있을 수도 있고 지금은 빠져 있을 수도 있습니다. 특허는 때로는 남을 속이기 위해서 등록할 수도 있거든요. 기업 활동은 언제나 전쟁이지요.

이오논

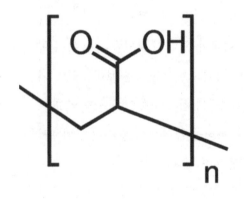

α-Ionone   β-Ionone

γ-Ionone

폴리아크릴산

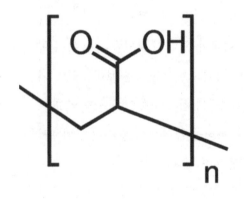

이오논: 냄새나는 아민과 반응하여 냄새나지 않는 분자로 바꿉니다.

폴리아크릴산: 냄새나는 아민과 -SH 분자들을 잡아 줍니다.

위의 성분에 더하여 향기를 내는 분자들도 포함시킵니다. 구매자들이 원하는 향기를 선택할 수 있도록 다양한 제품이 나와 있습니다.

위의 성분들은 화장품과 같은 제품에 이미 광범위하게 쓰이고 있어서 인체 유독성 이슈는 없어 보입니다. 또한 향기 분자들도 마찬가지고요. 향기 분자가 인공이냐 천연이냐를 따지기 시작하면 또 밑도 끝도 없어지니까 이건 패스.

요약하여, 질문에 대한 답은 "네, 실제로 냄새 분자를 제거합니다"가 되겠네요. 냄새를 제거하는 방법에 대한 궁금증과 건강에 대한 염려가 많이 해소되셨는지요?

스테인리스 비누는
비린내 제거에 효과가 있을까?

―――――――――― "이건 또 무슨 신박한 물건인고?" 하면서 인터넷 검색을 해 보았습니다. 정말 그냥 스테인리스스틸로 만든 둥근 물건이네요.

생선은 체내에 $(CH_3)_3NO$라는 물질이 많아요. 생선이 죽으면 몸속에 있는 효소와 박테리아의 작용으로 이 물질이 $(CH_3)_3N$으로 변하는데 이것이 암모니아와 비슷한 냄새를 냅니다. 이 물질은 물속에서 OH^- 농도를 높여 주는 염기입니다. 그래서 생선 냄새를 잡기 위해 산성인 레몬즙을 쓰라고 그러지요. 산-염기 중화반응을 이용하라는 것입니다.

그런데 문제는 생선 냄새가 이러한 물질만 내는 것이 아닙니다.

오메가 3 지방산

α-Linolenic acid

Eicosapentaenoic acid

Docosahexaenoic acid

등푸른생선에는 오메가 3 기름이 많지요? 이런 기름도 생선 냄새의 원인입니다. 지방산은 -COOH를 가지고 있으므로 산입니다. 지방산을 산성인 레몬즙으로 중화할 수는 없어요. 염기성 물질로 중화를 하는 것이 맞겠네요. 하지만 이 지방산의 경우 물에 잘 녹지 않아서 설령 염기로 중화를 하더라도 씻어 내는 것이 어렵습니다.

스테인리스스틸이 위의 물질들을 제거할 수 있다면 오로지 한 가지 방법밖에 없답니다. 스테인리스스틸 표면에는 철을 포함한 다양한 금속 원자가 존재합니다. 이러한 금속 원자로 손에 묻은 -COOH, $-NH_2$, -SH 등이 옮겨 가서 리간드로 작용하여 결합을 하고 나서 그 금속 이온들이 물에 녹아 나갈 때 비로소 냄새 분자가 제거되겠지요?

그러나 냄새를 내는 분자가 물리적인 방법으로 스테인리스스틸로 옮겨 가서 떨어져 나가는 것은 확률적으로 아주 희박한 현상일 수밖에 없어요. 또한 지방산과 같은 분자들은 유성이기 때문에 잘 옮겨 가지도 않는답니다(손의 표면이 스테인리스보다 기름을 더 강하게 결합하거든요).

그러므로 화학적 지식을 총동원해서 생각해 보아도 스테인리스 비누가 생선 냄새를 잘 제거할 수 있는 이유를 찾지는 못하겠습니다. 이것은 제가 언어를 순화하여 이야기하는 것이고, 솔직히 냄새 제거에는 별 쓸모가 없어 보입니다.

만약에 여러분이 굳이 스테인리스 비누의 (미심쩍은) 리간드 효과를 이용하여 생선 비린내를 없애고 싶으시다면 대안도 있어요. 굳이 스테인리스 비누를 살 필요도 없이, 싱크대에 손을 문지르거나 놋그릇에 손을 문질러도 됩니다. 구리와 주석에 냄새 분자가 붙어 나갈 테니까요. 다른 방법도 있어요. 싱크대에 쇠 수세미로 문지르세요. 그다음에 생기는 쇳물을 손에 비벼 보세요. 스테인리스 비누보다는 효과가 더 좋을 테니까요. 제 경험으로는 그렇게 해 봐도 기름기가 다 제거되지 않고 냄새가 남더군요.

하지만 그것 말고도 훨씬 효과가 좋고 쉬운 방법이 많아요. 예를 들면 치약을 손에 짜서 비비는 방법도 있습니다. 베이킹소다에 비비다가 식초 물에 손을 씻거나 그 반대로 하는 방법도 있어요.

싱크대나 도마의 비린내를 없애는 방법은 참 어렵습니다. 그냥 식초와 같은 산으로 염기성 물질을 중화하고, 그다음에 베이킹소다와 같은 염기로 산성 물질을 중화하고, 그러고도 잡히지 않은 물질은 락스나 과탄산나트륨(과탄산소다)과 같은 표백제로 분해하고, 세제로 씻어 내고 환기를 잘 시키는 수밖에 없네요.

손의 피부가 좀 거칠어지는 것을 감수할 수 있다면 다음도 가능합니다. 베이킹소다 대신에 좀 더 강한 염기인 워싱 소다를 녹인 물에 손을 재빨리 헹구고 식초 물에 손을 헹구는 것을 반복할 수도 있답니다.

유유상종을 기억하는 당신은 생활의 달인

화학을 배우게 되면 제일 먼저 접하는 내용이 'Like dissolves like'입니다. '유유상종'과 같은 뜻이지요. 비슷한 취향이나 성격을 지닌 사람들끼리 잘 어울리듯이 화학물질들도 마찬가지입니다. 수소결합을 하고 극성 분자인 물과 무극성분자인 기름은 서로 섞이지 않아요. 극성은 극성과 친하고 무극성은 무극성과 친합니다.

섞이지 않는 물과 기름

유유상종 1. 옷이나 그릇에 묻은 기름기 제거하기

요리하다 보면 옷이나 앞치마에 기름을 흘릴 수도 있지요. 자동차의 엔진오일을 갈다가 옷에 묻을 수도 있고요. 이럴 때 바로 세탁기에 넣지 말고 알코올로 오염된 부분을 헹구어 내고 빨래를 해 보세요. 앞의 글에서 이야기했듯이 알코올은 기름과 잘 섞여서 녹여 낼 수 있습니다. 소주 이런 거 말고 순도 높은 알코올(소독용 알코올)로 해야 합니다. 기름기를 세제로 제거하는 데는 한계가 있으니까 세제로 하는 세탁 과정을 도와주는 것이지요.

프라이팬에서 매운 음식을 요리하고 난 다음에 프라이팬을 알코올(또는 식용유)을 적신 키친타월로 한 번 닦아 내고 세척하는 것도 좋지요. 그냥 바로 세제를 써서 닦아 내면 눈으로는 괜찮아 보여도 고추의 매운 성분과 색소가 프라이팬 바닥에 그대로 붙어 있을 수 있습니다. 자칫하다 매운 계란 프라이를 먹고 아기가 울 수도 있어요.

아 참, '에틸알코올'을 써야 해요. '메틸알코올'과 헷갈리면 큰일 납니다. 메틸알코올은 소주 반 잔 정도 마시면 실명에 이를 수도 있는 극독물이니 조심해야 합니다.

※ 알코올은 실은 극성 분자입니다. 그러나 적당히 극성이어서 물과도 섞이고 무극성 분자들과도 잘 섞입니다. 기름을 제거하기 위해서 알코올 대신에 매니큐어 리무버를 써도 좋아요. 알코올은 정말이지 분자계의 인싸네요.

유유상종 2. 유리에 남은 스티커 접착제 없애기

새 유리그릇을 샀는데 스티커가 반쯤 떨어지고 나머지가 남아 있을 때 몰려오는 짜증. 대체 왜 이렇게 세게 붙여 놓았을까요? 접착제가 덕지덕지 붙어 있으니 보기가 싫어요. 물에 불려 수세미로 긁으려니 '현타'가 옵니다.

자, 짜증은 그만 내고 다음의 두 가지 방법 중 하나를 써 봅시다. 역시 유유상종을 이용하는 것인데요.

알코올이나 매니큐어 리무버를 솜에 묻혀서 스펀지로 슥슥 문질

러 봅니다. 스티커 접착제는 물에는 녹지 않지만 이러한 용매에는
잘 녹습니다. 이때 베이킹소다를 같이 좀 뿌려서 닦아도 됩니다. 베
이킹소다 가루가 연마제로 작용해서
긁어 내는 데 도움을 줄 수 있습니다.

종이는 다 떨어졌는데 접착제만 남
았을 때는 스카치테이프를 좀 잘라서
테이프의 접착제 성분 쪽을 유리에 붙
어 있는 접착제와 맞닿게 해서 톡톡
두드려 보세요. 유리의 접착제가 스카
치테이프 접착 면 쪽으로 옮겨 올 것입니다. 역시 접착제끼리 서로
좋아하는 성질을 이용하는 것입니다. 문제 해결 완료!

유유상종 3. 라텍스 고무와 기름은 서로 친해서 같이 하면 안
되는 존재들

고무의 화학 구조

집집마다 하나씩은 꼭
있는 물건. 빨간 고무장갑.
김장 담글 때도 화장실에
서 청소할 때도 반드시 사
용하는 물건입니다. 그런
데 이 장갑을 모든 상황에
착용하면 안 되는 것도 알
아야 합니다. 왼쪽은 고무

의 화학 구조입니다. 구조식에 탄소와 수소 원자(C와 H)밖에 안 보이지요? 이것이 의미하는 바는 고무는 무극성이고 극성 분자와 섞이지 않는다는 것입니다.

물은 극성이지요? 그러니 고무장갑은 물로 이루어진 용액(산성, 염기성 등)으로부터 손을 보호할 수 있습니다. 그런데 기름은 어떨까요? 기름은 무극성이니까 고무장갑과 섞일 수 있겠지요? 휘발유, 등유, 경유, 식용유, 마사지 오일 등 기름은 고무장갑의 구조를 변형시키고 녹여서 구멍을 내어 버릴 수 있습니다. 더 이상 손을 보호하지 못하겠네요.

라텍스가 또 어디에 많이 쓰이나요? 그렇지요. 남성 피임기구에 쓰입니다(요즘은 다른 종류의 합성고무를 사용하기도 하지만 말입니다). 그런데 라텍스 고무로 만든 피임기구에 마사지 오일을 바르면 어떻게 될까요? 피임 효과가 사라져서 아기를 계획보다 더 빨리 만날 수도 있겠지요?

기억합시다. 라텍스 고무장갑은 기름과 친해서 서로를 망가뜨리네요. 이들은 절대 같이하면 안 되는 친구들입니다.

유유상종 4. 매운맛을 가시게 하는 최적의 방법은?

아주 매운 불××(××=족발, 닭발, 쭈꾸미…)을 먹을 때 무엇을 같이 먹거나 마시면 덜 매울까요? 유유상종을 써 봅시다. 화학적인 방법으로 매운맛을 가시게 할 수 있어요.

캡사이신을 직접 공격하는 방법

매운맛을 내는 캡사이신은 물에 녹지 않고 기름에 녹는 성질을 가집니다. 그러니까 기름기 있는 음식과 같이 먹으면 기름 성분이 혀에 붙어 있는 캡사이신을 녹여 낼 테니 덜 맵겠지요? 단 기름기를 많이 먹게 되니 살이 찌는 단점이 있습니다.

손에 기름기가 묻었을 때 어떻게 하나요? 비누로 손을 닦으면 되지요? 비누는 한쪽은 기름과 친한 부분이고 다른 부분은 물과 친한 '계면활성제'랍니다. 캡사이신의 매운맛을 가시게 한다고 비누로 혀를 문지를 수도 없고 퐁퐁을 마실 수도 없고 난감하지요? 우유에는 카세인이라는 성분이 있는데 이 성분이 계면활성제랍니다. 우유 속의 기름 성분을 둘러싸서 물에 잘 퍼져 있게 만들 수 있지요. 그러니 매워서 데굴데굴 구를 것 같으면 우유를 한 모금 입에 머금고 가글링을 하면 카세인이 매운맛을 감싸 버려서 괜찮아집니다.

보드카와 같은 도수가 높은 알코올로 기름에 녹는 성질을 지니는 캡사이신을 씻어 내는 용감한 (또는 무모한) 행동을 해 보아도 됩니다. 다만 헤롱헤롱해지는 부작용이 있습니다. 알코올에는 -OH가 있는데 이 부분이 통증을 느끼게 하는 감각 수용체에 매달려서 캡사이신을 떨어져 나가게 할 수도 있어요. 같은 원리로 -OH를 많이 가지는 설탕 분자도 매운맛을 감소시킵니다. 차가운 설탕물 또는 꿀물을 마셔서 매운맛을 없앨 수도 있습니다. 차가운 막걸리도 효과가 좋아요.

몸의 화학을 이용하는 간접적인 방법

매운맛은 실은 뜨거움과 동일한 통증이라는 것을 다들 잘 아시지요? 그러니 차가운 얼음을 입에 머금으면 좀 나아집니다.

뜨거운 물을 마십니다. 이열치열인 셈인데요. 극도의 고통을 느끼면 우리 몸에서는 고통을 참아 낼 수 있도록 마약 모르핀과 같은 작용을 하는 엔돌핀이 분비됩니다. 자가 마약 생성 작용입니다. 문제는 '매운 것을 먹으면 기분이 좋아진다'라는 것이 학습되어 점점 더 매운맛 중독이 된다는 것이지요. 심하면 몸의 저기 뒷부분에 문제가 생길 수도 있어요.

위의 내용을 종합해 보면 왜 쿨피스 같은 음료가 매운맛을 가시게 하는 데 최강의 효과를 가지는지를 이해할 수 있습니다. 1)차갑고, 2)달고, 3)우유 성분도 들어있으니까요. 화학 참 쓸모 있지 않나요?

광팔도사 Q&A

Q. 자외선 칫솔 살균기 살까요? 말까요?

A. 말리지는 않는데 굳이? 식초에 칫솔을 담갔다가 말려 봐. 세균 잘 죽어.

Q. 유유상종을 기억하라고 하셨잖아요? 그런데 뭐하고 뭐가 섞이는지 어떻게 미리 알 수 있나요?

A. 잘 섞인다는 것은 잘 녹는다는 것과 같은 말이야. 채 썬 당근을 물에 넣어 두면 당근색이 빠져서 무처럼 변해? 안 변하지? 그러면 당근의 색소는 물에 안 녹는 거야. 물에 안 녹으면 기름에 녹겠지? 음식점에 가 보면 고추기름 있지? 그게 무슨 이야기야? 고추의 매운맛을 내는 성분은 기름에 녹는다는 뜻이겠지? 조금만 생각해 보면 구분하는 방법은 간단해.

Q. 사과 주스는 색이 너무 빨리 변하고 금방 떫은맛이 나요.

A. 폴리페놀이 생겨서 그런 거란다. 주스 만들 때 레몬즙을 조금 같이 넣던지 비타민 C 한 알을 던져 넣어 봐. 항산화제인 얘들이 갈변을 막아 줘. 쉽지?

Q. 집에 산소계 표백제도 있고 염소계 표백제도 있는데 이 둘을 같이 섞어 쓰면 더 좋겠지요?

A. 응. 염라대왕이 좋아할 거다. 한 놈 더 온다고.

Q. 도사님, 화장실 실리콘에 핀 검은 곰팡이에 락스를 뿌리고 빡빡 문지르는데 왜 색이 안 없어지나요?

A. 락스 뿌리고 바로 닦았지? 밥도 뜸이 들려면 시간이 걸리듯이 락스가 곰팡이에 작용하려면 시간이 걸리겠지? 왜 그리 급해? 락스 뿌리고 좀 기다려. 때로는 게으름이 부지런함을 이기는 거야. 보아하니 주식도 샀다 팔았다 그러면서 2억을 순식간에 1억 만들어 버리지?

Q. 집에 청소 약품이 많잖아요? 뭘 섞어 쓰면 효과가 죽일까요?

A. 아, 청소제들이 두부, 된장, 고추장이야? 찌개 만들어? 뭘 자꾸 섞어? 섞지 마. 섞다간 네가 죽는다. 그냥 하나만 써.

5장

뷰티와 다이어트에 쓸모 있는 화학의 능력

언제 배가 부르고, 언제 배가 고플까? 그렐린과 렙틴

'아, 배고파 죽겠네', '아, 배불러 죽겠네.' 뭘 자꾸 죽는다는지 모르겠지만 우리가 참 많이 쓰는 말입니다. 대체 우리는 언제 배가 고프고 언제 배가 부를까요? 앞의 여러 글에서 이야기했듯 우리 몸은 호르몬의 지배를 받습니다. 우리 몸에 있는 그렐린(ghrelin)이라는 호르몬 분자가 위장에서 분비되면 우리는 배가 고프다고 느낍니다. 반대로 지방세포에서 렙틴(leptin)이라는 호르몬 분자가 많이 분비되면 배가 부르다고 느낍니다.

그렐린과 렙틴[1]

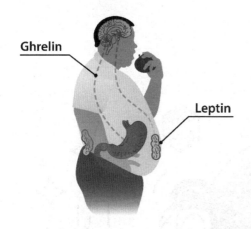

실제로 위에 얼마가 들어 있는지보다도 그렐린과 렙틴의 상대적인 양이 얼마인가가 배가 고프다 혹은 부르다고 느끼게 해 줍니다.

몸에 들어온 지방의 양이 많으면 렙틴의 양이 많아집니다. 대부분의 사람들은 렙틴의 명령으로 포만감을 느끼면 그만 먹습니다. 하지만 비만인 사람들의 몸은 이 포만감을 느끼게 하는 렙틴이 내리는 명령을 잘 듣지 않고 많이 먹었음에도 배가 부르다고 잘 느끼지 못한다는 연구 결과가 있습니다. 늘 배가 고프니 더 먹고 싶고, 더 먹으니 비만의 정도는 더 심해지고, 다시 배는 더 고파지는 악순환이 계속되는 것이죠. 현재 비만 상태라고 하더라도 체중을 좀 줄이기 시작하면 배고픔에서 벗어날 가능성이 더 커지는 셈입니다. 일단 방향성을 잡기만 하면 당신의 다이어트는 성공할 가능성이 높아집니다.

그런데 흥미로운 결과가 있습니다. 잠을 잘 못 자면 배고픔 호르몬 그렐린 수치가 높아진다고 하네요. 새벽으로 넘어가는 시간에 왜 그렇게 야식이 먹고 싶은지, 어떻게 야식 배달 업체가 망하지도 않고 성업 중인지 이제 이해됩니다. 배가 고프니 먹을 수밖에요. 그리고 먹으면 살찌는 것은 당연하죠. 그러니 잠만 잘 자도 비만이 될 가능성이 상당히 줄어드는 셈입니다.

이 밤 당신의 배고픔 괴물 그렐린과 배부름 천사 렙틴의 비율은 어떤가요? 만약 그렐린이 이길 낌새가 보이면 핸드폰 내려놓고 바로 잠자리에 들기 바랍니다. 비만과 지방간에서 좀 더 멀리 떨어지는 것을 원한다면 말이죠. 잠 안 자고 오래 있을수록 그렐린이 이길 가능성이 높아집니다. 라면 끓여 먹고 후회하지 말고요. 라면 한 그릇 먹고 그 열량 소모하려면 헬스장에서 몇 시간을 고생해야 하는지 알잖아요.

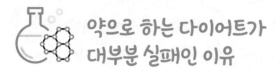

약으로 하는 다이어트가
대부분 실패인 이유

———————————— 시중에는 다양한 다이어트 약 및 보조 식품이 팔리고 있습니다. 수많은 사람들이 비만에서 벗어나지 못하고 감량과 요요의 과정을 반복하며 다양한 다이어트 프로그램과 약을 전전하고 있습니다. 다이어트 약과 보조 식품을 만드는 회사가 계속 돈을 벌고 있는 이유죠. 다이어트 약과 보조 식품의 원리들은 다음과 같습니다.

- 영양소가 전혀 또는 거의 없는 성분으로 위를 가득 채워서 배가 부른 느낌을 받게 하여 식품의 섭취를 줄인다.
- 섭취된 영양소가 우리 몸에 흡수되지 못하도록 소화효소의 작용을 방해하거나 세포의 영양소 흡수 과정을 막아 버린다.
- 신진대사를 빠르게 하여 영양소의 소비를 촉진시키고 잉여의 영양소가 몸에 남지 않도록 한다.

원리상 아무 문제 없어 보이고 누구든 다이어트 약을 먹거나 다이어트 프로그램을 하기만 하면 다 원하는 적정 체중을 가지고 모두 행복해질 것 같습니다. 그런데 왜, 대체 왜 감량이 되어도 금방 요요가 오거나 다이어트 약의 효능이 생각보다 좋지 않을까요?

다이어트 약과 사람들의 행동 패턴에 관해서 2015년에 나온 흥미로운 기사가 있어 소개합니다. 기사는 다이어트 약이나 보조제를 먹은 사람들에게 설문조사를 하고 분석한 연구의 결과를 싣고 있습니다. 다이어트 약을 복용하는 사람들은 다음과 같은 생각과 행동 양식을 가진다고 합니다.

- 다이어트 약과 프로그램에 대해 강한 신념을 가진다. 그리고 실제로 다이어트 약이 가지는 효능보다도 더 높은 수준을 기대한다.
- 다이어트 약을 먹는 사람은 약의 도움 없이 살을 빼려고 노력할 때보다 좀 더 건강에 나쁜 식사를 한다. ('오늘 다이어트 약을 먹었으니 아이스크림 한 개 정도는 더 먹어도 되겠지?' '다이어트 약을 먹었으니까 헬스장을 안 가도 큰 문제 없을 거야.' '내가 먹는 약은 지방 성분이 흡수되지 못하게 하니까 오늘은 치킨에 맥주?')

이와 같은 생활 태도의 변화는 향후 반드시 문제를 불러옵니다. 설령 다이어트 약으로 체중 감량을 했더라도 더 나빠진 식습관, 더 비활동적인 생활 습관의 악영향 콤비네이션 펀치를 맞으면 금방 원래 체중 또는 그 이상으로 돌아가는 요요가 옵니다.

지방의 축적으로 인한 체중의 증가는 (이것은 운동으로 인한 근육의 증가 때문에 오는 체중의 증가와는 완전히 다릅니다) 들어오는 열량이 우리 몸이 사용하는 열량보다 많으면 일어나는 것입니다. 우리 몸이 열량을 사용하는 방법은 누구나 알죠. 체온 조절, 내장의 운동 등 생존에 필수적인 기초대사와 몸의 움직임을 통한, 즉 근육이 에너지를 사용하는 과정을 통해서 일어나는 것입니다.

다이어트 프로그램이 성공하고 이후에도 계속 체중이 유지가 되려면 다음의 조건이 갖추어져야 합니다.

다이어트 프로그램 중 근육의 증가, 특히 엉덩이, 허벅지, 가슴, 등 근육 등 큰 근육의 질량이 증가해야 합니다. 근육은 열량을 연소하기 위한 엔진입니다. 큰 근육은 배기량이 큰, 고급 스포츠카의 엔진과 같아요. 또한 근육은 지방보다 부피가 엄청나게 작습니다. 일반인이 근육량을 높인다고 해서 몸이 헐크가 되진 않습니다. 연예인 중 배우 이시영 씨가 가장 대표적인 롤모델이라고 생각하면 됩니다. 운동으로 다져진 근육으로 뭉친 몸인데 헐크처럼 보이던가요?

다이어트 프로그램 중이나 이후에도 건강한 식단을 유지해야 합니다. 체중이 좀 줄었다고 전과 똑같이 먹으면 큰일 납니다. 일반적으로 다이어트 프로그램으로 체중을 줄인 경우 다이어트 전보다 근육의 양이 줄어 들어 있습니다. 지방세포들은 굶주려 있는 상태이고요. 다이어트 이후에 외부에서 열량이 들어오면 소비는 잘 못하고 축적은 잘됩니다. 요요가 오는 이유죠.

잉여의 열량을 소비할 수 있도록 늘 활기찬 생활을 해야 합니다. 가까운 거리는 차를 타지 않고 걸어가거나, 엘리베이터를 타지 않고 계단으로 올라가는 등 건강한 일상생활 습관을 가지고, 헬스, 조깅, 등산 등 정기적 운동 프로그램을 만들어야 합니다.

요약하면, 다이어트 프로그램을 하는 동안 각고의 노력으로 근육을 키우고, 건강하고 절제된 식습관, 정기적이고 효과적인 운동 프로그램을 확립하고 그것을 실천하여야 요요를 피할 수 있습니다. 이 요건이 갖추어지지 않으면 요요가 오는 것은 필연입니다. 다이어트 약으로 얼마를 뺐건 간에 예전의 내가 가진 습관이 그대로 남아 있다면 예전의 나를 다시 보는 것은 필연이라는 뜻이죠.

"뭐야? 당연한 소리 아니야?" 하실 겁니다. 맞습니다. 당연한 소리입니다. 그 당연한 이치를 알고도 못 지키는 연약한 의지를 가진 존재가 인간 아니던가요? 애당초 다이어트 약에까지 의존하면서 체중을 줄이고자 했던 이유를 생각해 보면 없던 의지도 생길 수 있습니다.

'지방간이라고? 내가 아프면 우리 집 식구들은 누구를 믿고 살아?'

'고혈압, 고지혈증이 호전되지 않으면 신장 기능이 더 나빠질 텐데.'

'부모님 모두 심장마비로 돌아가셨는데 나도 그런 거 아니야?'

'뚱뚱하다고 나를 차 버려? 난 반드시 너보다 더 잘난 인간 만난다.' (feat. 에일리 '보여 줄게')

단순히 옷을 입었을 때 좀 더 날씬해 보이기 위해 약을 먹는 사람도 있겠지만, 보통은 그보다는 더 절박한 이유로 다이어트 약을 먹을 것입니다. 그 절박했던 이유를 되새겨 본다면 요요는 영원히 안녕~ 할 수 있을 것입니다.

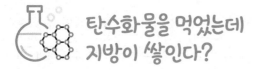

탄수화물을 먹었는데 지방이 쌓인다?

———————————— 탄수화물은 당 분자의 고분자입니다. 소화가 되면 당 분자로 바뀌고 이 당 분자는 연소가 되면서 에너지를 내어놓고 우리는 이 에너지를 이용하여 살아갑니다. 중성지방은 글리세롤과 지방산이 결합하면 만들어집니다. 그 구조를 보면 어디에도 당 분자의 구조가 보이지 않습니다. 그런데

탄수화물 녹말의 구조

왜, 무엇 때문에 밥을 먹었는데 내 뱃살이 늘어나는가 말입니다. 뱃살은 지방이 쌓이면 늘어난다고 하는데, 탄수화물을 먹었는데 왜 지방이 생기냐고요!

지방은 우리 몸의 영양소 중에 가장 높은 질량 대비 에너지양을 가지고 있습니다. 우리가 어디 멀리 소풍 간다고 할 때 도시락 가방이 무거우면 좋은가요, 당연히 가벼워야 좋지요. 그렇지 않나요? 단백

질 또는 탄수화물을 배에 넣고 다니는 것보다 지방을 채워 놓고 다니면 가벼워서 좋으니까 질량 대비 에너지가 높은, 가성비 좋은 지방을 채워서 다닙니다. 우리 몸은 한겨울 추운 날

중성지방(triglyceride)의 구조

먹을 것도 구하기 힘들 때 굶어도 견디며 살 수 있도록 진화되었습니다. 어려운 시절을 나기 위해 기회만 되면 지방을 몸에 채우도록 진화되었다는 것입니다. 모든 다이어터들에게 끔찍한 소리지만 우리 몸은 지방을 참 좋아합니다.

우리 몸에 지방이 잉여로 들어오면 몸은 '옳지!' 하면서 지방을 바로 저장합니다. 그런데 정확히 어디에 저장할까요? 우리 세포 중에는 지방세포(adipocyte)라는 지방 저장 전문 세포가 있습니다. 여기에 지방을 차곡차곡 쌓아 둡니다. 이 지방세포는 지방이 들어오면 아주 많이 쌓을 수 있습니다. 살이 찐다는 것은 지방세포의 수가 늘어나는 것이 아니라 지방세포 안에 지방이 들어와서 부피가 커지는 것입니다.

사람은 평균적으로 300억 개의 지방세포를 가지고 있고 이 지방세포들의 무게는 13.5kg이라고 합니다. 이 지방세포의 절대적인 개수는 유아동 및 청소년기에 비만 상태로 머무는 경우 최대 24세까지

계속 늘어난다는 연구 결과가 있습니다. 청소년기까지 비만이었던 사람이 다이어트를 하여 체중을 많이 뺐더라도 지방세포의 개수는 그대로 유지되니까, 한 번 비만이었던 사람은 체중 관리가 정말 어렵습니다. 조금만 방심하면 금방 비만이 될 수 있거든요. 거꾸로 청소년기까지 건강 체중을 유지한 사람은 이후의 삶에서도 체중이 극심하게 늘어날 가능성이 크지는 않습니다. 물론 이들 중에도 지방세포에 지방을 꽉꽉 채우면 체중은 크게 늘어날 수 있습니다. 다만 청

몸에서 지방이 생기는 과정. 오른쪽 하단이 중성지방이다. 가로로 길쭉한 사슬 구조가 두 개 더 붙을 때까지 계속 진행된다. [2]

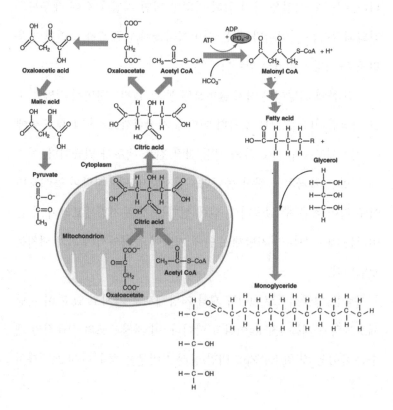

소년기에 비만이었던 사람보다 상대적으로 체중 관리가 쉽다는 말입니다.

그런데 탄수화물이나 단백질이 아주 많이 몸속으로 들어오면 어떨까요? 조금 수고스럽긴 하지만 우리 몸은 쓰고 남은 탄수화물과 단백질을 하나하나 당 분자와 아미노산으로 쪼개고 이들을 정성스럽게 지방 분자로 바꿉니다. 이 과정에서 에너지를 꽤 많이 소모하지만 도시락을 준비하는 것이 뭐 늘 쉬운가요? 어떨 때는 좀 어렵게 준비할 때도 있는 거죠. 그렇게 당 분자와 아미노산 분자들은 몸속에서 지방으로 변합니다.

요약해 봅시다. 많이 먹으면 살찝니다. 밥을 먹든 고기를 먹든 많이 먹으면 예쁘고 귀여운 중성지방 분자로 바뀌어서 지방세포에 차곡차곡 쌓입니다. 지방이 바로 들어오면 더 좋아합니다. 삼겹살 지방, 치킨 기름, 프렌치프라이 기름 등 상관없습니다. 네? 식물성 기름이니 괜찮지 않냐고요? 괜찮지 않습니다. 동물 기름이나 식물 기름이나 똑같습니다. 열량이 높은 것도, 에너지 소모 없이 바로 저장 가능하다는 점에서 말입니다. 포화지방이 더 많은 동물성 기름이 건강에 더 나쁜 것은 사실이지만요. 지방세포가 풍선처럼 부풀어 오를 때까지 계속 쌓입니다. 먹고 안 쓰면 남은 만큼 쌓입니다. 절대적인 법칙입니다. 그렇게 우리의 뱃살은 늘어만 갑니다. 살찌기 싫다고요? 방법은 하나뿐입니다. 적게 먹고 많이 움직이는 것, 그것밖에 없습니다.

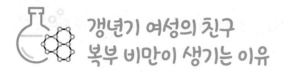

갱년기 여성의 친구
복부 비만이 생기는 이유

──────── 에스트로겐은 여성성의 대명사입니다. 에스트로겐이 있어 복부에 지방을 쌓지 않고 엉덩이와 허벅지에 지방을 쌓아 여성 몸매의 부드러운 곡선이 가능하게 합니다. 비단 그뿐인가요? 생리 및 임신 등 여성만이 할 수 있는 여러 기능을 가능하게 합니다.

남성의 테스토스테론은 나이가 들면서 서서히 줄어드는 데 반해 여성의 에스트로겐 수치는 갱년기의 막바지에 이르면 아주 급격히 줄어듭니다. 여성의 몸에서 스트레스 호르몬 코티솔의 양과 여성호르몬 에스트로겐은 역의 관계에 있습니다. 둘 다 스테로이드 호르몬으로서 같은 출발 물질을 가지기 때문이지요. 에스트로겐이 줄어들면서 스트레스 호르몬 코티솔이 증가하게 되는데, 코티솔이 증가하면 어떤 부작용이 있는지 간단하게 살펴보도록 하죠.

코티솔은 인슐린의 반대 역할을 합니다. 즉 세포로부터 당을 빼앗아 혈중 당의 농도를 높게 합니다. 세포 입장에서는 어떨까요? 당을 사용하여 생명현상을 이어 가야 하는데 에너지를 뺏겨 버리니까 당분을 더 찾게 되지 않을까요? 실제로 코티솔 수치가 높아지면 우리 몸은 당 섭취를 갈구하게 됩니다. 스트레스가 쌓여도 코티솔이 분비되어 달달한 음식을 찾게 되고, 갱년기 여성의 경우도 달달한 음식

을 전보다 더 찾게 됩
니다. 비만이 되는 조
건 1이 충족되었지요.

에스트로겐의 한
형태인 에스트라디올
(estradiol)은 여성이
적정 몸무게를 유지

에스트로겐의 한 형태인 에스트라디올(estradiol)

하는 데 아주 중요한 역할을 합니다. 이 호르몬이 부족하게 되면 체
중 증가와 아울러 내장 지방의 증가(전에는 엉덩이와 허벅지에 모이던 지방
이 내장으로 이동)가 뒤따르게 됩니다. 복부 지방은 다들 잘 알고 있듯
이 심혈관계 질환, 암, 당뇨 등과 아주 큰 상관관계가 있기 때문에 꼭
피해야 하는 무서운 지방입니다. 갱년기 여성은 에스트라디올이 절
대적으로 부족하므로 지방이 쌓이게 되면 무조건 복부로 가서 쌓입
니다. 40대에는 남성만이 가지는 성인병의 종류를 50대 여성에게서
볼 수 있게 되는 이유입니다. 50대가 되면 남자나 여자나 다 똑같습
니다. 남성은 남성호르몬이 부족하여 복부 비만이 되고, 여성은 여
성호르몬이 부족하여 복부 비만이 됩니다.

간단하게 요약하면 갱년기를 지나면서 여성의 몸에는 코티솔이
늘어나고 에스트로겐이 줄어드는데, 늘어난 코티솔이 당분을 더 찾
게 만들고 비만이 되기 쉽게 만듭니다. 잉여로 섭취된 열량은 지방
으로 복부에 집중이 되며 다양한 성인병을 유발할 수 있습니다. 몸

매도 젊은 시절과는 달라지고 다양한 병이 찾아올 수 있는 것이죠.

남자나 여자나 나이가 들면 공통적으로 일어나는 현상이 바로 근육의 손실입니다. '헬창'들이 죽도록 싫어하는 그 '근 손실' 말입니다. 근육의 크기가 커야, 그리고 유지가 되어야 잉여로 들어온 에너지를 연소시키고 몸에 지방으로 쌓지 않거든요. 젊은 여성보다도 외려 갱년기 여성들이 더 열심히 운동해야 하는 이유입니다.

헬스장에 가 보면 러닝머신에서 시간을 죽이고 있는 사람들 중 대부분이 여성들입니다. 죽어라 걷고만 있습니다. 운동을 안 하는 것보다는 분명히 낫지요. 그러나 근육운동을 해서 근육의 크기를 키우는 운동도 해야 합니다. 우리 몸에서 가장 큰 근육 중에 엉덩이 근육과 허벅지 근육이 있습니다. 스쾃과 런지 같은 운동을 통해 근육을 키우려고 노력해야 합니다. 또한 데드리프트 같은 운동을 통해 허리의 기립근을 강하게 단련해야 나이가 들어서도 꼿꼿한 자세를 유지할 수 있습니다. 꼭 무거운 중량을 들어야 할 필요도 없습니다. 맨몸으로도 얼마든지 멋진 근육을 만들 수 있습니다.

요즘 SNS 등에서 엉덩이 자랑하는 젊은 여성들이 많습니다. 젊은 여성이 멋있는 엉덩이 근육을 가지는 것은 쉬운 편입니다. 이미 많은 근육을 가지고 있고, 지방도 많이 몰려 있어서 스쾃 운동을 조금만 해도 엉덩이 모양이 예쁘게 잡히거든요. 하지만 이런 스쾃 운동은 근 손실이 일어나기 쉬운, 나이가 든 사람일수록 더 많이 해야 합니다.

젊음은 우리에게 아름다움을 가져다주었습니다. 하지만 누구나 인생의 꼭짓점에서 내려옵니다. 젊음을 마냥 부러워할 이유도 없습니다. 지금 젊은 사람도 곧 우리 뒤를 따라올 테니까요. 그냥 "어머! 얘, 너도 나이 들어 봐라" 그러고 말면 됩니다. 나이가 들어가면서 몸 속에서 일어나는 현상을 이해하고 '나이 드는 것'에 적극적으로 대처하는 것이 필요합니다. 나이가 들어도 아름다운 몸매를 지니고 있다는 것은 젊은 여성보다 훨씬 더 많은 노력으로 자기 관리를 잘 했다는 뜻이니, 주변 사람들의 칭송을 받을 만한 일입니다. 그러니 멋진 몸매를 가지기 위해 노력해 볼 만하지 않나요?

예쁜 운동화 한 켤레와 예쁜 체육복 한 벌을 우선 사세요. 일단 질러야 운동합니다. 기왕이면 예쁜 옷 입고 예쁜 운동화 신고 하면 더 기분이 좋습니다. 스쾃, 런지 같은 것은 PT 선생님 없이도 얼마든지 배울 수 있습니다. 유튜브에 차고 넘치니까요. 집에서 스쾃, 런지 좀 하고 나서 몸이 달구어지면 아파트 주변을 두어 바퀴만 달리세요. 핸드폰 보면서 걷지 말고요. 하루에 한 시간은 운동에 투자해 보세요. 그 정도는 운동해야 근육도 키울 수 있고 열량 소모도 충분히 할 수 있습니다. 숨이 턱턱 막힐 정도의 운동도 가끔씩 하고요. 아무리 시간이 없어도 자신을 위해 한 시간은 낼 수 있을 것입니다. 몸매가 예뻐지고 자세가 바로 서면 자신감도 생기고 세상이 좀 더 아름답게 보일 것입니다. 멋지게 인생의 후반을 향해 달려가는, 강한 당신은 정말 아름답습니다.

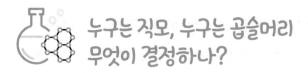

누구는 직모, 누구는 곱슬머리 무엇이 결정하나?

———————— 머리 길이가 짧을 때는 표시가 잘 안 나지만 머리가 어느 정도 길어지면 오랜만에 보는 사람들은 제게 묻습니다. "파마했어요?" 파마 안 했습니다. 어머니 뱃속에서부터 그렇게 태어났습니다. 저희 딸도 아빠를 닮아서 파마를 안 해도 됩니다. 3대를 내려온 웨이브 머리입니다.

전에 딸 학교의 교감 선생님이 딸을 붙잡더니 앞으로 염색하지 말고 파마도 하지 말라고 혼을 냈답니다. 머리가 갈색에 웨이브가 졌으니 마치 파마한 듯 보였나 봅니다. 그렇게 태어난 것을 어떡하라고요. 얼마 전 친구가 "너는 뿌염 언제 해?" 하고 묻길래 "응. 난 매일 자면서 해"라고 대답했다고 해서 한참 웃었습니다.

대체 왜 누구는 직모를 가지고 누구는 곱슬머리를 가질까요? 당연히 유전자가 대부분의 역할을 합니다. 머리카락은 모낭에서 나온다는 것을 누구나 알고 있죠. 이 모낭이 어떻게 생겼느냐가 바로 곱슬이냐 아니냐를 결정짓는데, 당연히 모낭의 모양 역시 유전자가 결정합니다. 후천적으로 모낭의 모양이 바뀌기도 하지만요. 여성이 남성호르몬이 많아지는 경우 곱슬머리로 바뀔 수도 있다고 합니다. 동아시아인들은 대부분 직모를 가지고 있으며 머리카락은 동그란 원통의 기둥 형태를 지닙니다. 모낭이 옆으로 누울수록 머리카락은 넓적하게 변하고 웨이브 진 머리가 생기거나 빠글빠글 곱슬머리가 됩니다.

머리카락을 이루는 케라틴 가닥에는 시스테인이라는 -SH를 가지는 분자가 매달려 있습니다. 서로 다른 케라틴 가닥에 있는 시스테인들은 서로 만나서 -S-S- 결합을 하면서 머리카락의 전반적인 모양을 만듭니다. 모낭이 옆으로 누울수록 머리카락 자체가 넓적해지며 이 -S-S- 결합이 잘 생기고 머리는 더 곱슬해집니다.

직모는 모낭도 바르게

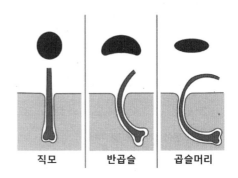

위의 동그랗거나 넓적한 모양은 머리카락의 단면

직모　　반곱슬　　곱슬머리

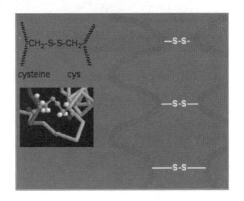

케라틴 가닥 사이의 -S-S- 결합

생기고 착실한 느낌을 주는데 웨이브 진 머리와 곱슬머리는 왠지 삐딱한 것처럼 보이지 않던가요? 모낭이 삐딱하여 그런 것입니다. 머리카락도 동그랗지 않고 찌그러진 원통 모양입니다. 곱슬머리를 보면서 성격 안 좋게 보인다고 하지 않기 바랍니다. 정말 삐딱해질 수 있으니까요.

고데기가 머리를 펴 주는 화학적 원리

머리카락의 구조 [3)]

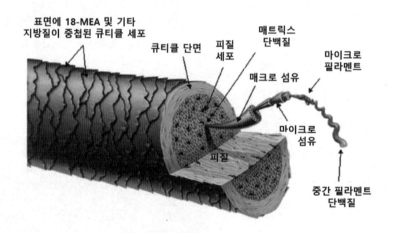

표면에 18-MEA 및 기타 지방질이 중첩된 큐티클 세포

큐티클 단면

피질 세포

매트릭스 단백질

매크로 섬유

마이크로 필라멘트

마이크로 섬유

피질

중간 필라멘트 단백질

──────── 머리카락은 케라틴이라는 나선 모양을 가진 단백질 사슬(alpha-keratin)들이 다발로 묶여 있는 구조를 가지고 있습니다(위 그림 맨 오른쪽의 꼬불꼬불한 나선 구조가 바로 케라틴 사슬 구조입니다). 케라틴 사슬의 나선 구조는 수소결합이라고 불리는 분자 간의 결합에 의해 만들어지는 것인데(옆 페이지 오른쪽 그림에서 점선 보이시지요?), 이 케라틴 사슬들끼리도 수소결합을 통하여 고정되어 있어요. DNA의 이중나선 구조도 수소결합에 의해서 생깁니다.

케라틴 사슬 구조

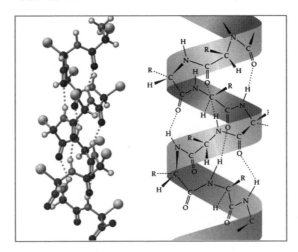

　고데기의 열은 케라틴 사슬들 간의 수소결합을 잘라 낼 만큼 충분한 에너지를 공급하기 때문에 뜨거운 고데기가 맞닿은 머리카락 부분에 있는 케라틴 사슬들 간의 수소결합이 끊어지게 됩니다. 하지만 고데기가 지나가면 바로 수소결합이 다시 생겨서 머리가 펴진 채로 모양이 유지가 되는 것입니다.

　하지만 머리에 수분이 다시 공급되면 억지로 만들어 놓은 케라틴 사슬들 간의 수소결합이 물 분자의 개입으로 다 끊어지게 되지요. 머리가 마르면서 곱슬머리든 직모든 간에 머리카락은 원래 상태로 돌아갑니다. 따라서 고데기는 파마(perm)와 다르게 머리카락의 형태를 영구히 고정시키지 못한답니다. 비 오는 날 고데기로 세팅한 머리가 금방 풀리는 경험, 많이들 해 보셨죠? 그리고 고데기로 세팅한 다음에 머리에 분무기로 물 뿌리거나 비를 맞으면 절대 안 되겠죠?

똑똑한 발명, 염색 샴푸의 원리

사과를 믹서기로 갈아 놓고 잠깐 기다리면 색이 점점 갈색으로 변합니다. 맛도 떫게 변하지요. 왜 그럴까요? 사과의 세포에 들어 있는 페놀 화합물들이 산소를 만나면 퀴논이라는 화합물로 변하고 이 퀴논들이 서로 결합하여 폴리페놀을 만들게 됩니다. 폴리페놀의 크기가 커질수록 진한 갈색으로 변하게 되지요.

마트에서 파는 상추의 밑동을 보면 갈색으로 변해 있지요? 상한 것이 아니고 폴리페놀이 생겨서 그런 것이랍니다. 와인에도 폴리페놀이 있고 차에도 폴리페놀이 있지요. 차나 와인의 떫은맛이 바로 이 폴리페놀 때문입니다. 식물이 상처를 입게 되면 폴리페놀이 생기면서 갈변이 되는데 이 갈색 성분은 자외선으로부터 식물을 보호해 주기도 하고 떫은맛이 나게 해서 동물에게 먹히는 것도 막아 줍니다. 우리는 차나 와인의 떫은맛을 풍미라고 생각하는데 말이지요.

최근 감기만 하면 자연스러운 갈색 머리가 되는 샴푸가 선풍적인 인기를 끌었죠? 이 샴푸 성분은 산소를 만나면 폴리페놀이 생기도록 조제되어 있습니다. 처음에는 샴푸의 거품이 흰색이지만 시간이 지나면 점차 분홍색, 갈색으로 변하는 것을 볼 수 있습니다. 자연에서 일어나는 갈변 현상을 자세히 들여다보니 폴리페놀이 그 주범이라는 것을 알게 되었는데, 이 현상을 염색 샴푸를 만드는 데 사용하였네요. 아주 영리한 발명입니다.

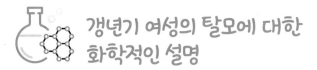

갱년기 여성의 탈모에 대한 화학적인 설명

앞에서 갱년기에 여성의 여성호르몬 에스트로겐의 수치는 급격히 감소한다고 했지요. 갱년기와 그 이후에 여성의 몸에 있는 남성호르몬의 수치도 감소하지만 여성호르몬의 감소만큼 급격히 이루어지지는 않습니다.

남성의 탈모는 DHT라는 남성호르몬이 모낭에 있는 남성호르몬 수용체에 결합해 이루어집니다. DHT는 모낭을 빨리 시들게 하고 머리카락이 빠지는 것을 촉진하거든요. 여성의 경우 갱년기에 남성호르몬이 더 증가하지도 않는데 대체 왜 머리카락이 빠질까요? 왜 그런지 이제 배워 봅시다.

왼쪽부터 차례대로 에스트로겐, 테스토스테론, DHT

5-알파-환원효소억제제(5 alpha reductase)라는 효소는 남성호르몬 테스토스테론을 DHT로 바꾸는데, 에스트로겐은 생긴 모습 자체

가 남성호르몬 테스토스테론과 그다지 다르지 않아서 이 효소의 입장에서는 상당히 헷갈립니다. 즉 에스트로겐이 넘치는 젊은 시절에는 DHT의 생성이 어렵습니다.

결혼을 한 독자들 중 대부분은 현재 배우자를 만나기 전에 다른 사람과 데이트 정도는 해 보았을 것입니다. 짧게 또는 다소 길게 진지하게 만났을 수 있습니다. 배우자와의 결혼을 남성호르몬 수용체와 DHT의 결합이라고 생각해 봅시다. DHT 말고도 비슷하게 생긴 녀석들이 오면(즉 당신이 잠깐 또는 길게 만났던 사람들처럼) 남성호르몬 수용체는 이 화합물들과도 잠깐 약하게 결합했다가 떨어졌다가 할 수 있을 것입니다.

갱년기 이전에는 여성호르몬의 양이 많이 있으므로 1)5-알파-환원효소억제제라는 효소가 DHT를 만드는 것을 방해하고, 2)남성호르몬 수용체가 DHT를 만나는 것을 방해합니다. 화학반응은 반응을 하는 주체들이 만나야 일어납니다. 그러다가 여성호르몬이 다 빠져 나가 버리면 이제 모낭에 있는 남성호르몬 수용체가 DHT를 만날 가능성이 훨씬 높아집니다. 그렇습니다. 당신을 쫓아다니던 그 많은 이성들이 다 떨어져 나가 버리고 어쩔 수 없이(?) 현재의 남편과 결혼을 한 것처럼 여성의 모낭에 있는 남성호르몬 수용체가 DHT 와 만나서 모낭이 쪼그라들어 버리는 것입니다.

나이가 들어 좋은 게 별로 없어 보이는군요. 그러나 빠질 머리털 걱정을 하는 나이면 그래도 괜찮은 나이일 수도 있습니다. 아직 지구 행성 위의 여행은 많이 남아 있으니까요. 모두 파이팅!

※ 여성 탈모의 경우 머리카락이 가늘어져서 두피가 보이는 형태를 많이 보입니다. 남성들처럼 헤어라인이 변하는 경우는 많지 않습니다. 어떤 이유든 간에 머리카락이 가늘어지면 피부과를 빨리 방문해 보시기 바랍니다. 초기에는 치료가 가능하지만 그대로 두면 영구히 탈모가 될 수도 있으니 말입니다.

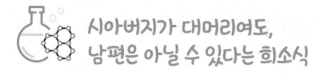

시아버지가 대머리여도, 남편은 아닐 수 있다는 희소식

───────────── 교수가 된 지도 이제 거의 20년이 다 되어 갑니다. 저와 같이 임용되었던 소위 입사 동기들을 보면 반은 머리가 휑하고 나머지 반도 머리카락이 바람결에 휘날리는 것이 애처로운 생각이 듭니다. 저는 나름대로 잘 버티는 듯했지만 아버지 상을 치를 때 스트레스로 날아가 버린 머리카락들이 다시 돌아오지 않는 것 같아 거울을 볼 때마다 심란합니다. 이러다 시간이 지나면 중세 수도승처럼 되지는 않을지…. 아버지, 할아버지, 외할아버지 모두 머리털이 풍성했는데…. 조만간 피부과를 방문해야 할 것 같네요.

한 여자가 사랑하는 남자를 만나 결혼을 약속하고 처음으로 예비 시아버지를 뵈러 갑니다. 분명히 남자친구를 많이 닮았는데, 머리 위는 왜 저리 애처로울까요? 돌아 나오는 길에 마음이 괜히 심란합니다. 그래도 사랑의 힘으로 대머리 정도는 극복할 수 있다고 다짐해 봅니다.

혹시 이런 분들이 있으시다면, 희소식일지도 모르는 연구 결과를 하나 소개해 드리고 싶습니다.

대머리를 유발하는 염기 서열은 여러 개입니다. 유전자는 저 위에서부터 내려오는 것이죠. 친할아버지, 친할머니, 외할아버지, 외할머니 총 네 분의 유전자를 4분의 1씩 가진 것이 나니까 그분들이 물려준 대머리 유전자가 내 대에서 발현되어 버리면 어쩔 수 없이 머리를 잃는 것입니다. 그런데 거꾸로 이야기하면 유전자가 발현되지 않을 수도 있다는 것입니다.

대머리를 유발하는 유전자 염기 서열 종류를 많이 가지는 사람부터 적게 가지는 사람까지 줄을 세워 놓고 유전자와 대머리 발현과의 관계를 조사한 연구가 있습니다. 유전적으로 대머리가 될 가능성이 높은 상위 10% 중에 58%만이 대머리가 되었습니다. 거의 동전을 던져 앞이냐 뒤냐의 확률인 셈이죠. 그러니 예비 시아버지의 머리 상태만 보고 좌절할 필요는 없습니다.

머리카락의 상태는 유전인자, 스트레스 수준, 복용하는 약물, 건강 상태 등 다양한 인자의 영향을 받습니다. 그러므로 상태가 조금 이상해진다고 느낀다면 바로 피부과를 방문하는 것이 좋겠습니다. 효능이 좋은 약이 계속 개발되고 있으니 희망을 잃지 말고 말입니다.

딸아이가 어렸을 때 농담으로 '아빠, 대머리가 되어도 용기를 내야 해. 사랑해'라는 글을 써 준 적이 있는데, 얼마 전에는 "결혼식장에 들어올 때, 1)배 나오면 안 되고, 2)머리가 빠진 상태는 절대 안 돼"라고 하더군요. 아, 정말 부모 노릇 하기 힘듭니다. 앞으로 10년은 넘게 버텨야 하는데 어떡하나요?

콜라겐 제품이나 음식을 먹으면 피부로 갈까?

콜라겐은 단백질입니다. 우리 몸속에 들어오면 그대로 다 원래의 아미노산 상태로 돌아갑니다. 콜라겐을 많이 먹는다고 해서 그대로 피부에 가고 관절로 가고 뼈로 가는 것이 아니지요. 일부 필요한 곳으로 가고 대부분은 열량을 내는 데 사용될 것입니다.

뜨뜻한 국밥이나 먹고 말지~

물론 콜라겐 제품이나 콜라겐이 풍부한 음식을 먹으면 우리 몸이 콜라겐을 합성할 수 있는 아미노산 원료 물질을 풍부하게 공급해 줄 수는 있으니 안 먹는 것보다는 나을 것입니다. 하지만 콜라겐 제품이나 콜라겐 음식을 먹는다 해서 피부가 아기 피부가 되고 관절, 뼈가 젊어지지는 않습니다. 조금 도움이 될 수는 있어도 말입니다. 슬프게도요.

연예인이 나와서 광고하거나 TV에 자주 나오는 의사가 광고하는 콜라겐 제품, 돈을 낼 만한 가치가 과연 있을까요? 저는 차라리 뜨뜻한 도가니탕이나 아귀찜을 식구들이나 친구들과 함께 먹겠습니다. 맛이라도 있잖아요.

336

3종의 아미노산이 반복되어 젤라틴을 만들고 젤리틴 세 가닥이 꼬여서 콜라겐이 된다. 콜라겐은 뱃속에 들어가면 이 과정이 반대로 일어난다.

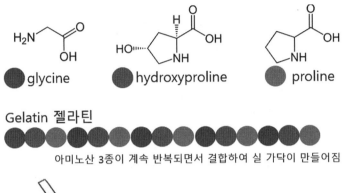

glycine   hydroxyproline   proline

Gelatin 젤라틴

아미노산 3종이 계속 반복되면서 결합하여 실 가닥이 만들어짐

콜라겐 삼중 나선 구조

위의 실 가닥 3개가 새끼줄처럼 꼬임

콜라겐 제품이 뱃속에서 소화효소를 만나면 산산조각 나서 최종적으로 원래의 구성 아미노산(글리신, 하이드록시프롤린, 프롤린)으로 바뀝니다. 엘라스틴 보충제도 마찬가지 운명을 맞이합니다. 이 과정을 이해하려면 위 그림을 거꾸로 거슬러 올라가면 됩니다. 설렁탕이나 특히 도가니탕에는 콜라겐이 듬뿍 들어 있습니다. 사람마다 호불호가 갈리는 닭발 같은 데도 많이 있고요. 이 음식들을 먹어도 몸에서 분해되어 아미노산으로 바뀌고 피부 세포가 콜라겐을 생성할 원료는 충분히 공급됩니다.

탄력 있는 피부를 만들기 위해서는 피부의 세포가 콜라겐을 마구 마구 생산해야 합니다. 세포가 콜라겐을 만들 때 비타민 C가 필요하다고 하니, 음식을 골고루 잘 섭취하고 잠 잘 자고 몸이 피곤하지 않도록 하여 피부 세포의 컨디션을 좋게 해야 할 것입니다. 다시 강조합니다. 콜라겐을 먹는다고 바로 피부로 가는 것이 아닙니다. 피부 세포가 콜라겐을 만들도록 해야 합니다.

그럼 콜라겐 제품을 섭취하는 것은 과연 얼마만큼 피부에 도움이 될까요? 하버드 보건대학원(Harvard T. H. Chan School of Public Health)의 콜라겐 제품 섭취에 대한 입장을 한번 볼까요?

> "콜라겐을 만들어 파는 회사에서 지원한 동물 연구에서는 콜라겐을 섭취하는 것이 피부 탄력성을 좋게 할 수 있다는 결과를 얻었고 관절이 아픈 운동선수들이 콜라겐을 섭취함으로써 '약간의 통증 완화' 효과가 있었다. 그러나 비영리단체에서 지원한 연구 결과는 없다. 또한 콜라겐을 먹어도 부작용은 없는 것 같다."

행간을 읽어 보면 '콜라겐 제품을 먹어서 나쁠 것은 없어 보이나 콜라겐을 파는 회사에서 지원한 연구 결과를 너무 믿지는 말라' 정도가 하버드대학의 입장인 것 같습니다. 콜라겐은 우리 몸에서 생기는 것이고 세포 내의 콜라겐 함량은 나이와 관련이 있습니다. 뱃속으로 들어가면 단순 아미노산으로 분해되어 버리는 콜라겐 제품을 먹는 것보다는 건강한 생활 습관을 가지고 잠을 충분히 자고 신체 나이를 젊게 유지하는 것이 훨씬 중요한 것 같습니다.

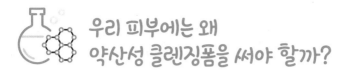

우리 피부에는 왜 약산성 클렌징폼을 써야 할까?

사람의 피부는 약산성인 pH 4.5~5 언저리에 머무릅니다. pH가 7 이하면 산성, pH 7 이상이면 염기성(또는 알칼리성)이지요. 피부의 pH는 인종, 나이, 성별, 그리고 몸에서의 위치 등에 따라 달라집니다.

눈에는 보이지 않으나 우리는 수많은 세균과 공

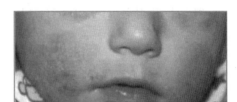

건조한 피부

나이에 따라 변하는 피부의 pH [4]

연령대에 따른 피부 pH 변화

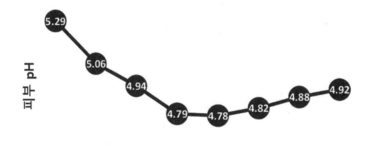

생하고 있습니다. 그런데 피부의 상태를 좋게 만드는 균은 산성 조건에서 잘 살아요. 만약 알칼리수나 알칼리성의 비누로 얼굴을 씻으면 이 피부 상태를 책임지는 균이 피부에서 떨어져 나가 버린답니다. 피부에 좋은 세균의 수가 줄어들면 무슨 일이 일어나나요? 네, 피부에 좋지 않은 영향을 주는 균들의 수가 늘어나서 더 악화가 되지요.

아토피 피부염, 접촉성 피부염, 건피증, 여드름, 피부 노화, 건조한 피부의 경우 pH가 커져 있습니다. 즉 피부에 좋은 약산성 상태에

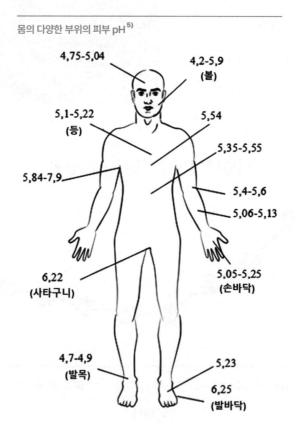

몸의 다양한 부위의 피부 pH [5]

서 좀 더 중성에 가까이 가 있다는 뜻입니다. 몸에 좋은 세균이 떨어져 나가면서 우리 몸을 잘 지켜 주지 못하고 있네요. '정상인 피부 상태보다 알칼리화 되어 있다' 이렇게 이해하시면 되겠습니다. 실제로 알칼리성이라는 뜻이 아니라 산성의 정도가 더 약해졌다는 뜻입니다. 이 경우 약을 바르든지 하여 피부의 pH를 감소시켜 주면, 즉 좀 더 산성화시키면 증상이 호전된다고 하는군요.

빨랫비누는 약알칼리성입니다. 따라서 이러한 비누를 이용해 세안을 하면 피부의 pH가 증가하여 피부에 좋은 세균들이 떨어져 나가 버리겠지요? 비누로 머리를 감는다? 머리카락에 비누를 묻히는 것은 괜찮으나 두피를 비누로 긁어 대면 탈모가 심해질 수도 있어요. 약산성 클렌징폼이 왜 피부 건강에 좋은지 아시겠지요? 세안 과정 중에 피부의 pH를 정상 범위에서 벗어나지 않게 해 주니까 피부에 좋은 세균들이 그대로 잘 살 수 있는 것입니다. 피부 상태가 안 좋은 경우 더더욱 알칼리성 세안 제품을 피해야겠지요?

또한 몸의 부위마다 pH가 다 다릅니다. 머리에 사용하는 제품, 세안에 쓰는 제품, 바디워시 등 여러 가지 종류의 세정제가 필요한 이유이기도 합니다. 침대만 과학이 아니고 피부도 과학이네요. 그렇죠?

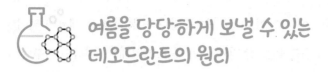

여름을 당당하게 보낼 수 있는 데오드란트의 원리

여름은 파란색 셔츠를 입기가 겁이 나는 계절입니다. 겨드랑이에서 나는 땀 냄새도 무섭고, 팔을 무심결에 들었다가 받게 될 사람들의 찌푸린 시선도 무섭습니다.

대체 겨드랑이의 땀 냄새는 왜 그리 지독할까요? 세균은 축축하고 따뜻한 곳을 좋아하고 그런 곳에서 잘 자랍니다. 바로 사람의 겨드랑이와 같은 곳 말입니다. 세균이 증식하면서 유기산과 같은 다양한 화합물이 생기는데 이들 때문에 냄새가 그렇게 고약한 것입니다.

우리를 여름에도 자신 있고 당당하게 만들어 주는 데오드란트(deodorant). 데오드란트는 땀을 흡수해서 겨드랑이가 뽀송뽀송하도록 만들어 주는, 그래서 세균의 증식을 억제하는 성분도 들어 있고 세균에서 발생하는 유기산과 같은 화합물들과 반응하여 냄새를 없애 주는 탄산나트륨과 같은 성분도 들어 있습니다. 세균을 죽이는 옥테니딘염산염과 같은 물질도 들어 있고 말입니다.

아예 땀샘을 막아 버리는 염화알루미늄과 같은 화합물이 포함된 안티퍼스피런트(antiperspirant)도 시중에 나와 있습니다. 평소에는 냄새를 막아 주는 데오드란트 정도면 충분할 것이고, 여름인데도 파란 셔츠나 블라우스를 반드시 입어야 하는 상황이라면 안티퍼스피런트를 선택하는 것이 좋겠네요.

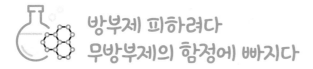

방부제 피하려다
무방부제의 함정에 빠지다

━━━━━━━━━━ 파라벤이라는 화합물은 참 여러 곳에 쓰입니다. 샴푸에도 들어 있고 로션과 같은 제품에도 들어 있습니다. 세균이 증식하지 못하게 하는 방부제로 효과가 아주 좋거든요. 최근 이 파라벤이 환경호르몬으로 작용할 수 있다는 우려가 제기가 되어 파라벤을 포함하는 제품들이 터부시되는 경향이 있습니다. 문제는 파라벤을 사용하지 않는다고 광고를 하는 제품들의 경우 인체 안전성 측면에서 검증되지 않은 물질들을 보존제로 사용한다는 데 있습니다. 대표적인 예가 페놀인데 피부 알레르기를 일으킨다든지 간독성을 보인다든지 하는 케이스가 꽤 많이 보고되고 있거든요. 자연에서 얻어지는 보존제의 경우 파라벤만큼 효과적이지 않아서 제품이 쉽게 상할 수 있다는 문제도 있고요.

소듐벤조에이트와 같은 식품 방부제도 파라벤과 같은 취급을 받고 있습니다. 식품 방부제의 경우 세균이나 곰팡이의 증식을 막아주어서 제품이 오랫동안 상하지 않게 해 주는데, 방부제를 사용하지 않거나 효과가 떨어지는 방부제를 사용하게 되면 식중독, 패혈증과 같은 심각한 건강상의 문제를 일으킬 수도 있습니다. 오랫동안 사용한 방부제의 건강상 문제가 더 큰지, 방부제를 사용하지 않았을 때의 건강상의 위협이 더 큰지를 따져 보아야겠네요.

FDA와 과학 커뮤니티는 보존제와 방부제에 대한 안전성 검증 연구와 효과적이고 안전한 대체재 발굴에 지속적으로 노력을 할 것입니다. 현재까지의 컨센서스는 '파라벤이나 다양한 식품 방부제는 건강에 특별히 나쁜 영향을 끼친다는 확정적 증거를 찾지는 못하였다'입니다. 그러므로 더 안전하고 효과적인 대체재를 찾아낼 때까지는 같이 살아야 할 것으로 보입니다. 너무 걱정만 하지 말고요. 여우를 피하다가 호랑이를 만나는 우를 범하지 않으려면 말이지요.

치과에 가지 않고도
치아를 하얗게 만드는 화학

얼마 전 틱톡에서 현직 치과의사가 치과에 가지 않고 새하얀 치아를 얻는 방법을 올려서 큰 인기를 얻었다고 해요. 이 사람이 제안한 방법은 키위, 오이를 갈아서 반죽을 만들고 베이킹소다 가루를 좀 뿌려서 이걸 치약 대신에 쓰는 것입니다. 일주일 만에 새하얀 치아가 된다고 하는군요. 왜 그게 가능한지 화학 탐정이 낱낱이 파헤쳐 드리겠습니다.

1. 오이, 수박, 딸기, 사과 등에는 표백 효과를 지니는 말릭애시드(malic acid, 말산 또는 사과산이라고도 함)라는 산 성분이 있어요.

말릭애시드의 구조

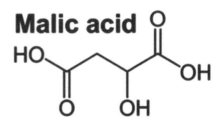

2. 우리 치아는 단백질이 얇게 코팅되어 있는데 이 단백질이 치아의 에나멜 층을 보호해 주기도 하지만 박테리아가 붙어서 살 수 있게 만들기도 하고 색깔이 있는 성분이 들러붙게도 합니다. 키위, 파파야, 파인애플 등에는 단백질 분해 효소가 있습니다.

3. 베이킹소다는 연마제로 쓰입니다. 키위에 들어 있는 단백질 분해 효소가 치아 표면에 붙은 단백질 층을 녹여 내면, 거기에 붙어 있던 어두운 색깔의 물질들이나 화합물이 떨어져 나옵니다. 이제 말릭애시드가 에나멜 층에 붙어 있는 색깔 물질을 표백합니다. 베이킹소다는 치아 표면에 붙어 있는 색깔 물질들을 살살 긁어 내지요. 이런 원리로 치아가 표백되는 것입니다. 탐정 놀이 끝!

단 이런 방법은 너무 자주 쓰면 안 되겠습니다. 에나멜 층이 너무 마모되면 안 되니까요. 그리고 치석 제거, 잇몸 질환 치료, 치아 치료는 치과에서 해야겠지요?

치과에서의 미백은 과산화수소를 이용해서 합니다. 아래에 있는 그림은 카버마이드 퍼옥사이드(carbamide peroxide)라는 화합물의 구조인데 여기에서 과산화수소가 서서히 떨어져 나와 치아를 표백하지요.

카버마이드 퍼옥사이드

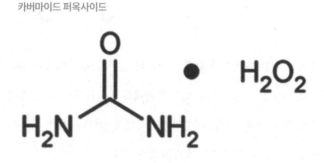

광팔도사 Q&A

Q. 다이어트란 다이어트는 안 해 본 것이 없어요. 왜 하고 나서 조금만 지나면 원래보다 더 쪄 있을까요?

A. 근육을 키우지 않는 다이어트는 모두 말짱 꽝이다. 열량을 태울 수 있는 엔진인 근육을 길러 두면 체중 유지하는 것이 쉽다. 다이어트 한다고 지방세포를 굶겨 두었으니 얼마나 배가 고프겠어? 근육 안 키우고 체중만 빼면 근육 더 줄어들거든? 지방이 몸에 들어오는 대로 가득 채우니까 당연히 쉽게 다시 찌고, 근육은 더 줄어들어 있으니 살 빼기는 더 힘들어지지.

Q. 원푸드 다이어트를 포도로 했는데 살이 더 쪘어요.

A. 보나 마나 미친 듯이 포도를 먹었겠지. 포도에는 당분이 많아. 우리 몸에 당분이 너무 많이 들어오면 그걸 지방으로 바꾸어 저장하거든. 그러니 더 찔 수밖에. 그리고 다이어트 한다고 밥은 안 먹고 대신 캐러멜 마키아토, 자바칩 프라푸치노에 휘핑크림 잔뜩 얹어서 마시고 그러지 않아? 그거 다 살로 간다. 가슴에 손을 얹고 가만히 생각해 봐. 얼마나 많은 열량을 섭취했는지.

Q. 저분자 콜라겐과 고분자 콜라겐의 차이는 무엇인가요?

A. 콜라겐은 긴 사슬 모양의 고분자로 이루어져 있어. 이 사슬이 길면 고분자 콜라겐, 좀 짧으면 저분자 콜라겐이지, 뭐. 소화가 좀 빨리 되고 안 되고 차이뿐이야. 성분 차이는 전혀 없어.

Q. 콜라겐 제품 사서 먹으면 다 피부와 관절로 가겠죠?

A. 그랬으면 내가 이렇게 관절이 계속 아프겠냐? 콜라겐은 뱃속에 들어오면 아미노산으로 다 바뀐다. 가기야 가지. 하지만 피부나 관절로 가는 양은 극히 일부다. 그냥 도가니탕 먹어. 맛이라도 있게.

Q. 왜 자꾸 배가 고플까요?

A. 빨리 자. 그럼 배 덜 고프다.

Q. 갱년기가 되니 왜 이리 배가 나올까요?

A. 여성호르몬이 줄어들어 생기는 필연적인 결과다. 여성호르몬이 줄어들면 지방이 엉덩이로 가지 않고 배로 가거든. 방법은 단 하나. 스쾃 같은 근육운동을 해서 근육을 키우는 수밖에 없어. 근육은 지방을 태우는 엔진과 같으니까 말이야. 여성은 남성보다 상체 근육이 발달하기가 어렵고 하체에 근육을 만드는 것이 더 쉽다. 그래서 내가 계속 스쾃 스쾃 하는 거야.

6장

자녀 양육에 써먹는 화학의 원리

아기가 귀여운 화학적인 이유

——————— 왜 큰 눈이나 둥근 얼굴과 같은 아기(사람 아기, 강아지, 고양이, 곰 인형 등) 형태를 지닌 존재를 보면 우리는 무장해 제가 되어 버릴까요? 심리학자들이 이것에 대해 많은 연구를 하였 고 여러 가지 이론들이 존재합니다.

'아기를 보살핌으로 하여 우리 종족 자체의 생존 가능성을 높 인다', '작고 연약한 존재를 보살피면서 우리는 신과 같은 우월함을 느낀다' 등등 많은 이야기가 있습니다.

그러면 질문으로 돌아가서 우리가 작고 연약한 존재를 보면 귀여 워하는 것이 화학적으로 설명 가능할까요? 일부는 가능할 것 같습 니다.

옥스포드대학의 연구 결과가 흥미롭습니다. 아기와 같이 큰

동물이든 사람이든 아기들은 다 사랑스럽고 귀여운 이유가 무엇일까?

눈, 둥근 얼굴을 보면 우리 뇌의 앞부분에 있는 안와전두피질(orbitofrontal cortex) 부분이 아주 빨리 활성화된다고 하네요. 이 부분은 감정과 즐거움을 관장합니다. 여러분이 이미 잘 알고 있듯이 즐거움과 보상의 호르몬은 도파민이고요. 아기와 같이 작고 연약한 대상을 보살피는 행위를 하면 우리의 뇌는 도파민 주사를 콱 놓아서 우리를 아주 기쁘게 만드는 것이지요. 그러니 아기에 대한 우리의 즉각적인 애정은 화학물질인 도파민의 보상 작용에 의해 일부 설명이 됩니다.

또한 아기를 돌보면 사랑의 호르몬 옥시토신도 분비된다고 하네요. 사랑에 빠진 순간 어떤가요? 너무 행복하지요? 아기를 돌보면서 우리는 옥시토신의 분비를 경험하게 되고 행복을 느낍니다.

아직 왜 아기를 보는 순간 뇌의 특정 부위가 활성화되는지 그 이유는 잘 모릅니다. 우리의 DNA가 그렇게 시키는 것일 텐데 그 작동 원리를 밝혀내려면 아직 멀었나 봅니다. 어쨌든 종의 생존을 담보하기 위해서 DNA가 관여하는 것은 분명합니다. 이것도 화학적인 이유지요.

심리학이라고 하면 화학과 아주 거리가 먼 학문이라고 일반적으로 생각합니다. 요즘은 우리 몸속에서 일어나는 다양한 화학 반응, 몸의 상태, 호르몬 등과 인간의 심리와의 상관관계에 대해 많은 연구가 이루어지고 있답니다. 인간은 화합물로 이루어져 있는 화학적인 존재이니까요.

엄마는 뇌 구조를 바꾸면서까지
아이에게 헌신한다

———————— 진실에 더 가까운 제목은 '임신은 여성의 뇌를 바꾸어 아이에게 집중하게 만든다'지만 극적인 효과를 위해 약간 비틀어 보았습니다.

생애 최초로 임신을 한 여성들의 뇌의 변화를 MRI를 통해 관찰한 연구에서 놀라운 사실이 밝혀졌습니다(2016년에 발표됨). 여성이 임신을 하면 사회적인 신호(social signals)들에 반응하는 뇌의 회백질의 부피가 임신 전에 비해 많이 감소한다고 합니다. '응? 뭐? 임신하면 뇌의 부피가 줄어든다니 안 좋은 거 아니야?' 이렇게 생각하시는 분들도 계시겠지만

위대한 모성의 힘

이러한 뇌의 구조 변화는 '아이의 요구에 더 잘 반응하기 위한 엄마의 뇌의 적응'으로 해석해야 한다고 합니다. 자다가도 아주 작은 아이의 기척에도 엄마는 깨서 아이를 돌봅니다. 주변에 대한 쓸데없는 관심을 다 끊어 버리고 오로지 아이에게, 세상에서 가장 중요한 존재에게, 집중하게 만드는 것이니까요.

다른 글에서 fMRI를 통해 뇌의 기능을 본다고 이야기한 적이 있는데 이러한 구조적 변화를 겪은 뇌는 '자기 아이의 얼굴을 볼 때만' 엄청나게 활성화된다고 하네요. 다른 아이들의 사진을 보여 주었을 때는 아무런 변화가 없지만 자기 아이의 얼굴을 볼 때만 활성화가 되는 거죠. 이렇게 변한 뇌는 시간이 지나도 원래대로 돌아오지 않습니다.

엄마들은 다 아시죠? 아이의 유치원 행사, 학교 행사에 갔을 때 수많은 아이들 속에서도 내 아이는 홀로 빛나는 존재라는 것, 그리고 아무리 많은 군중 속에서도 순식간에 내 아이를 찾아낼 수 있는 것. 엄마는 자신의 뇌를 바꾸면서까지 아이에게 집중하고 헌신합니다.

TV 다큐멘터리를 보면서 펭귄이나 바다사자들이 수많은 아기 펭귄, 아기 바다사자들 중 어떻게 자기 새끼만 금방 찾아내는지 늘 궁금했는데 이제 그 궁금증이 해결되었습니다.

흥미롭게도 아빠의 뇌는 아내의 임신 전후로도 아무런 변화가 없다고 합니다. 부성이 아무리 강해도 모성을 이길 수 없는 이유, 바로 엄마의 뇌가 말해 주는 듯합니다. 앞으로 절대로 아내에게 건방 떨지 않을 것을 맹세합니다. 뇌도 안 바뀐 주제에 까불면 안 되지요.

자연의 신비 그 자체인 세상 모든 엄마들에게 무한한 존경을 표합니다. 그리고 엄마들은 오늘 알게 된 이 사실을 자식들과 남편과 공유하며 본인의 초능력에 대해 알리시기 바랍니다.

아이의 독성 스트레스는 최악의 화학 작용

독성 스트레스라고 혹시 들어 보셨는지요? 이 독성 스트레스가 아이의 성장과 발달에 끼치는 악영향에 대해 하버드대에서 정리해 놓은 것이 있는데 소개해 드릴게요.

우리는 살면서 많은 종류의 스트레스를 겪으면서 삽니다. 스트레스를 받으면 심장박동은 빨라지고 혈압은 상승하고 스트레스 호르몬인 코티솔도 분비됩니다. 어떤 스트레스는 견딜 만하고 어떤 것은 정말 견디기 힘들지요. 지극히 강하고 오래 지속되는 스트레스는 어른에게도 힘들지만 아이들에게는 특히 평생 가는 신체적·정신적 문제를 야기할 수 있습니다. 스트레스는 크게 세 가지로 구분됩니다.

- 긍정적인 스트레스(positive stress): 어린이집이나 학교에 처음 갈 때 느끼는 두근거림, 백신을 맞을 때 느끼는 두려움이나 몸의 반응 같은 것을 말합니다.
- 감내할 만한 스트레스(tolerable stress): 천재지변, 교통사고로 인한 부상, 부모나 형제자매의 죽음과 같은 것을 겪을 때 느끼는 스트레스입니다. 아이의 경우 주변에서 잘 보살펴 주면 이러한 스트레스가 끼칠 수도 있는 문제가 잘 해소될 수 있습니다.
- 독성 스트레스(toxic stress): 물리적 · 정서적 학대, 지속적 방치, 부모

의 약물중독이나 신경질환, 학교 및 가정 폭력, 빈곤 등이 바로 이 독성 스트레스를 유발합니다. 장기간 그리고 자주 이러한 독성 스트레스에 노출되고 어른의 적절한 보살핌을 받지 못하게 되면 아이의 뇌는 정상적으로 발육하지 못하고 발달장애를 겪을 수 있습니다. 또한 어른이 되어 심장병, 당뇨, 우울증, 약물 의존증과 같은 건강상의 심각한 문제를 겪을 가능성이 매우 높아집니다.

요즘 한 부모 가정이 많이 늘고 있지요. 편모·편부들은 아이의 발달에 대해 걱정이 많으실 것 같습니다. 하지만 비록 한 부모라도 아이를 열심히 보살피는 경우 독성 스트레스를 겪지 않는다고 합니다. 제 지인들 중에도 편모·편부 가정에서 자란 사람들이 있습니다. 그 친구들의 부모님들은 가난 속에서도 참 열심히, 억척같이 자식들을 보살피셨던 것을 기억합니다. 지금 다들 사회의 구성원으로서 멋진 인생을 살고 있답니다.

독성 스트레스는 겉으로 보기에는 아무 문제 없는 가정에서도 겪을 수 있습니다. 아이가 공부를 못한다고 실패자 혹은 투명인간 취급을 한다든지, 여러 형제들 중에 유독 한 아이만 차별하는 정서 학대도 아이의 발달에 지대한 악영향을 끼칠 수 있습니다.

그리고 우리 주변의 아이들이 위와 같은 독성 스트레스 상황에 처해 있다고 의심이 드는 경우 바로 신고해야 합니다. 그것은 어쩌면 아이들의 인생을 구하는 행위일 수도 있습니다. 한 아이를 기르는 데는 마을 전체가 필요하다는 말도 있으니 말입니다.

임신 중 태아의 뇌 발달을 위해
반드시 섭취해야 하는 것

──────────── 콜린은 아래 그림과 같은 구조를 가집니다. 우리 몸은 콜린을 합성할 수 있으나 충분한 양을 얻기 위해서는 외부에서 음식의 형태로 섭취하여야 합니다.

콜린은 태중의 아이의 뇌와 신경의 발달, 인지 능력 강화, 스트레스 완화 등에 필수적인 화합물입니다. 뇌의 기능에 DHA가 아주 중요하다는 것을 잘 알고 계실 것입니다. 콜린은 엄마의 간에 저장되어 있는 DHA를 빼내어서 아기의 뇌 성장에 쓸 수 있도록 도와주기도 합니다. 거꾸로 이야기하면 엄마가 임신 중에 콜린이 들어 있는 음식을 충분히 섭취하지 않으면 아이의 뇌 성장에 장애가 있을 수도 있다는 뜻이죠.

콜린의 구조

다행히 콜린이 들어 있는 음식은 준비하기가 까다롭지 않습니다. 콜린은 달걀의 노른자, (소고기나 돼지고기 같은) 붉은 고기, 닭고기, 생선, 배추, 브로콜리, 콜리플라워 등에 들어 있습니다. 이런 음식을 충분히 잘 섭취해 주면 태중의 아이의 뇌가 잘 자라는 데 도움을 줄 수 있습니다. 당연히 수유할 때도 이런 음식을 잘 먹어야 아이도 엄마 젖을 통해 콜린을 얻어먹을 수 있습니다.

다음은 콜린을 많이 함유하고 있는 음식이니 잘 봐 두었다가, 여성 독자들은 임신하게 되면 아이를 위해 꼭, 충분히 섭취하기 바랍니다. 남편들도 신경 써서 보시고요. 뱃속에서 아이가 이미 두뇌 발달이 잘되어 나오면 제일 좋습니다. 나중에 DHA 먹인다, 학원에 보낸다, 고생하지 말고 태중에 있을 때 쉽게 갑시다.

콜린이 많이 들어 있는 음식들[1)]

콜린이 가장 많이 함유된 10대 식품

콜린 550 mg = 일일 기준치 100%

1 닭 가슴 살코기 **36% DV** (198.9mg) in a 6oz breast 267 calories	**2 생선 (연어)** **35% DV** (191.4mg) per 6oz fillet 265 calories
3 돼지갈비 살코기 **28% DV** (152.8mg) in a 6oz chop 332 calories	**4 달걀** **27% DV** (146.9mg) in 1 large egg 78 calories
5 소고기(스커트 스테이크) **24% DV** (132.3mg) per 6oz steak 456 calories	**6 새우** **21% DV** (115.1mg) per 3oz (about 12 large shrimp) 101 calories
7 강낭콩 **15% DV** (81.4mg) per cup 255 calories	**8 저지방 우유** **15% DV** (80mg) per 16oz glass 244 calories
9 브로콜리 **11% DV** (62.6mg) per cup cooked 55 calories	**10 완두콩** **9% DV** (47.5mg) per cup cooked 134 calories

사춘기 자녀와 싸우면 평생 후회하는 이유

몸 안에서 호르몬의 수치가 급변하는 사춘기 동안 아이들이 대인관계에서의 문제나 우울증을 겪지 않고 잘 넘어갈 수도 있지만 그렇지 못한 경우도 있습니다. 사춘기 자녀를 둔 부모들이 아주 힘든 시간을 보낼 수 있겠지요. 몇 달 전까지 멀쩡하게 잘 웃던 아이가 갑자기 "엄마 아빠는 내 인생을 다 망쳐 놓고 있어", "죽어 버리고 싶어", "나는 하찮은 존재야"와 같은 말을 하기도 합니다.

사춘기 막바지부터 어른의 초입 연령대를 대상으로 한 흥미로운 연구 결과를 소개합니다. 나이가 어릴수록 '자신의 개인적인 경험에 비추어 특정 현상을 자의적으로 해석하여 왜곡하고 지나친 일반화를 하며 중요성을 잘못 판단하는' 경우가 많다고 하네요. 특히 좋은 일에는 시큰둥하다가 좋지 않은 일은 극도로 과대 해석하는 경향도 나타난다고 합니다. 나이가 들어갈수록 이러한 편향적인 성향이 줄어든다고 합니다. 뇌의 성장이 완료되는 시점이 다가올수록 좀 더 성숙한 자세로 상황 판단을 하게 되는 것이지요.

사람마다 사춘기가 시작되는 시점은 다르지만 이 연구가 이야기하는 긍정적인 부분도 보아야 합니다. 성인이 되어 갈수록 합리적인 (상황에 대해 어른과 같은 수준으로 중요성 부가, 객관적인 상황 인식) 판단을 하게 되니 아이가 20대 초입까지만 잘 버티면 모든 게 해결될 수 있다는 것입니다. 그리고 '내 자식만 이상한 게 아니고 세상 모든 애들이 다 그렇다'는 것이지요. 혹여라도 사춘기 아이와 서로 다투기 시작하면 안 그래도 비관 편향적인 아이의 생각과 기억 형성을 정말로 그렇게 만들어 버리는 꼴이 되고, 성인이 될 때까지 '진실로 서로에게 나쁜 기억'을 만들어 버리면 부모-자식 간의 관계는 영원히 파탄 날 수도 있을 것입니다.

혹시 아이와 힘든 시간을 보내고 계신다면 이것만 생각하면 될 것 같습니다. '애가 이상하게 행동하는 것은 뇌가 아직 덜 성숙해서 일어나는 생리 현상이다. 나를 정말로 미워하는 것이 아니다. 세상 모든 것은 언젠가는 끝이 난다. 사춘기도 끝이 난다.'

조기교육에 투자하는 것보다 더 확실한 투자가 있다

아주 어린 나이에 말을 배우자마자 천자문을 다 외우고 동네에서 신동 소리를 듣던 아이가 사춘기를 지나고 나서는 하나도 기억하지 못하는 경우도 있습니다. 왜 우리는 태어난 직후부터 유년기의 기억 중 대부분을 잊어버릴까요? 물론 아주 강한 기억을 가지는 경우(예를 들어 심한 아동학대)에는 어른이 되어서 다시 기억을 되찾기도 합니다만 대부분의 기억은 사라지고 없습니다.

사람의 뇌의 뉴런들은 시냅스를 통해 연결되어 있지요. 아이는 태어나자마자 엄청난 양의 시냅스를 만들어 냅니다. 어른이 되어서 가지고 있는 시냅스보다 더 많아요. 유년기를 거치면서 이 중 일부 연결이 끊어지고 일부는 더 강해지면서 어른이 가진 시냅스의 수에 도달합니다. 그런데 사춘기에 이르러 뇌의 전전두엽피질에서 한 번 더 폭발적으로 새로운 시냅스가 생기고 기존의 시냅스가 정리됩니다. 이 과정에서 유년기의 기억들 중 상당 부분이 소실되고 마는 것이지요. 자아가 분명해지는 사춘기 이후에 만들어 내는 기억들은 아주 강하게 남으며 아주 오랜 세월을 견뎌 낼 수 있습니다.

애니메이션 〈인사이드 아웃 Inside Out〉에서 유년기의 기억들이 사라지는 장면이 나옵니다. 실제 우리 뇌에서 일어나는 것과는 다르지만 사춘기에 이른 아이들의 뇌가 얼마나 급변하는지 잘 보여 주는 듯합니다.

사람의 뇌는 계속 성장합니다. 거의 25세가 되어야 그 성장이 마무리됩니다. 그러니 사춘기와 청소년기의 뇌 발달은 한 인간의 지적 능력의 최종 종착지를 결정짓게 됩니다. 이 시기에 최대한 빨리 정서적으로 안정을 찾고 지식을 만들어 가는 것이 참 중요하겠지요?

요즘 꽤 많은 부모들이 만 세 살도 안 된 아이들을 영어 유치원에 보냅니다. 어릴 때부터 영어를 배우게 하면 좋겠다는 생각에서 그렇게 합니다. 영어뿐만 아니라 이런저런 과목을 영재교육이라는 명목 하에 가르치는 것을 보기도 했습니다.

그런데 유년기에 투자한 많은 부분이 사춘기를 지나면서 기억 너머로 소실된다는 것도 알고는 있어야 하겠습니다. 어쩌면 너무 어린 나이에 조기교육에 몰두하는 것보다 이 시기에 부모와 강한 유대감을 쌓을 수 있는 기회를 만들어 가는 것이 더 중요할지 모릅니다. 호르몬에 의해 미쳐 날뛰는 사춘기 아이도 부모의 사랑을 기억하는 순간 잠시나마 눈에서 광기를 거둘지도 모르니까요. 지식은 기억이 안 나도 좋았던 감정은 오래 남아서 아이가 사춘기라는 험한 파도를 넘어 훌륭한 어른으로 성장할 힘을 줄 수도 있을 테니까요.

17대 1 전설의 시작,
청소년은 언제 위험한 행동을 하는가?

—————————— 인간의 뇌의 성장과 작용은 아직 많은 부분이 미지의 영역으로 남아 있습니다. 병원에 가서 암이 있는지 없는지 보는 MRI, 이 MRI를 이용하여 우리가 어떤 행동을 할 때 뇌의 어떤 부분이 활성화되는지를 연구할 수가 있습니다. 그것을 기능성 자기공명영상(functional MRI)이라고 합니다. 이제는 심리학도 뇌를 들여다보면서 연구하고 있답니다.

한 10년 정도 전에 발표된 연구 결과 하나를 소개합니다. 이 연구는 청소년들이 위험한 행동을 언제 어떤 상황에서 하게 되는지에 대한 궁금증에서 시작되었어요. 간단하게 결론만 말씀드리면 청소년들은 동년배들이 지켜볼 때 사고를 칠 가능성이 높다고 합니다. 우리의 뇌에는 '행위에 대한 보상'과 관련된 부위가 있는데 어른의 경우와 다르게 청소년들의 뇌는 동년배들이 지켜볼 때 이 부분이 강하게 활성화된다고 하네요. 단순히 이야기한다면 위험한 행동을 하여 동년배들의 존경 또는 인정을 받고자 하는 것이지요. 어른들이 보기에는 어리석은 행동들을 아이들이 서슴지 않고 하는 이유가 바로 아이들의 뇌가 그렇게 작동하기 때문입니다.

- 자전거 탈 때 헬멧 안 쓰기

- 높은 곳에서 뛰어내리기

- 찻길에서 손 놓고 자전거 타기

- 담배 피우기

- 손으로 각목 격파하기

- 나이 차가 많이 나는 어른과 교제하기

애들은 혼자 있으면 또는 부모 앞에서는 절대 안 하는 행동을 다른 친구들과 같이 있으면 서슴지 않고 합니다. 사고를 친 아이의 부모들은 "우리 애가 그런다고요? 우리 애는 절대로 그럴 애가 아닙니다"라고 말합니다. 하지만 아이들을 다 믿지는 마세요. 극히 드문 경우지만 혼자 있을 때는 착한 아이가 분위기에 휩쓸려 신문에 나올 일을 하는 악마가 되기도 합니다. 아이들에게는 동년배가 주는 또래 압력(peer pressure)이 정말 무서운 것이고 그 또래 압력에 반응하는 것이 아이의 뇌니까요.

우린 17대 1의 전설을 많이 들어 왔지요? "내가 17대 1로 싸워서 이겼다는 거 아니야!"라고 말하는 사람은 어쩌면 17명 중의 한 명일지도 모릅니다. 이러한 위험한 행동을 했던 우리의 조상이 있었기 때문에 우리는 불도 피우고 문명도 꽃피웠을 수 있습니다. 험한 바다를 건너 새로운 섬에 정착했을 수도 있어요.

'아 놔. 인류고 문명이고 간에 난 내 애가 걱정이다'라고 하시는 분들은 아이가 어떤 친구들과 어울려 다니는지 유심히 지켜보시기 바랍니다. 아이는 부모가 안 볼 때는 십중팔구 그 친구들과 비슷하게 행동할 것이니까요.

그러면 어떻게 해야 하냐고요? 참 어려운 문제입니다. 부모보다 친구의 말이 더 중요한 때가 사춘기니까요. 요즘은 누구를 사귀지 말라고 하면 "그 친구와 있으면 즐거워. 엄마 아빠하고는 말이 안 통해"라는 답을 듣기가 더 쉬운 시기지요. 얼마나 어려운 문제이길래 수많은 전문가들이 사춘기에 관한 베스트셀러 책을 쓰고 강연도 하고 그것으로 부를 거머쥘 수 있을까요?

어려운 문제일 뿐만 아니라 제가 이쪽 분야 전문가도 아니지만 제 생각은 이렇습니다. 아이의 교육은 태어나는 순간부터 시작되어야 한다고 말입니다. 사춘기에 이르기까지 긴 시간이 있습니다. 이 긴 시간 동안 부모는 아이를 아낌없이 사랑하고 올바른 행동에 대해 교육을 해야 합니다. 무엇이 옳은 것인지 무엇이 나쁜 것인지 머리에 심어 줄 수 있는 충분히 긴 시간입니다.

그 시간을 다 낭비하고 사춘기에 들어선 아이한테 갑자기 살갑게 굴어 봤자, 그리고 훈육해 보았자 "왜 이러는 거야? 왜 갑자기 관심이야? 짜증 나. 내 인생에 참견하지 마"란 소리만 들을 테니까요. 어렸을 때부터 부모와 좋은 관계를 가지고 올바른 가치관을 가지고 있는 아이는 '이건 아니지' 싶은 순간 바로 나쁜 유혹으로부터 돌아설 것입니다.

아이가 태어나는 순간부터 어엿한 어른이 될 때까지 부모는 한순간도 방심하면 안 되는 것 같습니다. 한 생명을 세상에 내어놓은 책임이 결코 가볍지는 않네요.

뇌를 어떻게 쓸 것인가에 대한 지극히 개인적인 이야기

———————— 누구나 하나씩 가지고 있는 뇌. 대체 어떻게 뇌를 써야 할까요? 사람마다 뇌의 기능에 대한 생각 차이가 큰 것 같고 그것이 교육의 방향도 결정하는 듯합니다. 현재의 중고등 교육은 '기억하는 능력'에 초집중하는 것 같습니다. 어쨌든 뇌가 하는 기능을 지극히 단순화한다면 '기억하는 기능'과 '그 외의 기능들: 계산하고 조합하고 연상하고 창작하는 것들을 모두 포함' 이 두 가지로 생각해 볼 수 있겠지요.

여러분은 어떤 기능이 더 중요하다고 생각하세요? 저의 지극히 주관적인 생각으로는 기억의 기능은 어느 정도는 필요는 하지만 아주 중요하지는 않을 것 같습니다. 새로운 지식들이 너무나 빨리 쌓이고 있고 내가 기억하는 능력보다 데이터 센터의 저장 능력이 훨씬 뛰어날 테니까요.

인간의 인간다움은 전혀 연결되지 않을 것 같은 것들을 연결 짓고 엉뚱한 상상도 하고 그러다가 세상에 없는 아이디어나 물건을 만들어 낼 수 있을 때 가장 강하게 발현된다고 생각합니다. 그러니 연결이 안 될 것 같은 '것'들을 연결 지을 때까지만 특정 지식을 기억하면 되지 않나 하는 생각을 합니다.

문제는 알고 있는 지식의 양이 너무 적고 그것에 대한 이해의 정도가 너무 얕다면 연상 작용을 통해 생긴 새로운 무엇이 별 볼일 없을 것이라는 사실이지요. 우리 뇌가 컴퓨터의 CPU라면 CPU에 넣고 돌릴 데이터를 어떻게 최대한 많이 집어넣을 수 있을까요?

제가 사용하는 방법은 '어릴 때부터 쌓아 온 상당히 숙련된 기술'을 활용하는 것입니다. 가능한 한 최고의 속도로 글을 읽고 그것을 파악하는 것이지요. 어릴 때 집에 돈은 없어도 책은 많았습니다. 글을 배우기도 전에 아버지께서 어린이 문학 전집, 백과사전 같은 것을 많이 사 놓으셨거든요. 태풍이 오거나 눈이 너무 많이 와서 밖에 나갈 수 없으면 집 안에서 뒹굴거리면서 그런 것을 보는 거죠. 많이 읽다 보면 자연스레 익숙해지잖아요. 어릴 때부터 길러 온, 글을 빨리 읽고 골자를 파악하는 기술을 써서 많은 양의 정보를 한 번에 머릿속에 때려 넣고 뭐가 나올까 지켜봅니다. 무엇이 튀어나오든 간에 그것을 그림으로 그려서 남기거나 글을 써 버립니다. 쓰고 남은 지식은 최대한 잊어버리려고 노력합니다. 운동을 하거나 재미있는 소설을 읽거나 하는 것이 가장 쉬운 방법입니다.

운동을 하다가도 갑자기 연구 생각이 떠오를 때가 있습니다. 그런 제게는 카카오톡이 너무나 고마운 존재입니다. 떠오른 생각을 짧게 몇 단어로 정리하고 스스로에게 카톡을 보냅니다. 연필과 종이가 옆에 있다면 그림을 그리고 그걸 사진을 찍어 카톡으로 보냅니다. 그러고는 잊어버립니다. 비워 내야 새로운 생각이 계속 나오니까요. 머릿속에 집어넣고 뭔가 나오는 대로 뱉어 내고 잊어버리는 것을 무한 반복하면서 살고 있습니다. 그것이 제가 저의 뇌를 사용하는 방법입니다.

그리고 지금도 생각합니다. 우리 아이들 정말 불쌍하다고. 어른이 되어 써먹지도 못할 죽은 지식을 쑤셔 넣기 위해 오늘도 외우고 또 외우고 또 외우고 있으니까요. 형편없는 컴퓨터 메모리보다 못한 저장 능력을 더 길러서 뭘 어떻게 하겠다는 것인지 정말 모르겠습니다. 대체 이 질곡은 언제 끝이 날는지, 끝은 날 것인지 진정으로 궁금합니다.

높은 실내 이산화탄소 농도
= 아이 공부의 최고의 적

———————— 공부에 가장 방해가 되는 것 중의 하나가 '졸음에 의한 집중력 부족'입니다. 공기 중 이산화탄소의 농도가 너무 높으면, 졸음이 와서 공부할 수가 없고 읽어도 기억이 안 날 수 있지요. 2022년 지구 대기 중 이산화탄소의 평균 농도는 약 420ppm이며, 서울과 같은 도심은 다소 높은 440~450ppm으로 측정됩니다. 실내 이산화탄소 농도는 1,000ppm 이하로 권장되며, 이를 초과하면 피로와 졸림이 시작됩니다. 2,000ppm 이상이면 두통이 시작될 수 있고 3,000ppm 이상이면 건강을 해치게 되지요.

무서운 이야기 하나 하겠습니다. 실험에 따르면, 5평 남짓의 침실에서 창문과 문을 완전히 닫고 성인 한 명이 잠을 잘 때, 3시간 만에 이산화탄소 농도가 3,000ppm을 초과하였으며, 8시간 후에는 5,600ppm까지 치솟았다고 합니다. 20평의 집에 4명이 살 때 벌어지는 일이지요. 아이들 학교 교실은 1인당 면적이 이보다 훨씬 좁습니다.

요즘 미세먼지 등으로 문을 꼭꼭 닫고 생활하는 경우가 많습니다. 실내에서 식물을 기르기도 합니다만 집안 전체를 식물원으로 만들어도 우리가 필요로 하는 산소를 충분히 만들어 내지도, 이산화탄소를 제거하지도 못합니다. 문을 닫고 몇 시간만 지나면 2,000ppm은 쉽게 도달합니다. 가스레인지를 사용하여 요리라도 하면 그 농도에 도달하는 것은 한 시간도 안 걸립니다. 하늘 높은 줄 모르고 치솟은 이산화탄소의 농도를 낮추는 법은 오로지 잦은 그리고 주기적인 환기밖에 없습니다.

아이의 성적에 정말 신경을 많이 쓰신다면 이산화탄소 농도 측정기를 하나 구매하는 것을 권유합니다. 직접 눈으로 그 농도를 보면 얼마나 자주 환기를 해야 하는지 알게 될 것이니까요. 최소한 이산화탄소 때문에 성적이 안 나왔다는 이야기는 안 해야죠.

혹시 학부모회에서 일을 하시는 분들이 계신다면 아이들 교실의 이산화탄소 농도에도 신경을 써 주시기를 바랍니다. '환기 + 공기청정기 가동'은 아이들 성적뿐 아니라 건강에도 필수적인 요소일 테니까요.

마찬가지로 아이들이 학교 다음으로 많은 시간을 보내는 학원가에서도 이산화탄소 농도와 미세먼지 농도 관리를 어떻게 하고 있는지 지자체가 공조 시설 관리 감독을 하면 좋겠다는 생각입니다. 학원에 그 많은 돈을 가져다주는데 정작 아이들은 잠이 와서 제대로 배우지를 못한다면 너무한 거죠.

유아기 영어 집중 교육 시 경계할 점

─────────── 미국에 살고 있는 영어만 사용하는 아이들과 소위 2개 국어를 하는 이중언어(bilingual) 아이들의 단어 총량을 조사한 연구에서 흥미로운 결과가 나왔는데 그것을 소개합니다.

결론만 간단히 이야기하면 1개 국어를 하든 2개 국어를 하든 단어의 총 개수는 차이가 없었습니다. 다음과 같이 하나의 언어가 다른 언어를 대체하는 효과만 있었다는 뜻입니다.

영어권 1개 국어: mother, conclusion, sadness, regret

2개 국어 사용자: 엄마, conclusion, 슬픔, regret

위 연구는 미국 교육자들에게 '영어를 어설프게 구사하는, 그래서 학교 성적이 나쁠 수밖에 없는 동양계나 라틴계 아이들이 실은 덜떨어진 애들이 아니다'라는 메시지를 주는 것이지만 영어가 외국어인 우리 입장에선 논문의 결과를 다른 각도에서 보아야 하는 것이지요. 어릴 때부터 영어에만 집중하는 아이는 한국어의 발달이 지연될 수밖에 없고 한국 교육 시스템에서 그것이 불리함으로 작용할 수 있다는 것입니다. 그 위험성을 부모가 인지해야 합니다.

또 다른 연구 결과에 따르면 이중언어 아이들의 경우 집으로 돌아와 부모의 언어(한국어든지 영어든지)를 사용하는 것이 두뇌 발달에 도움이 되었다고 하네요. 집에 돌아와서도 아이의 두뇌는 계속 자극을 받고 부모에게서 배우게 되는데 부모가 어설픈 영어로 아이를 돕겠다고 해 보았자 높은 수준의 단어를 사용할 리가 만무하고 이렇게 되면 외려 언어적 발달이 지연되는 것이지요.

대학에 있다 보면 이러한 이중언어 학생들을 간혹 보게 됩니다. "교수님. 저 이 부분에 대해 question이 있습니다. Can you help me out? 어떻게 이런 conclusion이 나왔을까요?" 이게 대체 무슨 말인가요? 정말 짜증 나지요?

한국에 사는 아이는 주변에 모두 한국어를 사용하고 있는 사람으로 둘러싸여 있습니다. 영어 집중 교육을 받는다고 영어 학원을 가지만 그곳에서 배우게 되는 것이라고 해 봐야 지극히 제한적일 수밖에 없어요. 집으로 돌아와서 엄마 아빠와 영어로 이야기를 한다고 해 보았자 엄마 아빠가 대학 교육 이상을 받은 영어권 사람이 아닌 이상 아이에게 실질적인 도움이 될 수가 없습니다.

'어? 그러면 아이를 조기 유학 보내야 하나?' 저 앞에 제가 써 놓았죠? 아이의 지적 발달에 별 도움이 안 됩니다.

유아기에 영어 학원을 보내는 것을 군이 나쁘다고 하고 싶지는 않아요. 다른 나라의 언어를 일찍 접하는 것도 새로운 경험을 쌓는 것이니까요. 다만 집에 돌아오면 아이도 엄마도 아빠도 모두 편한 한국말로 유창한 대화를 하는 것이 좋을 듯합니다. 집에서 "Let's speak in English" 하는 순간 모두가 벙어리가 되고 아이가 부모와의 상호

교감을 통해 무한히 발달할 수 있는 기회가 사라질 수 있어요. 차라리 그 시간에 아이가 넓고 깊은 국어 독서를 통해 간접 경험도 하게 하고 여행을 다니든지 자연 속에서 뛰놀게 하여 아이가 몸으로 새로운 것들을 느끼고 배우게 하는 것이 훨씬 나을 것이라고 생각합니다.

일정 나이 이상이 되어서 영어를 배우면 아무래도 발음이 영어만 쓰고 산 사람들과는 다르지요. '발음만 좋고 깊이 있는 지식은 없어서 어버버하는 사람으로 키울 것인가 아니면 깊이 있는 지식을 바탕으로 높은 수준의 영어를 구사할 수 있는 사람을 만들 것인가?'를 부모가 결정하는 것이니 신중하셔야 합니다. 그리고 아이들이 초등학교 정도부터 제대로 집중해서 교육받으면 영어권 사람들과 구별을 못 할 정도로 발음이 좋을 수 있으니 너무 걱정 안 해도 됩니다. 영어를 배우기 전에 아주 많은 한국어 단어를 알고 있으면 그게 영어 공부에 훨씬 더 많은 도움이 됩니다.

그리고 미국의 가장 뛰어난 대학교에는 영어 발음이 이상한 동양권, 인도계 교수들이 바글바글하다는 것을 꼭 기억하시기를 바랍니다. 자기 전문 분야에서의 실력만 뛰어나면 발음 따윈 아무도 신경 안 씁니다.

※ 그동안 '우리 애는 어릴 때 영어 학원 안 보냈는데 뒤처지면 어떡하지?' 하셨던 초등 부모님은 너무 걱정하지 마세요. 아이들의 잠재력은 무궁무진합니다. 그동안 쌓아 온 국어 실력을 이용해서 영어 실력을 달까지 쏘아 올릴 것입니다.

아이의 기억력을 높이기 위한 부모의 역할

────────── 살면서 충격적인 일을 당하거나 아주 기쁜 일이 있었던 날의 기억은 세월이 지나도 매우 강하게 남아 있지요. 똑같은 영화를 보더라도 어떤 사람은 대사 하나도 빠트리지 않고 기억하는가 하면 어떤 사람은 전체적인 내용조차 잘 기억하지 못합니다. 이런 경우 지적인 능력의 차이보다는 관심의 차이에 의해 기억이 오래 남느냐 그렇지 않느냐가 결정됩니다.

우리가 공부를 할 때 모든 과목이 다 흥미롭고 재미있나요? 절대로 그렇지 않지요. 대부분의 공부가 실은 재미 없는데 그냥 해야 하니까 하는 것입니다. 이 재미없는 공부 내용을 오랜 시간 간직하고 있기란 정말 힘든 일입니다. 부모님들, 솔직히 공부 재미있으셨나요?

대부분의 학원에서 반복 학습의 중요성을 강조합니다. 두 달 걸려 한 학년의 과정을 다 배우고 또 두 달 후에 그 과정을 또 배우게 하고. 그런데 문제는 아이들이 그걸 다 기억하느냐입니다. 그런 경우도 있지만 대부분의 아이들은 전에 배운 것을 많이 잊어버리고, 다음에 다시 공부할 때 또 새로운 내용을 배우는 기분입니다. 대체 왜 그럴까요? 해결할 수 있는 방법은 없을까요?

학습과 기억에 관해 아주 유명한 이론이 있습니다. 사람의 기억은 시간이 지남에 따라 망각곡선(forgetting curve)이라는 것을 따라 사라

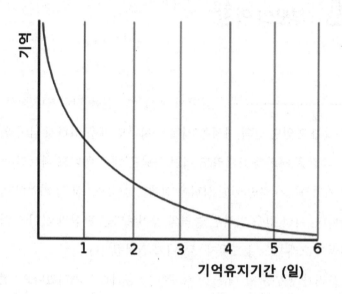

망각 곡선

기억

1 2 3 4 5 6

기억유지기간 (일)

지는데 기억이 많이 사라지기 전에 다시 기억을 시켜야 하고 이것을 반복하면 장기 기억을 만들 수 있다는 것이지요. 다음 그림과 같이 말입니다.

많은 학원들이 명목상 이런 방식을 따르는 것인데 문제는 사람마다 기억이 사라지는 속도가 다르다는 것입니다. 어떤 아이는 기억이 아주 천천히 사라지고 어떤 아이는 아주 빨리 사라집니다. 수학 공부를 생각해 보면 어떤 아이는 수학을 재미있어 하고 빨리 이해할 수 있어요. 그러면 학원에서 배우는 것도 거의 다 이해하고 기억도 오래가지요. 어떤 아이는 같은 반에 있어도 이해하는 속도가 느리기 때문에 배운 정도가 앞의 아이만큼 되지도 못하고 재미도 없기 때문

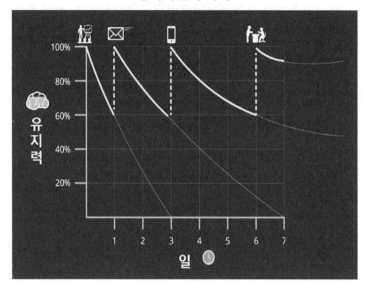

에 기억도 오래가지 않습니다.

학원은 이 모든 아이들의 요구에 맞추어 교육시킬 수가 없습니다. 바로 그렇기 때문에 학습은 지극히 개인적인 것이 되어야 합니다.

이해하는 정도가 좀 느린 아이는 시간이 걸리더라도 완전히 이해를 해야 합니다. 그리고 아이의 기억력에 따라 반복을 얼마 만에 할지를 정해야 합니다. 이것을 아이가 알아서 할 수 있으면 가장 좋겠지만 어린아이일수록 스스로 공부하고 계획을 세우는 것이 쉽지 않아요.

사람마다 능력이 다 다릅니다. 수학을 잘하는 아이가 영어는 못하는 경우도 있고 그 반대도 있습니다. 물론 다 잘해서 다른 부모들을 좌절에 빠지게 하는 아이도 있지요. 자신의 아이의 강점을 비교적 어릴 때 잘 관찰하여 공부하는 습관을 좀 잡아 줄 필요가 있습니다. 적어도 아이가 어릴 때는 부모님이 조금은 관여해 주는 것이 좋겠습니다. 너무 강하게 말고 넌지시 말입니다. 말은 쉽지만 어려운 일입니다. 아이가 공부할 때 엄마 아빠도 옆에서 컴퓨터로 일을 한다든지 글을 읽는다든지 하여 아이가 외롭지 않게 해 주면 좋겠지요?

말씀드렸듯이 학원에서 모든 것을 다 해 줄 것이라고 믿지 마세요. 할 수도 없고. 다시 말씀드리지만 학습은 지극히 개인적인 것입니다. 모든 부모님들, 파이팅!

※ '뭐 어떻게 하라는 거야?' 하시는 분들을 위해 간단한 팁을 드릴게요. 먼저 아이에게 국어 단어든 영어 단어든 새로운 단어 20~30개를 일정 시간 내로 공부하게 하고 그 뜻을 외우게 하세요. 그리고 며칠 후까지 그중에 70% 정도를 기억하는지 시간을 측정합니다. 다시 공부하게 하고 며칠 후까지 전체의 80% 이상 기억하는지 보세요. 또다시 공부하게 하고 며칠 후까지 전체의 90% 이상 기억하는지 체크합니다. 이렇게 하면 아이의 전반적인 기억력을 체크해 볼 수 있답니다. 아이의 나이가 많아질수록 그 간격이 더 길어집니다. 왜냐면 아이의 뇌가 나이가 들수록 더 발달하기 때문입니다. 중고등학생이 되면 스스로 알아서 할 수 있어야겠지요?

공부가 가장 쉬웠어요?!
(feat. 성공한 사람들의 공통적인 특징 한 가지)

──────────────── 어느 날 아내에게 어머니가 뜬금없이 그러시더군요. "열이가 어디 빠지는 데가 있나? 똑똑하고 잘생기고 몸도 튼튼하지. 성격만 좀 별로고 나머지는 다 괜찮다." 순간 저는 귀를 의심하면서 어머니를 쳐다보았고 아내는 배꼽을 잡고 웃기 시작했습니다. 음. 그렇더군요. 저는 제 부모까지 인정하는 '성격 안 좋은 사람'이더군요.

농구의 신이라 불리는 마이클 조던. 제가 대학원 생활을 하던 시기에 마이클 조던은 시카고 불스에서 마지막 커리어를 보내고 있었습니다. 마이클 조던이 나오는 농구 경기가 TV에 나오면 어떻게든 그걸 보려고 노력했지요. 힘들다면 힘든 대학원 시절을 버틸 수 있게 해 준 고마운 사람입니다.

마이클 조던은 농구를 하기에 최적의 신체를 지니고 있습니다. 키가 198cm에 달하고 손은 아주 커서 농구공을 소프트볼처럼 쥘 수도 있고 제자리높이뛰기는 1미터 넘게 뛰고 아주 민첩합니다. 소위 우리가 이야기하는 농구를 잘할 수 있는 모든 재능(talent)을 타고난 것처럼 보입니다. 그러나 사람들은 마이클 조던의 위대함을 이야기할 때 이러한 신체적 재능에 대해 그다지 신경 쓰지 않습니다. 마이클 조던을 상대해 본 다른 선수들에게 마이클 조던의 특징을 단 한 문장으로 말해 달라고 이야기했을 때 한결같이 이렇게 대답했다고 하더군요.

"마이클 조던은 지는 것을 죽기보다 싫어했다."

우리는 '천재'들에 대해 어떤 환상을 가지고 있는 듯합니다. 하늘에서 뚝 떨어진 재능으로 아무거나 손만 대면 처음부터 잘하는 그런 존재로 생각하는 경향이 큽니다.

던 예거(Don Yaeger)라는 분이 2,500명의 위대한 운동선수들을 인터뷰하고 나서 내린 결론이 무엇인 줄 아세요? "이들은 지는 것을 극도로 혐오한다. 삶의 어느 순간부터는 지는 것에 대한 두려움이 이기는 기쁨을 압도하게 된다." 그렇습니다. 남들보다 월등히 더 뛰어난 육체적 재능을 가지고 태어난 사람들임에도 불구하고 지기 싫어서 남들보다 더 열심히 훈련하는 것입니다. 안 그래도 뛰어난 재능을 타고났는데 더 열심히 하니 이길 가능성이 커질 수밖에 없겠지요?

이러한 강박적인 삶이 행복에 도움이 될까 안 될까를 이야기하고 싶지는 않습니다. 적어도 이들은 이기지 못하는 순간이 찾아오면 많이 불행해하겠지요? 그래서 위대한 운동선수들은 은퇴 후에 지도자가 되거나 사업가로 변모하여 이기는 기쁨을 계속 추구하는지도 모르겠네요.

각 분야에서 가장 높은 위치에 있는 분들은 어떻게 살고 있을지 짐작해 보세요. 정상에서 내려오는 것이 얼마나 두려울까요? 치고 올라오는 경쟁자들을 물리치기 위하여 어떻게 할까요? 더욱 능력을 기르고 더욱 인맥을 넓히고, 필요하다면 경쟁자를 싹부터 잘라 버리기도 하겠지요?

꼭 위대한 인물들만 지는 것을 싫어하는 강박에 빠져 있지는 않아요. 주변을 둘러보세요. 성공을 위해 달려가는 사람들은 한결같이 '독하다', '못됐다' 소리를 듣고 있지 않나요? 저도 여러분과 이야기할 때는 '상냥한 광렬 씨'일 수는 있지만 제 분야에서 남들에게 지고 싶지는 않습니다. 연구는 독하게 하는 것입니다.

이야기가 너무 옆으로 새고 있군요. 아이가 자기 분야에서 성공하려면 아이의 삶에 어느 순간 '각성'이 와야 할 것입니다. 자기가 가장 잘하는 것을 찾고 이기는 기쁨을 즐기다가 어느 순간 지는 것이 너무 두려워 죽도록 열심히 하고 그러다가 더 잘하고 전문가가 되는 거죠. 이러한 각성은 부모가 시킨다고 오는 것이 아니고 아이가 스스로 찾아야 하는 것입니다. 부모는 환경을 만들고 인내하며 지켜보기만 해야 합니다. 부모가 자신의 일을 열심히 하는 성실함을 보이면서 말입니다.

전국 수석을 하는 사람들이 간혹 인터뷰에서 "공부가 가장 쉬웠어요"라고 하죠? 그건 진실입니다. 다른 분야에서 두각을 나타낼 능력은 없고 공부밖에 안 하는데 남한테 지기 싫으니 더 열심히 하고 그러다 보면 공부가 쉬워지는 거죠. 단 이런 이야기를 남에게 자랑하듯 대놓고 하는 인간은 나중에 성공하기는 글렀네요. 인간은 남과 같이 살아가는 존재니까 최소한의 배려는 알아야죠.

전교 1등의 평균적인 성격은 어떨까요? 아주 개차반으로 보일 수도 있어요. 1등을 해야 하니 다른 친구들과 노는 시간을 줄이는 자발적 왕따가 되는데, 성격 좋다는 소리를 듣겠어요? 어쩌다 문제 하나 틀리면 분노 게이지가 하늘로 치솟는 인간이 성격 좋게 보일 수는 없지요.

"얘야, 밥 먹어라", "아빠 왔다" 했을 때 아이가 공부에 빠져 진짜로 못 들을 수도 있어요. '싸가지'가 없는 게 아니라 자기 일에 몰두하니 주변을 못 살피는 것일 수 있어요. 부모는 그것을 구분할 수 있어야 합니다. 진짜 '싸가지'가 없는 아이는 밖에 나가서 다른 사람들을 전혀 배려하지 않습니다. 노인이 무거운 짐을 지고 갈 때 도와줄 수 있어야 하고, 남들이 문밖으로 나올 때까지 문을 잡고 기다려 줄 수도 있어야 합니다. 지하철이나 엘리베이터에서 사람이 나오고 있는데 아랑곳하지 않고 무작정 밀고 들어간다면 진짜 '싸가지' 없고 '싹수가 노란 것'이지요. 식탁에 앉아서 부모가 이런저런 이야기를 하는데, "아, 됐다고. 신경 꺼"라고 말한다? 이럴 때는 말로 잘 타일러서 사회성을 길러 주는 것이 필요하겠지요.

이상으로 성격이 못된 사람이 말씀드렸⋯. (근데 대체 내가 어디가 성격이 안 좋다는 거야? 알 수가 없네.)

※삶의 가치를 어디에 두는지는 사람마다 다르고 어떠한 삶이 정답인지는 아무도 모릅니다. 어떤 사람은 성공을 위해 달려가지 않으면 괴롭고 어떤 사람은 남들과 경쟁하고 사는 것이 괴롭지요. 위의 글은 소위 외부적으로 보이는 '성공'한 사람들의 특징에 대해 쓴 것이고 어떤 삶이 좋다 나쁘다에 대한 제 견해를 밝힌 것은 아닙니다.

자신의 분야에서 그토록 성공한 타이거 우즈도 과도한 승리에 대한 압박감을 해소하고자 섹스 중독에 빠져 가정이 파탄 나곤 했지요. 얼마 전까지 세상에서 제일 부자였던 일론 머스크도 결혼과 이혼을 반복하고 살고 있습니다. 평온한 가정을 즐기지 못하니 그런 면에서는 참 불행한 사람들일 수도 있습니다.

삶의 가치를 어디에 두느냐는 본인의 가슴이 이끄는 대로 하는 것이 어쩌면 정답일지도 모릅니다. 타이거 우즈와 마이클 조던에게 그만 경쟁하라고 하면 그건 죽을 만큼 괴로운 일일 것이고, 가정의 행복이 전부인 사람에게 성공을 위해 가정을 버리라는 것 역시 말도 안 되는 것이니까요.

MIT 연구진이 발표한
아이를 언어 천재로 만드는 방법

─────────── 자꾸 미국 연구 이야기를 해서 독자들에게 미안한 생각이 듭니다. 그러나 많은 연구가 미국에서 진행됐고 우리나라를 포함한 세계의 많은 나라들이 미국을 따라가는 입장이라 어쩔 수 없는 면이 있습니다.

1995년 놀라운 연구 결과가 발표되었습니다. 높은 소득을 가지는 가정과 낮은 소득을 가지는 가정에서 자란 아이들의 경우 태어난 이후 3년 동안 듣는 단어 개수에서 '3천만 단어의 차이(30 million words gap)'가 난다고 합니다. 이 때문에 고소득층과 저소득층의 아이들이 알고 있는 단어의 개수, 언어 발달, 독해 등에서 큰 차이를 보인다는 것이죠. 아무래도 높은 소득을 가지는 가정에서는 엄마나 아빠가 아이가 보는 앞에서 대화하는 시간이 더 길고, 아이와 이야기하는 시간도 더 길 수 있으니까 아이가 언어에 노출될 가능성이 더 클 것입니다. 물론 모든 높은 소득의 가정에서 대화가 넘치는 것은 아니지만 통계적으로 보아서 그렇다는 것입니다. 어떻게 보면 '금수저 흙수저 논리'를 강화시켜 주는 결과입니다.

이 이야기를 듣고 '아, 어떡해?' 하시는 분도 있겠지만 잠깐만 기다려 주세요. 아직 이야기가 끝나지 않았습니다.

2018년 저소득층의 부모에게 희소식일 수 있는 새로운 결과가

MIT 연구진에 의해 발표되었습니다. 4~6세 아이들의 언어능력을 테스트해 본 결과 '부모와 아이가 주고받는 대화를 얼마나 많이 하느냐'가 아이의 언어능력과 직결된다는 것입니다. 이것은 집에 돈이 많든 적든 아무 상관이 없었습니다.

아이의 앞에서 어른들이 어른이 쓰는 단어를 이용하여 대화하면서 아이에게 단어를 가르치고, 아이와 직접 주고받는 대화를 하면서 아이의 언어능력을 길러 줄 수 있습니다. 지금 아이와 같이 있는 사람이 엄마든 아빠든 할머니든 할아버지든 상관없이 누구나 할 수 있는 것입니다.

아주 어린 아이가 옹알이밖에 못한다고 아무것도 모른다고 생각하지 않기를 바랍니다. 아이는 누워서도 엄마 아빠를 관찰하면서 배우고 있거든요. 아이 앞에서 언어가 하는 일이 무엇인가를 계속 보여 준다면 아이가 첫 말문이 트이고 얼마 지나지 않아 깜짝 놀랄 수도 있습니다. 말문이 트이자마자 어른이 말을 하듯 문장을 만들어 말할 수도 있다는 것입니다.

저의 아버지는 참 할 말이 많으신 분이셨습니다. 어머니하고 둘이서 뭘 그리 할 이야기가 많은지 늘 두런두런 이야기를 나누셨죠. "오늘 윗마을에 사는 누구의 사돈의 팔촌이자 어디에서 무엇을 하는 몇 살인 눈이 크고 최근 교통사고로 다리 한쪽이 불편한 누구를 만났는데…." 늘 TMI였지만 어머니는 다 참고 잘 들어주셨습니다. 내가 무엇을 집중해서 하고 있지 않은 이상 "열아, 내가 어디에 가서 무엇을 보았는데…"와 같은 아버지와의 대화는 피할 수 없는 숙명이었습니다. 이야기의 골자를 이해하기 위해서는 상당히 긴 문장에서 주어, 동사, 목적어를 파악해야 했으므로 어린 시절부터 문맥 파악 훈련을 많이 한 셈이죠. 이러한 시끄러운 전통은 나의 가정으로도 이어졌습니다. 보통 여자들이 말이 좀 더 많은데 우리 집은 나와 아이가 말이 더 많고 아내는 늘 "귀에서 피가 날 것 같다"는 말을 합니다. 그 덕분에 아이의 언어능력이 나쁜 것 같지는 않습니다.

요지는 이것입니다. 아이의 언어능력은 부모가 아이와 얼마나 많이 대화하느냐에 달려 있습니다. 어릴 때 아이가 하는 말이 완전하지 않아도 거기에 대꾸하며 대화를 이어 나가야 합니다. 그러면 아이는 이야기를 잘하는 아이가 될 것입니다. 그것이 쭉 이어진다면 아이는 언어 천재가 될 수도 있겠지요. 한 번 더 강조합니다. '주고받는 대화'를 해야 합니다. 엄마나 아빠가 말을 쏟아 내기만 해서는 안 됩니다. 아이가 말을 하도록 유도하고 인내심을 가지고 대화를 이어 나가야 합니다.

엄마 아빠의 대화가 하나도 없고, 아이와 하는 대화는 "밥 먹어", "일어나. 옷 입자", "유치원 가야지" 하는 정도로 끝나고 마는데 그 아이가 말을 엄청 잘하는 돌연변이가 될 가능성은 극히 낮다는 것 꼭 기억했으면 합니다.

또한 어린이집이나 유치원에 가서 아이가 말을 많이 하고 언어를 많이 배워 올 것이라고 절대 믿지 않았으면 합니다. 그곳에서는 위에서 이야기한 대화가 일어나기 힘들거든요. 아무리 선생님이 인내심이 강하고 착한 분이고 교육에 열과 성을 다한다고 해도, 그리고 어린이집이나 유치원에 가 있는 동안 계속 선생님과 일대일 대화를 한다고 해도, 학생이 20명이면 어른과의 대화는 유치원에 가 있는 시간의 20분의 1밖에 못하는 것입니다.

바로 그렇기 때문에 진정한 언어 교육은 집에서 이루어져야 한다는 거예요. 식탁에 앉아 과묵하게 밥만 먹는 집에서는 절대로 언어 천재가 나올 수 없습니다. "아는?" "밥 묵자"만 말하는 집에서 자란 아이는 커서 "아는?" "밥 묵자"만 할 가능성이 매우 큽니다. 이런 환경에서 자란 아이가 수많은 사람들 앞에서 떨지 않고 자연스럽게 그리고 멋지게 발표하는 것은 참으로 상상하기 힘들겠지요.

광팔도사 Q&A

Q. 유치원에 가면 우리 애만 훤하고 나머지는 참 별로네요. 왜 그럴까요?

A. 응. 뇌가 변해서 그래. 엄마 뇌는 자기 애밖에 안 보이게 만들고, 자기 애 냄새를 좋아하고 다른 애들 냄새를 싫어하게 만들어. 다음에 유치원 가면 다른 엄마들을 한번 봐. 다들 자기 애만 보고 있을걸? 다른 엄마들 눈에는 다 자기 자식만 빛날 거야.

Q. 왜 우리 애는 공부를 열심히 하지 않을까요? 대체 뭐가 문제일까요? 뭐든 다 갖춰 주었는데···. 그냥 공부만 하면 되는데.

A. 애가 알아서 공부를 열심히 하고 잘하는 것도 부모가 전생에 좋은 덕을 쌓아야 하는 거다. 그러려니 하고 받아들여. 그리고 결핍이 있어야 애가 열심히 한다는 생각은 안 해 봤어? 가만히 있어도 다 떠먹여 주는데 왜 스스로 알아서 열심히 하겠어?

Q. 아이와 같이 아이 공부를 같이 하는 중입니다. 모르는 것 있으면 알려 주려고요. 잘하는 것 맞지요?

A. 왜? 초등학교 한 번 더 다니게? 애는 그냥 엄마 아빠가 자기 할 일 하고, 사랑해 주면 된다고 느낄걸? 아이에게 필요한 것은 같은 것을 공부하는 동무가 아니라 힘들 때 안아 주고 이야기를 들어주고 무조건적인 사랑을 주는 부모야.

Q. 아이가 어린데 일 때문에 가사도우미를 쓰고 있어요. 너무 걱정이 돼요.

A. 나도 걱정이 되는구나. 아이는 어릴 때 말을 못할 때도 부모가 이야기하는 것을 보면서 참 많이 배우거든. 어떻게든 부부가 아이를 많이 볼 수 있도록 하는 수밖에. 가사도우미가 부모 역할을 해 주기를 기대하는 것은 안 돼. 부모님께 도움을 청하건, 친한 사람들과 공동 육아를 하건, 남편의 육아휴직을 이용하건, 믿을 만한 어린이집을 보내건 간에 애는 혼자 있지 않도록 해야 해.

Q. 어떻게 해야 애가 글을 잘 쓸까요?

A. 애가 글을 쓸 수 있도록 환경만 만들어 주고 잘 쓰는지 못 쓰는지 감시도 점검도 하지 마. 엄마가 빨간 펜 선생님이야? 그리고 애가 쓴 글에 누가 빨간 펜을 들고 고치려고 해도 강력히 반대해야 해. 미래의 노벨 문학상 수상자를 죽이는 행위니까.

Q. 아이가 발표를 잘하면 좋겠어요.

A. 평소에 집에서 서로 이야기 나누는 환경을 만들어. "어디 어른이 이야기하는 데 끼어들어?" 하는 사람들이 많은데, 그러면 애는 말을 못한다. 정중하게 자기 이야기를 할 수 있는 능력을 부모가 행동으로 가르쳐.

Q. 아이를 영어 유치원에 보내면 영어 잘하겠지요?

A. 응. 그런데 국어 못 할 수 있어. 너무 어릴 때 한국어도 못하는 애를 영어 유치원에 보내면 돈 버리고 애 인성도 버릴걸?

화학적 존재들의 행복한 화학 생활

─────────────── 이제 책이 마무리가 되었습니다. 각자 자신만의 화학 창문이 만들어졌나요? 잘 모르겠다고요? 음. 그럼 이렇게 질문해 보겠습니다. 주전자에 생긴 흰 가루 찌꺼기는 어떻게 제거하나요?

어떤 분은 "식초나 구연산을 쓰면 됩니다"라고 하시고, 어떤 분은 "아, 그거 본 거 같은데…. 기억이 안 나요" 하시겠죠? 정확하게 기억하지 못해도 괜찮습니다. 그런 내용이 책 어딘가에 있었던 것 같은 기억만 있어도 책의 차례를 보면 해당 내용을 쉽게 찾을 수 있을 것입니다. 살림살이에 이러한 화학적인 방법을 사용하겠다는 마음만 가져도 여러분은 '화학'에 많이 다가간 것입니다. 적어도 작은 '화학 돋보기'가 생긴 것입니다.

만약 어린 자녀가 있다면 책의 내용 중에 쉬운 부분은 같이 읽어 보세요. 부엌에서 하는 다양한 '살림고수'의 살림살이를 아이와 함께하면 아이들은 자연스럽게 화학의 내용을 배우고 익히면서 '꼬마 화학자'가 될 것입니다. 나중에 정말로 화학자가 될 수도 있고, 화학 회사를 운영하는 경영자가 될 수도 있고, 화학 약품을 늘 이용하는 의사가 될 수도 있겠지요.

제가 여러 번 강조했듯이 우리는 전적으로 화학적인 존재들입니다. 우리 몸의 모든 것이 화합물이고, 우리의 행동은 호르몬과 같은 작은 화합물의 유무에 지배를 받습니다. 작은 화학 분자인 약을 먹으면 아프지 않게 되고, 마약을 하게 되면 뇌의 화학 회로가 망가져 중독이 되고 인생조차 망가집니다. 술의 알코올도 화학 분자이고 담배의 니코틴도 화학 분자입니다. 이러한 화학 분자들이 우리 몸에 들어오게 되면 우리 몸속에 있는 단백질, DNA 등의 화합물과 상호작용을 하면서 우리의 행동까지 바뀌게 됩니다. 열량이 높은 분자들이 몸속에 들어오고 그 열량을 충분히 연소시켜 주지 않으면 체중은 늘어만 갈 것입니다. 그러니 함부로 아무 화합물이나 몸속에 넣지 말고 집어넣기 전에 한 번 더 생각해 볼 수 있겠지요?

화가 나서 머릿속이 하얗게 변한다면 머릿속 아드레날린의 분비가 과도하다는 것을 인식하고 잠시 다른 곳을 볼 수도 있을 것입니다. 아이를 자꾸 혼내면 아이 몸속의 코티솔의 농도가 높아져서 공부는 더 못하게 되고, 비만이 되고 우울증도 생길 수 있다는 것을 알고, 때리거나 혼내는 대신 따뜻하게 안아 줄 수도 있을 것입니다. 남편을 혹은 아내를 무시하고 깎아내리면 업무에서의 성취는 더 낮아지고 육체적으로도 덜 매력적으로 변하게 될 것입니다. 칭찬은 고래도 춤추게 한다지요? 칭찬을 통해 배우자의 머릿속에 행복 호르몬 도파민이 나오게 하여 더욱 나은 사람이 되게 할 수도 있겠지요? 감정적으로 변하고 마구 고함을 지르고 싶을 때 잠깐만 물러서서 우리가 화학적인 존재임을 한 번만 더 생각할 수 있다면, 우리의 행동을 객관화하고 좀 더 성숙한 인간답게 행동할 수 있게 될 것입니다.

화학의 힘은 그러한 것에 있습니다. 우리 자신을 좀 더 객관화하고 물질로서의 우리 존재에 대해 사유하게 함으로써, 우리가 이성적이고 형이상학적 존재로 탈바꿈하도록 도와줍니다. 이 책을 통하여 생활에 화학 지식을 적용하게 되고 나 자신의 행위에 대해 성찰할 수 있을 것입니다. 이로써 보다 건강하고 행복한 삶에 한 걸음 더 다가갈 수 있기를 바랍니다. 모두 행복한 화학 생활을 하시기 바랍니다.

자료 출처

<1장>

1. https://www.cell.com/fulltext/S0092-8674(11)00127-9

(원 출처 논문: https://www.cell.com/fulltext/S0092-8674(11)00127-9#secd87888e120)

2. https://www.atsdr.cdc.gov/emes/public/docs/Chemicals,%20Cancer,%20and%20You%20FS.pdf

3. https://commons.wikimedia.org/wiki/File:Atherosclerosis.jpg

4. https://commons.wikimedia.org/wiki/File:Micelle_scheme-en.svg

5. https://en.wikipedia.org/wiki/Non-alcoholic_fatty_liver_disease#/media/File:Stage_of_liver_damage_high.jpg

6. https://www.facebook.com/119586645380498/posts/muscles-vs-fat/639825026689988

7. https://www.researchgate.net/figure/Throughout-the-female-lifespan-testosterone-T-is-the-most-abundant-active-steroid-T_fig1_235400521

8. https://www.flickr.com/photos/nihgov/28266028855

9. https://commons.wikimedia.org/wiki/File:Depiction_of_a_person_suffering_from_Insomnia_(sleeplessness).png

<3장>

1. https://en.wikipedia.org/wiki/Sucrose#/media/File:Saccharose2.svg

2. https://en.wikipedia.org/wiki/Aspartame#/media/File:Aspartame.svg

3. https://en.wikipedia.org/wiki/Sucralose#/media/File:Haworth_projection_of_sucralose.svg

4. https://en.wikipedia.org/wiki/Steviol_glycoside#/media/File:Stevioside.svg

5. https://en.wikipedia.org/wiki/Saccharin#/media/File:Saccharin.svg

6. https://sitn.hms.harvard.edu/flash/2015/how-to-make-a-gmo/

7. https://en.wikipedia.org/wiki/Olive_oil

8. https://time.com/5613194/grilled-meat-cancer-risk/

9. https://www.ncbi.nlm.nih.gov/pmc/articles/PMC6761990/

<4장>

1. https://link.springer.com/article/10.1007/s10008-019-04211-x/figures/13

<5장>

1. https://commons.wikimedia.org/wiki/File:Leptin_and_Ghrelin_-_hunger_hormones_(48605648687).png

2. https://courses.lumenlearning.com/suny-ap2/chapter/lipid-metabolism/

3. https://www.keratinresearch.com/what-is-inverto.html

4. https://www.researchgate.net/figure/Skin-pH-Variation-with-Age_fig2_343774564

5. https://www.researchgate.net/figure/Distribution-of-pH-of-a-healthy-human-skin-54_fig3_321959384

<6장>

1. https://www.myfooddata.com/articles/high-choline-foods.php

재미있고 쓸모있는 화학 이야기

1판 1쇄 2023년 12월 15일 발행
1판 4쇄 2024년 12월 10일 발행

지은이 · 이광렬
펴낸이 · 김정주
펴낸곳 · (주)대성 Korea.com
본부장 · 김은경
기획편집 · 이향숙, 김현경
외주편집 · 양지애
디자인 · 문 용
영업마케팅 · 조남웅
경영지원 · 공유정, 임유진

등록 · 제300-2003-82호
주소 · 서울시 용산구 후암로 57길 57 (동자동) (주)대성
대표전화 · (02) 6959-3140　|　**팩스** · (02) 6959-3144
홈페이지 · www.daesungbook.com　|　**전자우편** · daesungbooks@korea.com

ISBN 979-11-90488-49-5 (03400)
이 책의 가격은 뒤표지에 있습니다.